疯狂造物

3D打印

创意场景设计与制作指南

贝勒教学工作室 编著

化学工业出版社
· 北 京 ·

本书基于创客教育、STEAM以及PBL教学方式的理念编写，将三维设计、3D打印等数字技能的教学与趣味性的元素相结合，通过四大主题（沙滩小院、火车站、游乐园和星宿战争），详细介绍了利用3D打印技术完成从模型设计到制作的全过程。有趣而富有创意的设计主题能激发读者的兴趣，开拓创新思维。此外本书案例配有视频教学，读者通过视频讲解，可以快速掌握3D打印设计与制作的相关知识和技巧。

本书可供3D打印爱好者、青少年及创客教学机构的学生和教师阅读。

图书在版编目（CIP）数据

疯狂造物：3D打印创意场景设计与制作指南 / 贝勒教学工作室编著 . —北京：化学工业出版社，2019.2
ISBN 978-7-122-33473-2

Ⅰ . ①疯… Ⅱ . ①贝… Ⅲ . ①立体印刷－印刷术－指南 Ⅳ . ① TS853-62

中国版本图书馆 CIP 数据核字（2018）第 286634 号

责任编辑：曾　越　　　　美术编辑：王晓宇
责任校对：边　涛　　　　装帧设计：芊晨文化

出版发行：化学工业出版社（北京市东城区青年湖南街 13 号　邮政编码 100011）
印　　装：天津图文方嘉印刷有限公司
787mm×1092mm　1/16　印张 $17^{3}/_{4}$　字数 356 千字　2019 年 5 月北京第 1 版第 1 次印刷

购书咨询：010-64518888　　　　售后服务：010-64518899
网　　址：http://www.cip.com.cn
凡购买本书，如有缺损质量问题，本社销售中心负责调换。

定　　价：89.00 元

编写人员（排名不分先后）：

何　超　　王跃锦　　田　钰　　徐春秀

龚鹏飞　　朱少甫　　崔　凯

指导专家（排名不分先后）：

王长民　　秦　易　　郭　峤　　蒋　礼

王　璇　　高礼成　　孙洪波　　甘延霖

技术支持（排名不分先后）：

蔡楚慧　　李海伦　　孙恺菁　　林　山

林壁贵　　谢　琼　　杨　硕　　郜　军

陈新宇　　张　硕　　单　良　　石现博

序一

随着“三维设计与 3D 打印”课程在我国基础教育阶段的逐渐普及，学生在教师引导下学会用三维设计软件表达自己的创意，学会用数字化设备制作个性化的作品。学生“创意物化”能力在学习过程中得到了前所未有的展现。“创意”更强调学生利用规范化、科学化的设计流程对大脑中的创意作品进行正确的表述。三维设计软件是目前将创意作品进行具体化、规范化、数字化呈现的最佳工具。“物化”促进学生设计思维的建立，有利于学生设计思想的交流与表达。数字化加工设备是现阶段将数字化模型转变为实物的最安全、最高效的生产工具。《疯狂造物：3D 打印创意场景设计与制作指南》将“三维设计软件”与“3D 打印”的学习进行整合，在多个学习案例中按照由设计到制造的全过程进行呈现，为初学者提供了一本情景化的学习教程。学习者在“造物”完成后，还可以利用作品进行故事的深度创作，促进深度学习的有效进行。

何超老师是一位有着教育情怀的优秀学生导师，在多年的教育职业生涯中不断追求，认真钻研，力求用更多的形式发展学生的创新意识、创新能力、创新思维和创新人格。在教学的过程中，何超老师注重为学生创设出有利于自主、合作、探究学习的空间，注重在课程中育人，注重学生核心素养的养成。我们向一直辛勤耕耘的何超老师及其团队的每一位教师致敬！感谢他们为学生发展所做的贡献！期待何超老师在未来能够带给我们更精彩的课程资源！

北京市东城区教育研修学院　**高勇**

序二

创新教育作为基础教育改革的重要内容，得到了国家政策层面的大力推动。2017 年中共中央办公厅、国务院办公厅印发《关于深化教育体制机制改革的意见》里提出培养学生四个关键能力：认知能力、合作能力、创新能力和职业能力。随后教育部颁发《中小学综合实践活动课程指导纲要》《普通高中通用技术课程标准》《普通高中信息技术课程标准》，进一步强调培养学生综合运用各学科知识，提升综合素质，发展核心素养和创新精神，培养创新思维和实践能力的重要性。

三维设计和 3D 打印作为青少年创新教育的重要“工具”，有益于培养学生的空间想象力、创新设计、图样表达、技术意识、工程思维、物化能力，发展学生对各学科综合知识的运用，近年已成为全国中小学最为普及的活动课程之一。在中小学综合实践活动课程指导纲要里有关三维设计的主题多达十三个，通用技术和信息技术课程标准里三维设计与创意也成为选择性必修课。

本书是一本培养学生三维创意设计能力和综合实践能力的极佳的教科书。首先，作者来自三维设计和 3D 打印教育行业的知名团队，如何超老师、田钰老师等。他们具备丰富的创新教育理论知识和实践经验。何超老师是多所院校特邀课程顾问，太尔 3D 打印机的资深应用者，为中小学师生做过数千场三维设计和 3D 打印培训，也写过很多关于如何开展创新教育的观点文章，对如何抓住孩子学习兴趣、如何在兴趣中培养孩子的综合实践能力有独到的见解。

本书没有大篇幅地讲解乏味的理论知识，而是以生活中可见的事物和场景的融合作为案例，如火车站、沙滩小院等，经过观察构思、三维设计、3D 打印、美化处理、手工 DIY 等环节，把一个看似庞大的生活场景通过一步步构想物化成现实，同时融入地理、历史、物理、数学等各门学科元素，让学生学习到与之相关的多学科知识，真正实现对学生的工程思维、创新思维和综合实践能力的培养。

相信本书一定会成为各学校开设三维创意设计创新课程的好帮手。

中望公司教育发展部总经理　**王长民**

序三

我国的教育改革正在迈向一个新里程，无数优秀的教学理念和教学资源也正在加速汇聚，作为一直致力于为现代化数字信息教育提供优质服务的供应商来说，太尔时代感受颇为深刻。

这些年我们协助全国机械职业教育教学指导委员会组织了一系列赛事和活动，希望学生们通过竞赛的方式，将日常所学到的专业技能与社会尽快接轨，让他们真正了解到需要具备哪些职业素养，以及现代企业需要什么样的人才。比赛中不乏优秀的学生团队完成了出色的作品，但是从整体的参赛队伍来讲，让人眼前一亮优秀的作品却很少见，大多是未完待续的状态，也有涉嫌抄袭的现象。另外，我们发现，现在学生所学的专业技能过于陈旧，很难快速适应当今迅猛发展的企业需要。单一落后的职业技能在很大程度上会阻碍他们的视野，他们需要学习更多转变思维的软知识，以及更加智能的硬技术。

如果想要很好地解决上述问题，最好的办法就是寻根探源，让这些正处在花样年华的少年们尽早接触到先进的科学理念。

为了能够让孩子们有一个高质量的教学环境，教育工作者们不断地进行学习和改进，逐渐将创客教育、STEAM、PBL 等新的教学理念融入教学中。

除了教育工作者的努力，还需要好的教学内容推陈出新。《疯狂造物：3D 打印创意场景设计与制作指南》是一本融合了三维设计、3D 打印的通用技术类教程，书中不仅充满了创新元素，还在趣味性上下足了功夫，充分发挥了想象力，可以激发孩子们的创新思维，吸引他们主动学习。

希望本书能在全国普教工作上为学校提供指导，并帮助广大师生在三维设计和 3D 打印方面获得新技能与新想法。

北京太尔时代科技有限公司　**秦易**

前言

我最早是在影视和计算机动画（CG）行业就职，偶然的机缘让我对数字制造科技着了迷，从而走上了数字技术教育的道路。在超过五年的教学中，我接触了国外的创客教育理念和 STEAM 教学方式，特别是尝试过 PBL 项目制教学之后，彻底被其实用性和引发学生思考的方式所吸引，为此我特别希望能把这样的教学精华带给国内的学校。

作为常年奋战在一线培训的数字教学工作者来说，工业设计与快速成型制造是我们最为核心的教学内容，从幼儿园到青少年甚至到大专院校的学生、教师的技术培训，每年都会进行数十场，感受最为深刻的是没有一套能够完全适合一线教育工作者的教学内容。这要求既要对所学技能进行相对完善的说明，又需要与应用场景进行结合，要有趣、实用，并且还要符合信息化发展的需要。因此，我们结合自己的教学经验和体会编写了本书。本书有以下 3 个特点。

①主题式。通过四个较大的主题（沙滩小院、火车站、游乐园和星宿战争），将中小学信息技术所要求的基本设计技能、工程结构技能有效地进行了串联，由浅到深地进行了系统梳理。

②趣味化。充分考虑到青少年性别差异，因男女生关注的兴趣点不同，对技术内容进行了趣味化的延展，无论从主题内容上还是从颜色搭配上都做了具体区分。

③实用性强。本书配备教学视频，学生和教师只需要扫描二维码就可以观看完整的视频教程，通过图文和视频一静一动的组合，强化操作知识点，同时也便于初学者反复、快速地查询和使用。本书视频及模型源文件可到出版社网站 http://download.cip.com.cn “配书资源”一栏中下载。

在这里要特别感谢合肥市教育科学研究院信息中心的田钰主任，他深入到每一个教学案例与我们探讨细节，使书稿内容更为完善。另外要感谢贝勒教学工作室的王跃锦、徐春秀、龚鹏飞、朱少甫、崔凯，正是因为他们的努力才使得本书得以完稿。同时还要感谢中望龙腾公司的总经理王长民，社区运营的蒋礼、王璇、甘延霖、高礼成、林山、林壁贵、杨硕、谢琼、郜军，太尔时代的秦易、郭峤等老师，以及在设计上给我们很大帮助的黄冬梅女士，他们的支持与推荐在很大程度上帮助了本书的完成。

本书虽集众人之力编写而成，但是由于我们专业有限，难免会有不妥之处，希望读者批评指正。

贝勒教学工作室　**何超**

本书导读

为配合读者学习本书内容，更好地了解三维设计与 3D 打印的相关技能与流程，请认真阅读以下内容。

【软件版本】

本书中使用的三维设计软件为 3D One 教育版 V2.5，三维切片软件为 UP Studio V2.5.32.461。

可登陆 3D One 社区和太尔时代官方网站进行下载。

【教学视频】

本书内容根据四大主题由浅入深地展开，鉴于篇幅有限，部分内容有所精简。为使零基础的读者快速掌握 3D 打印的相关知识和技能，特别制作了 9 个教学视频，建议先观看视频内容，再对书中的知识点进行逐一学习。

★扫描二维码观看视频★

Lesson 01　奇妙的 3D 世界

什么是 3D 打印？

3D 打印的应用领域有哪些？

如何制作一件 3D 打印作品？

Lesson 02　3D One 常用三维设计的关键命令（1）

3D One 的基本操作，物体的创建与控制，草图绘制与拉伸，文字与浮雕，倒角与圆角工具的使用

Lesson 03　3D One 常用三维设计的关键命令（2）

旋转建模，曲面放样，扫掠，镜像与阵列

Lesson 04　认识三维切片软件　UP Studio 的基本操作流程

三维切片的优化设置（层厚、填充与质量）

Lesson 05　3D 打印机操作流程

认识 3D 打印机，3D 打印机操作流程，不同材料测试

Lesson 06　综合案例重点节选：沙滩小院

海景房

Lesson 07　综合案例重点节选：火车站

老式火车

Lesson 08　综合案例重点节选：游乐园

摩天轮

Lesson 09　综合案例重点节选：星宿战争

战车

【答疑与参考】

可登陆 3D One 社区或新浪微博 @ 超级贝勒何进行提问。

目录

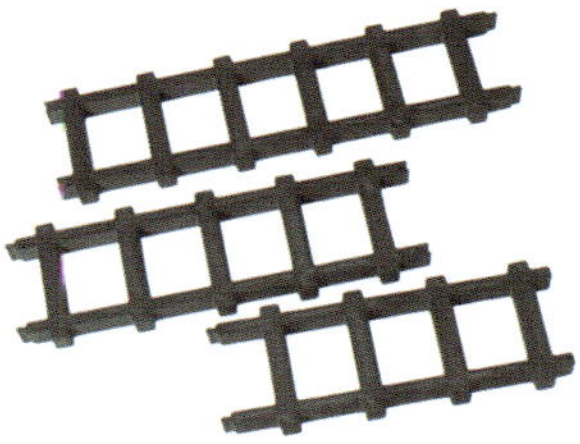

第五章 疯狂造物之星宿战争 / 213

chapter 01

第一章 软件应用

PART 1 第一节 3D ONE 软件简介

一、鼠标操作介绍

鼠标左键：按住拖拽为【框选】。
鼠标中键：按住拖拽为【平移视角】。
鼠标右键：按住拖拽为【旋转视角】。

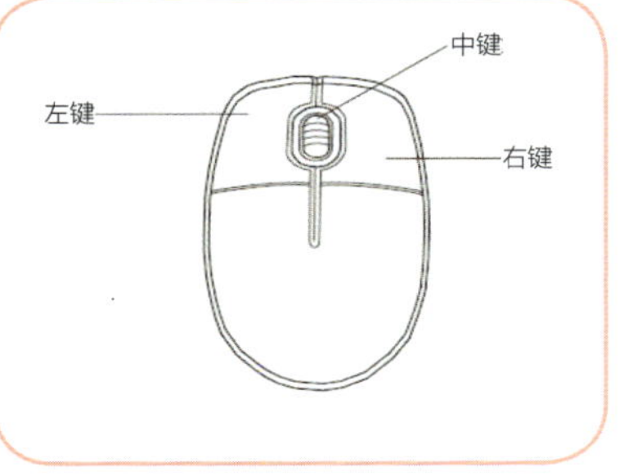

鼠标

二、3D One 软件界面介绍

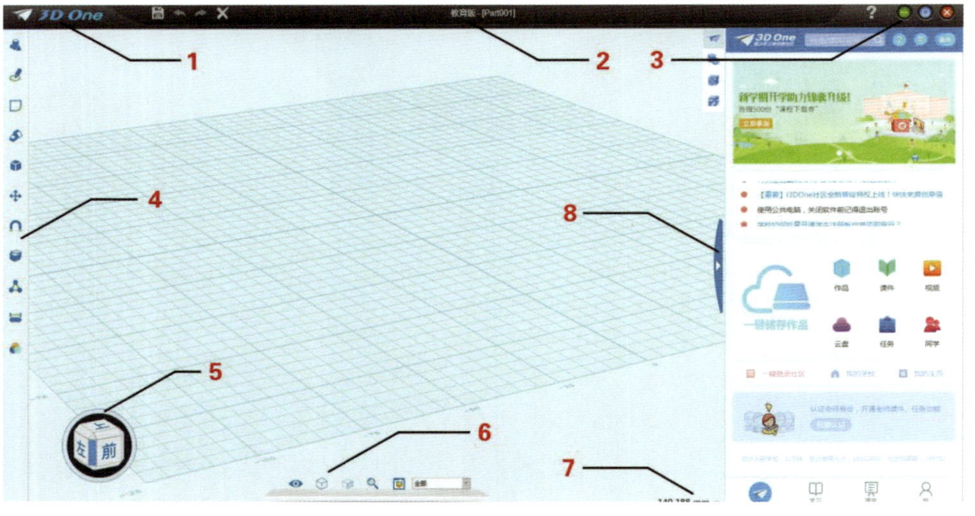

3D One 软件界面介绍

1—主菜单
2—标题栏
3—帮助、最小化、最大化、关闭
4—工具栏
5—视角魔方
6—工具条
7—网格单位数值预览及设置
8—3D One 创意社区

1. 主菜单

主菜单包括新建、打开、导入、导入 Obj、本地磁盘、另存为、导出、退出。

2. 标题栏

标题栏显示当前创建模型名称。

3. 帮助及最小化、最大化、关闭

帮助中包括边学边用、许可管理器、设置、关于及窗口控制。

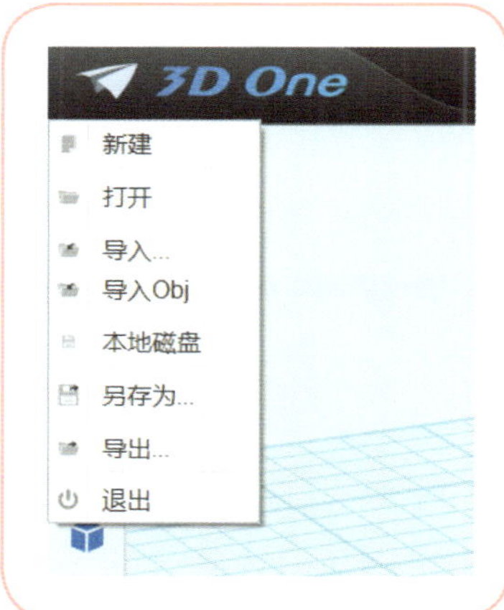

主菜单

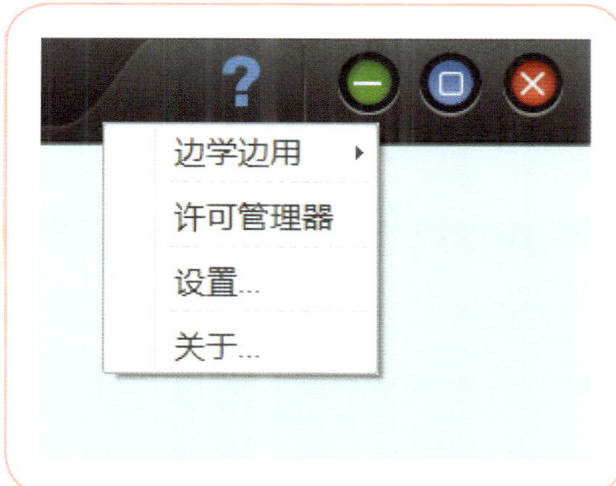

帮助及最小化、最大化、关闭

4. 工具栏

工具栏包括基本实体、草图绘制、草图编辑、特征造型、特殊功能、基本编辑、自动吸附、组合编辑、组、距离测量、颜色。

（1）基本实体

【基本实体】包含六面体、球体、圆环体、圆柱体、圆锥体、椭球体。点击【六面体】建立在网格上，可自定义三轴数值，如右图所示。

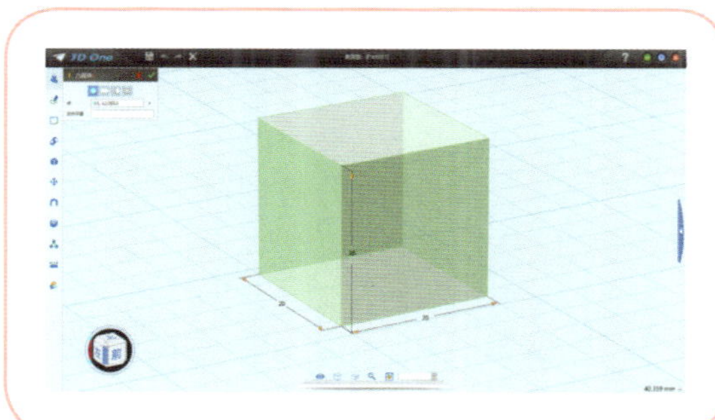

六面体

（2）草图绘制

【草图绘制】 包含矩形、圆形、椭圆形、正多边形、直线、圆弧、多段线、通过点绘制曲线、预制文字。点击直线绘制在网格上，若对绘制出的直线不满意，可点击【草图编辑】中的【单击修剪】剪掉绘制错的直线。

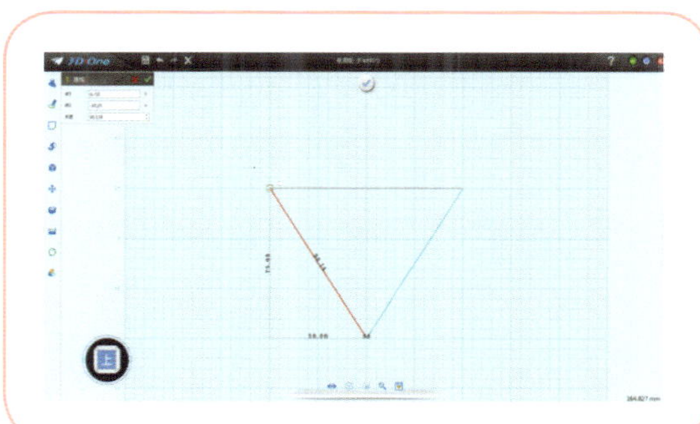

单图绘制

（3）特征造型

【特征造型】包含拉伸、旋转、扫掠、放样、圆角、倒角、拔模、由指定点开始变形实体。点击【拉伸】，选择绘制完成的面片拉伸。

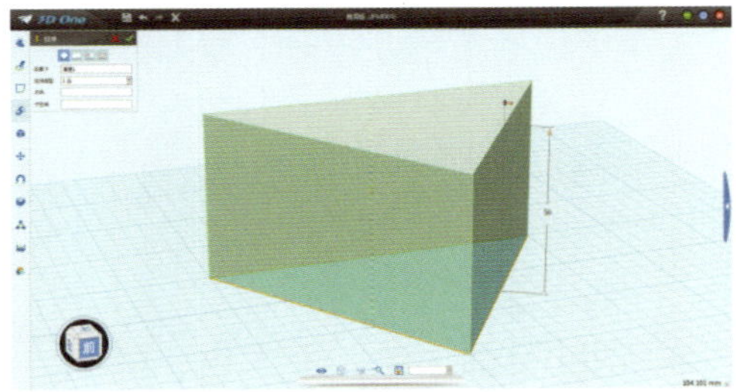

拉伸

（4）基本编辑

【基本编辑】包含移动、缩放、阵列、镜像等功能。点击【移动】选择对话框中的【动态移动】，出现三轴后旋转 90°。

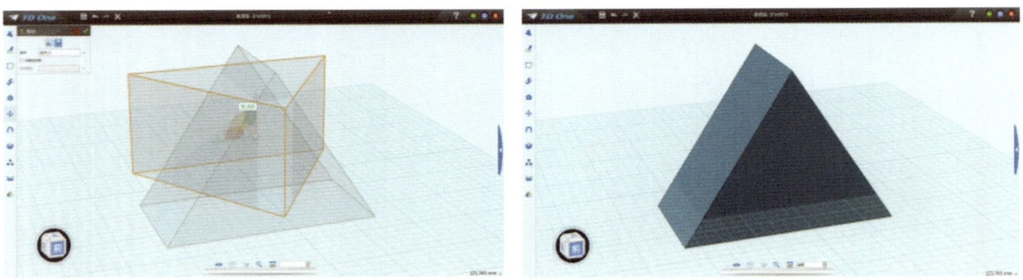

基本编辑

5．视角魔方

视角魔方 26 个面均可点击查看。【三角图标】与【箭头图标】为三维视角转换，单击【房子图标】可恢复原始视角。

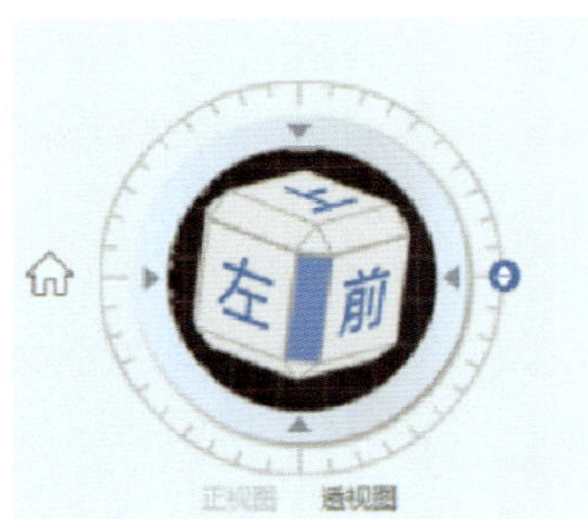

视角魔方

6．工具条

工具条包括查看视图、渲染模式、显示 / 隐藏、整图缩放、3D 打印、过滤器列表。

7．网格单位数值预览及设置

此处查看界面实时大小，可修改网格界面数值。

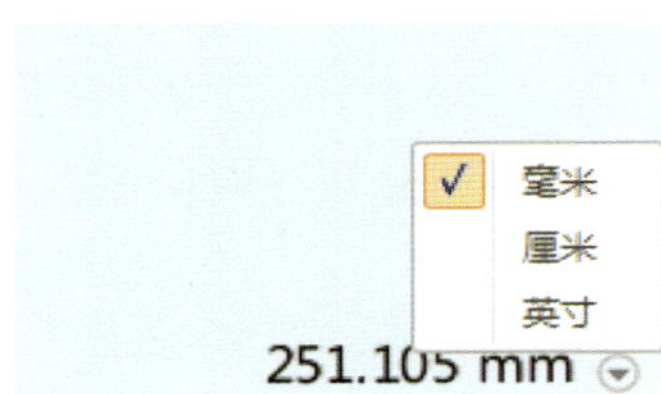

网格单位数值预览及设置

8 . 3D One 创意社区

3D One 创意社区包含社区管理、模型库、视觉样式、电子件管理等模块。

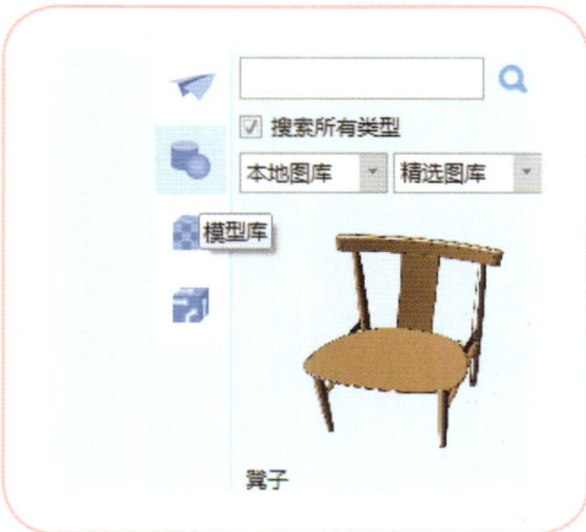

3D One 创意社区

PART 2 第二节 UP Studio 3D 打印切片软件简介

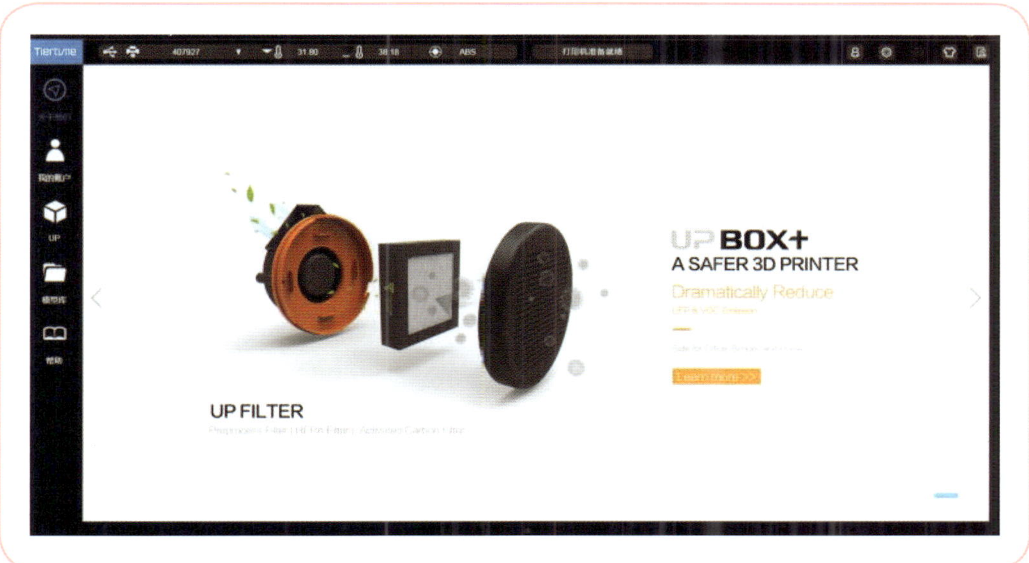

UP Studio 软件界面

1. 进入操作界面

单击界面中的【UP】图标，进入打印操作界面，如下图所示。

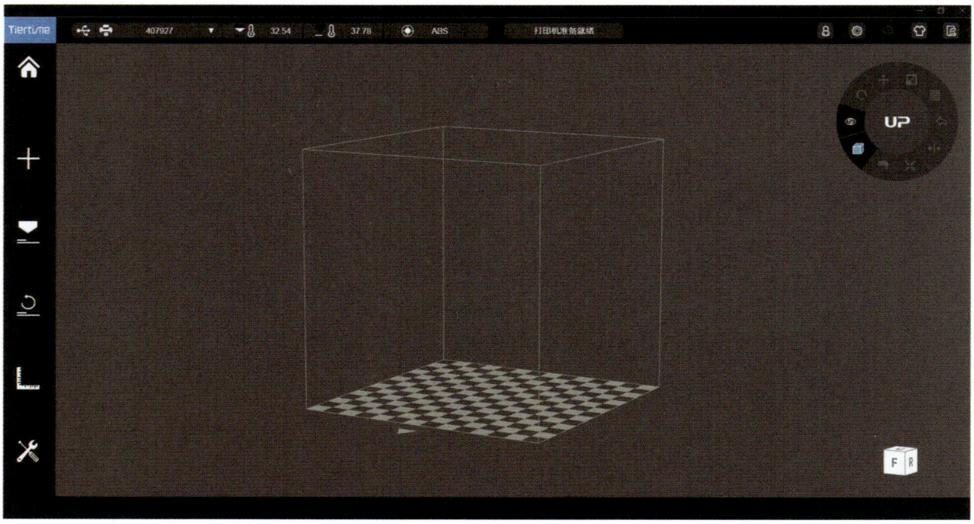

操作界面

帮助 ：关于 3D 打印机等相关使用方法的介绍视频材料。

2. 初始化打印机

为确保打印机的稳定性，首先初始化打印机，点击左侧工具栏中【初始化】功能键 。

初始化：使机器自动运行至机械原点，确定坐标原点，是机器执行子程序的一个开始。

3. 载入模型

选中左侧工具栏【添加模型】，弹出添加对话框。

添加模型

单击【加载三维模型】图标 ，载入已准备好的 STL 格式的三维模型。

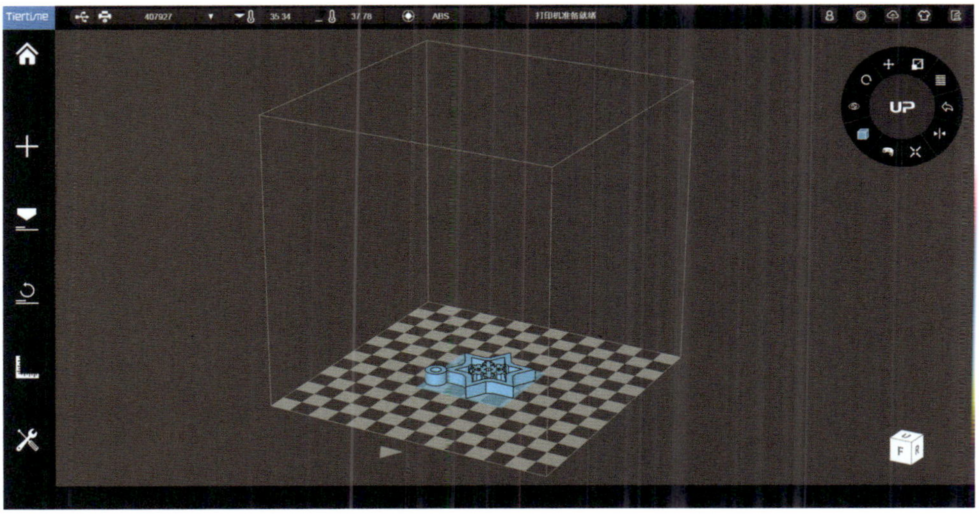

载入模型

4. 水平校准

当机器平台高度出现问题时，点击【校准】中的【水平校准】，弹窗中黑色方块区域为打印平台范围，单击【自动对高】，打印机喷嘴会自动对打印平台上机器本身设置的九个点的位置进行高度校对。每个点对高后的数值会出现在相应编号处。之后自动校准喷嘴高度，随后数值显示在红色线框中。当【自动对高】完成后单击【确认】，可添加UP Studio基础模型打印测试。

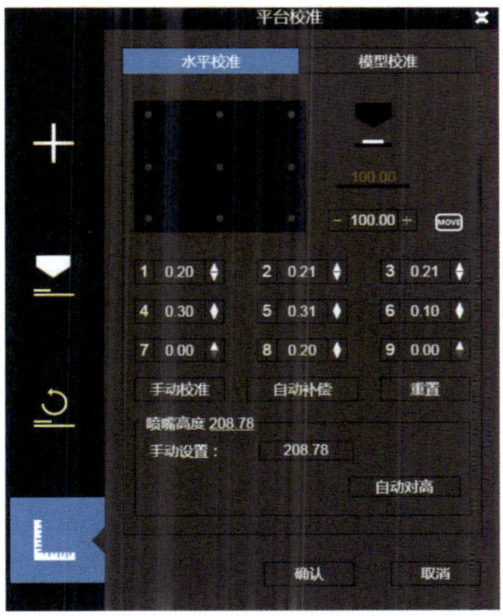

水平校准

注　一般情况下，不需要对打印机的这两项进行校准，只有在搬运途中移动或打印机出现问题时，才需校准。

5. 维护

选择工具栏【维护】，弹出如右对话框。

• 选择【材料】，确定丝材类型。

• 选择【挤出】，当喷头温度加热到 260℃左右时，可见丝材从喷头处挤出，确保打印机处于正常工作状态。

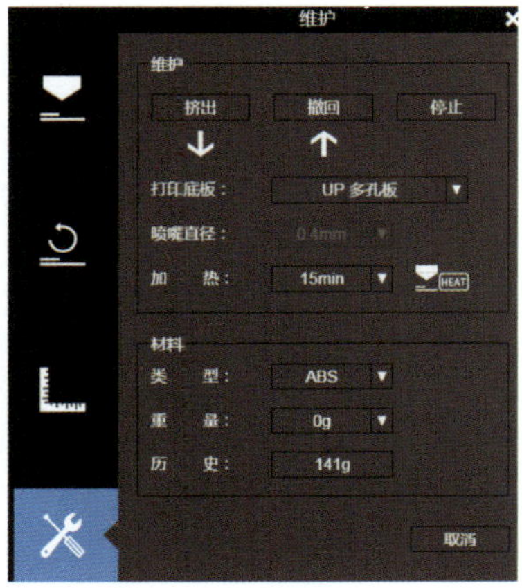

维护

注 【撤回】命令用于更换丝材，可先将原有丝材撤回，再挤入新丝材。

6. 调整模型

界面右上方圆盘中的【移动】、【旋转】、【缩放】功能可分别调整模型的位置、角度、尺寸。

调整模型

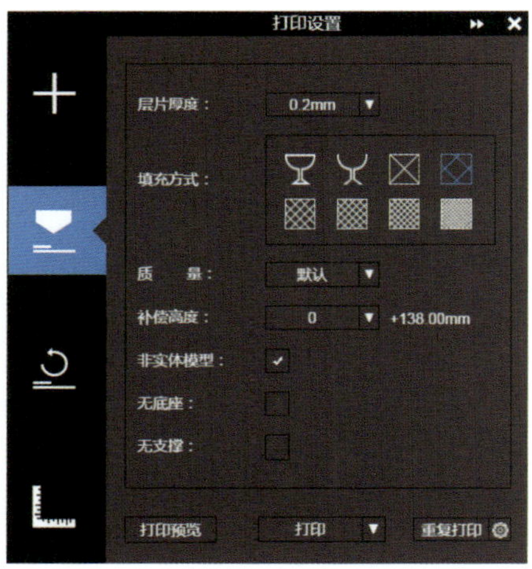

打印设置

7. 打印设置

选择工具栏【打印】，即可开始打印。

• 层片厚度：层片厚度可选范围为 0.15 ~ 0.4mm，层片越薄，打印精度越高，一般设为 0.2mm 即可。

• 填充方式：设置中对模型内部填充密度有六种选择方式。

• 质量：喷头的移动速度可以根据需要进行选择。

如果需要进一步设置，点击【打印设置】窗口右侧上方 ▶▶ 图标，即可出现如右下的对话框。

• 密闭、支撑：根据模型情况可自行调整，一般无特殊需要，按照打印机默认参数即可。

选择【保存】返回上一对话框。如果需要打印预览，即在打印前了解打印时间、耗材量、支撑设置等情况，提高打印效率，可选择【打印预览】键。如无，直接打印，喷头温度加热到 260℃，平台温度加热到近 100℃时，打印机开始打印。

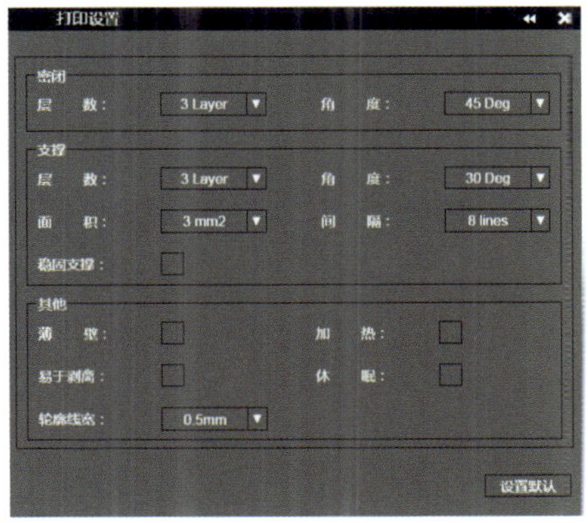

进一步设置

注

① 在打印过程中，由于喷头和平台温度较高，请勿触碰。

② 在软件上方的状态栏可见打印进度、喷头 / 平台温度、打印剩余时间等。如果打印中出现问题，需要暂停后恢复的，可选择工具栏【暂停打印】▮▮，调整好后选择【恢复打印】▶。

小贴士

UP Studio 配有手机端，下载 UP Studio 的 APP，通过 Wi-Fi，同样可以操控打印机。除此之外，还可以在手机上选择图片，直接生成浮雕模型，省去复杂的三维软件操作，软件下方选择 DIY，导入图片，如下图所示。

进入页面后，编辑图片，即可得到想要的浮雕照片，完成后，生成 STL 格式，便可以连接电脑准备打印了，如下图所示。

chapter 02

第二章
疯狂造物之沙滩小院

学习目标

1. 了解房屋的建筑布局。
2. 学习三维建模软件的基本功能。
3. 掌握 3D 打印机层片厚度及打印预览功能。
4. 利用丙烯颜料等材料完成小院场景设计与绘制。

● 情景引入

人类的生活离不开衣、食、住、行这四大基本元素，并以“家”为单位，建立了一个个小的单位团体，而房屋恰恰是这一团体的重要载体，是生活的主要场所。人们根据所处地区的自然环境、地理位置、个人需求及喜好，打造一座座个性不同的住所。结合你的所见所闻，谈谈一座小院包括哪些组成部分。

房子作为小院的主体，需要考虑房屋所处的环境、朝向、占地面积、功能性、层数、样式等元素。

如果提供给你一块空地，建立一座属于自己的小院，你想如何设计布局？请在下页的空白处绘制出来。

请在空白处设计一座你的小院

以下面的平面示意图为例，设计一座沙滩小院。

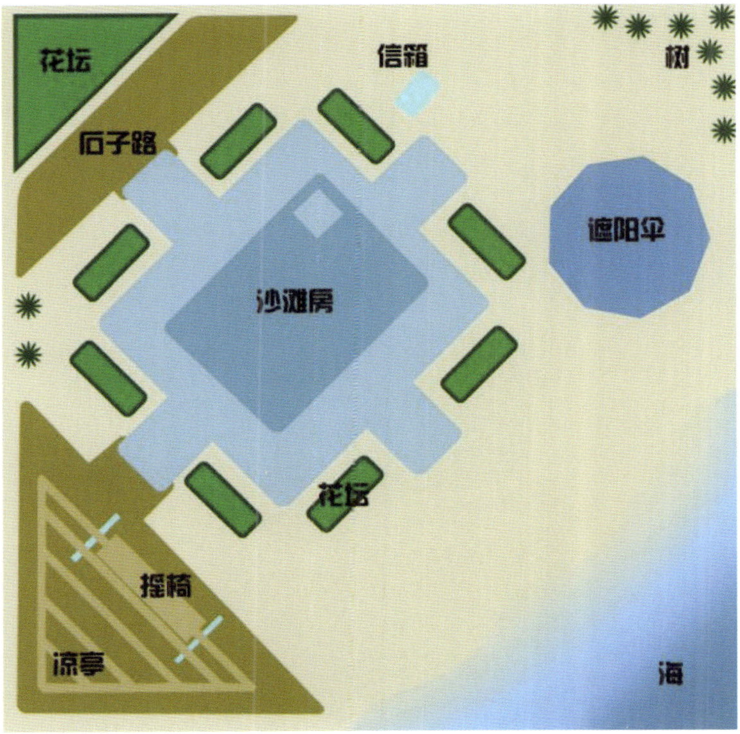

PART 1 第一节 三维建模设计

小院中包括房屋和各类生活设施，满足人们生活所需，以下图为例，完成小院的三维设计。

一、房屋外观设计

思考：房屋受哪些因素影响？

下面以海边作为自然环境背景，设计小院的主体——房屋，如下图所示。

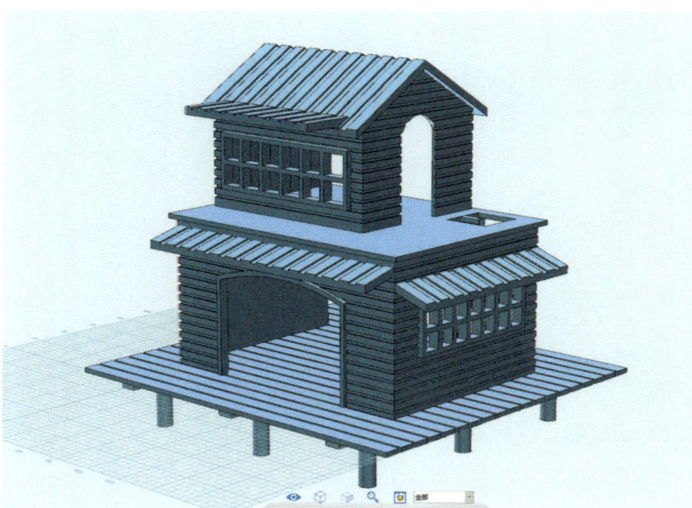

1. 地板

使用【草图绘制】中的四边形绘制长 250mm、宽 10mm 的矩形，选中四边形单击【基本编辑】中的【阵列】命令，弹窗中选择线性阵列，数目为 19，间距输入 12，选择【确定】。单击图形使用【特征造型】中的【拉伸】命令，高度为 3mm。

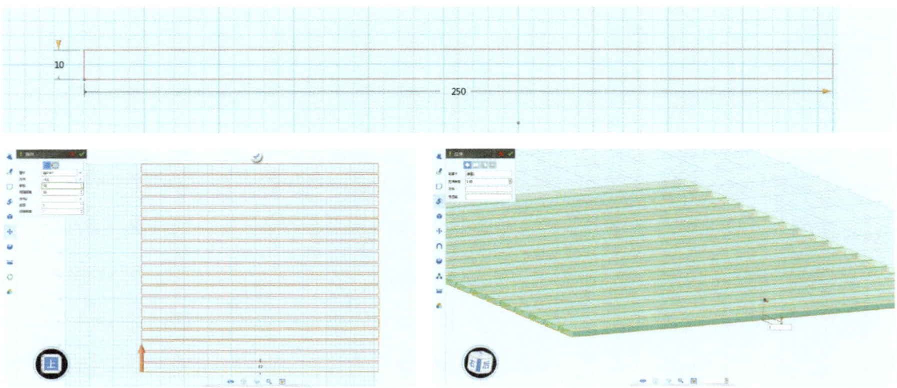

选择视图导航中的【下】视图，在拉伸完成的顶面上绘制长 226mm、宽 10mm 的矩形，阵列数目为 3，间距为 85mm，拉伸矩形高度为 3mm。

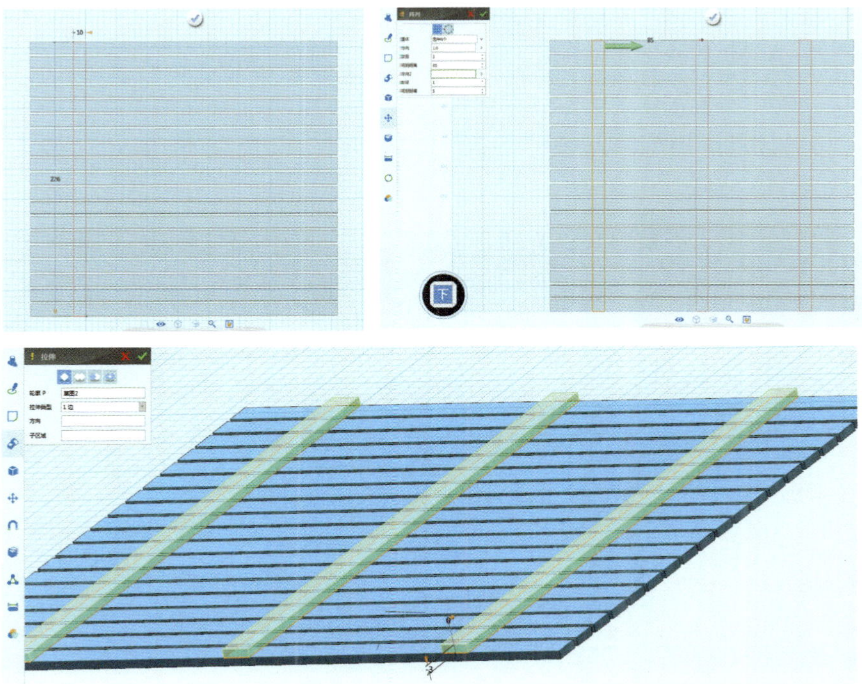

使用【基本实体】中的【圆柱体】命令，在模型底面创建半径为5mm、高度为30mm的圆柱。选中圆柱体线性【阵列】模型，横向阵列数值为3，纵向阵列数值为3，间距170mm。

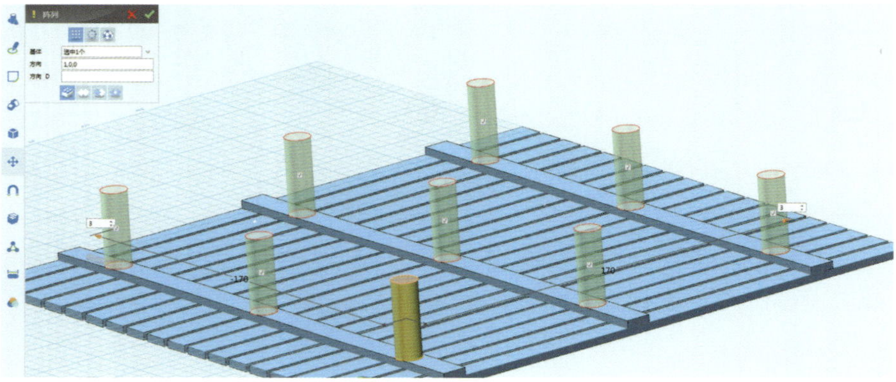

将设计好后的模型导入UP Studio切片软件中，如下图所示。

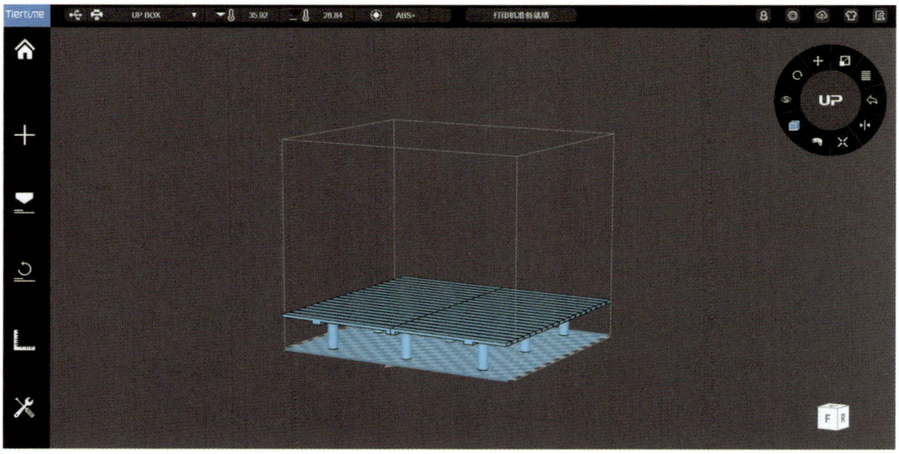

2. 房屋

（1）房屋一层

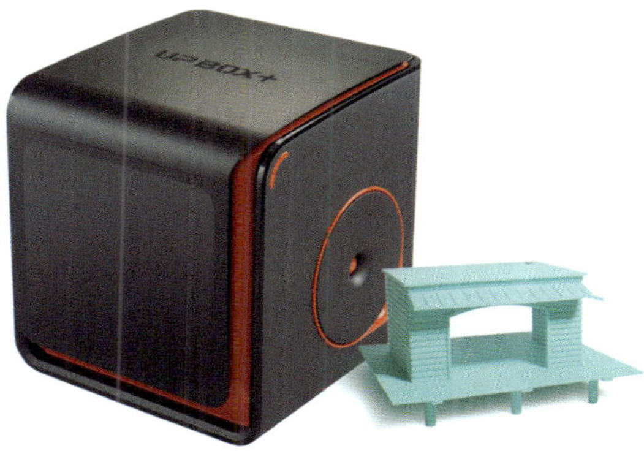

A. 房屋主体

使用【基本实体】中的【六面体】命令，在地板中心创建长 178mm、宽 132mm、高 97mm 的六面体。单击六面体，使用【特殊功能】中的【抽壳】功能，弹窗中厚度 T 为 −3mm，开放面选择后面，在顶面创建长为 186mm、宽为 140mm、高为 −3mm 的六面体。

B. 墙壁

在房屋“前面”绘制长为185mm、宽为2mm的矩形。选中矩形，单击【阵列】，数目为15，间距为6mm。【拉伸】阵列后的图形，拉伸数值为-1，选择【减运算】，左右两个面同理。

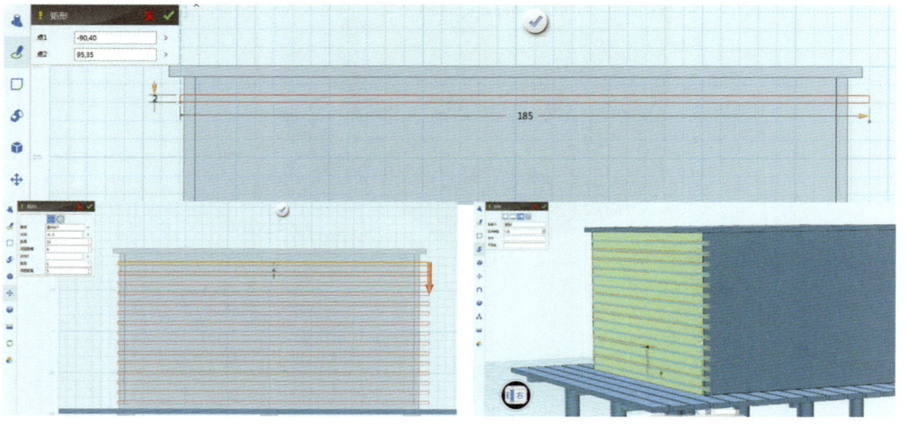

使用【矩形】工具，在房屋“前面”绘制长为105mm、宽为63mm的矩形。使用【草图绘制】的【圆弧】命令，起始点为矩形长线的两端（如下图所示），半径为154mm。使用【草图编辑】的【单击修剪】命令，剪掉长为105mm的两条线。

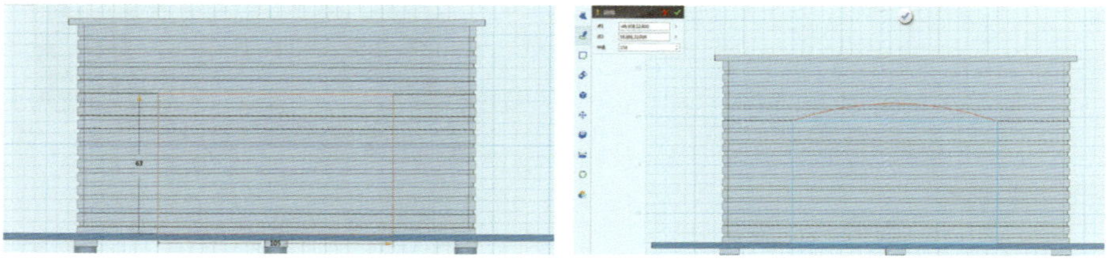

C. 门框

使用【草图编辑】的【偏移曲线】命令，单击三条线，距离为-3mm，使用【直线】命令连接偏移出的两条线，使其成为封闭图形。

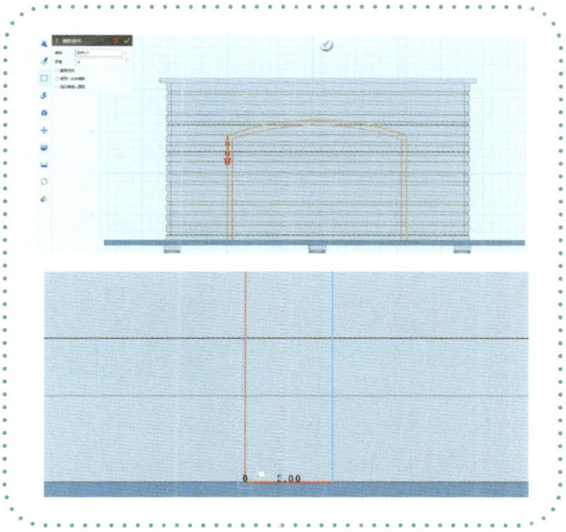

拉伸绘制完的门框图形，拉伸数值为 3，拉伸类型为【对称】并【加运算】。再次选择门框框中的面单击【拉伸】并【减运算】，拉伸数值为 30。单击房屋地板顶面【拉伸】并【减运算】，拉伸数值为 −3。

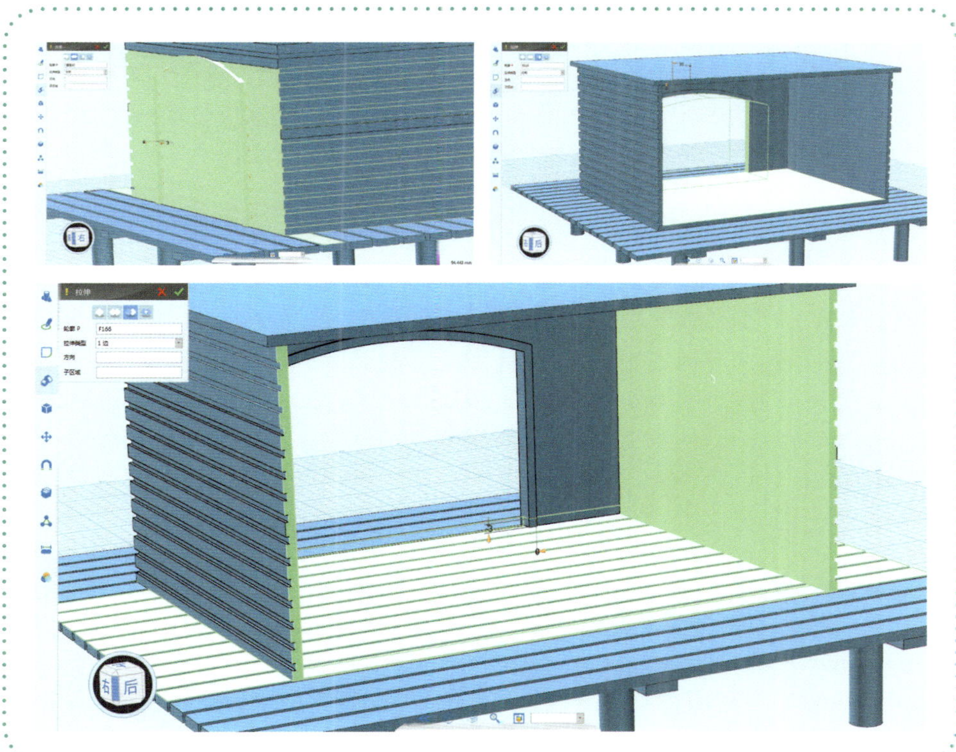

单击视图导航的【右】，在房屋右面绘制屋檐草图，使用直线绘制长为 25mm、宽为 5mm 的平行四边形。拉伸图形，数值为 −176。

D. 屋檐

方法同房屋墙壁，用来阵列的矩形长 30mm、宽 5mm。

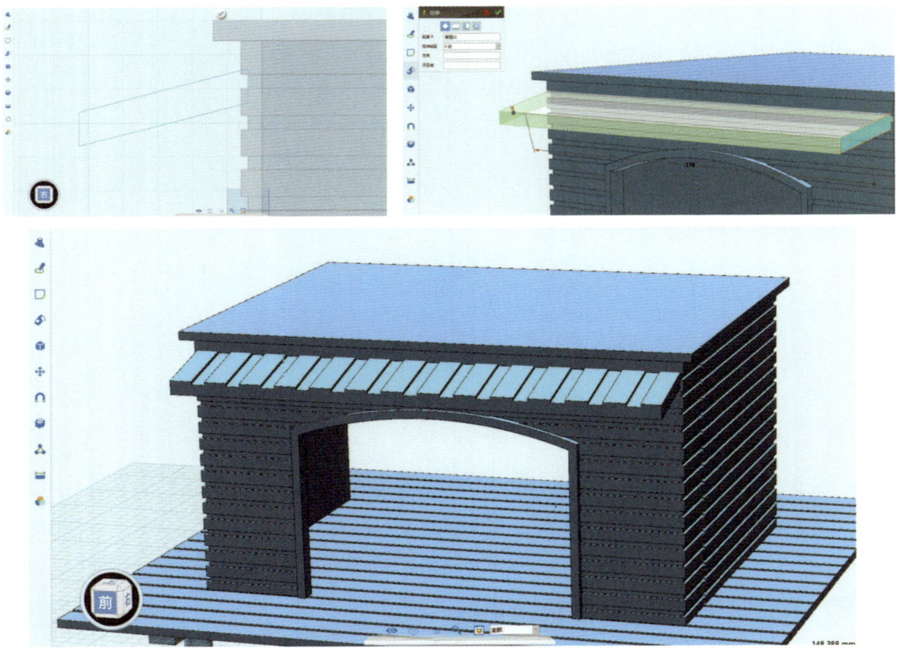

E. 窗户

单击视图导航的【右】，在墙壁中心绘制长 95mm、宽 30mm 的矩形，使用【偏移曲线】命令，单击四条线，距离为 −5mm，在矩形中心绘制两条间距为 5mm 的直线，再绘制六组间距为 5mm 的直线，使用【单击修剪】命令剪掉多余直线，如下图所示。

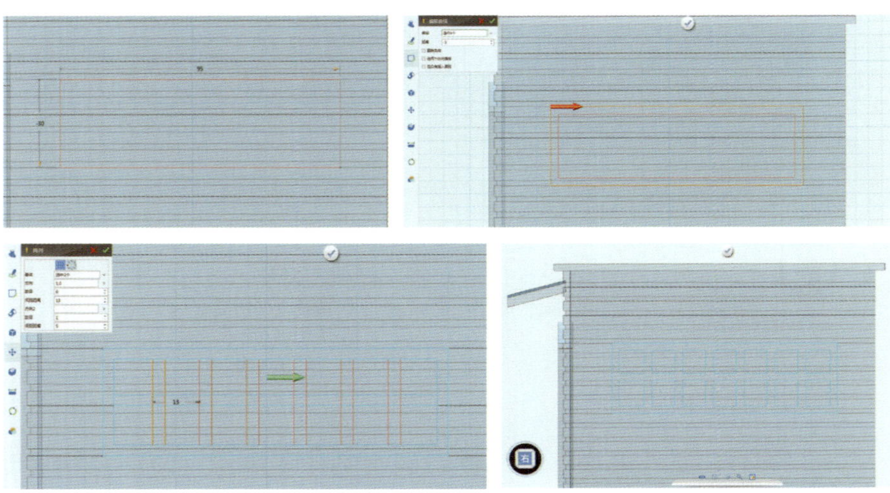

拉伸图形，拉伸类型选择对称，拉伸数值为 3.5。选择模型内部窗户中的面，单击【拉伸】，数值为 10，选择【减运算】，剩余 13 个窗户同理。

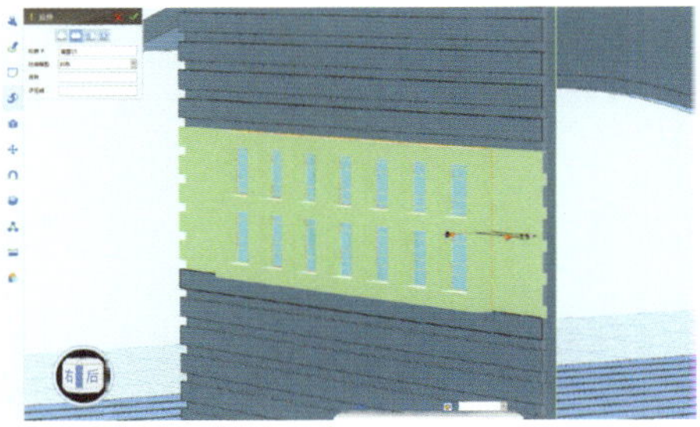

用上面制作屋檐的方法制作右面窗户上方的屋檐，长 25mm、宽 5mm，拉伸数值为 131。

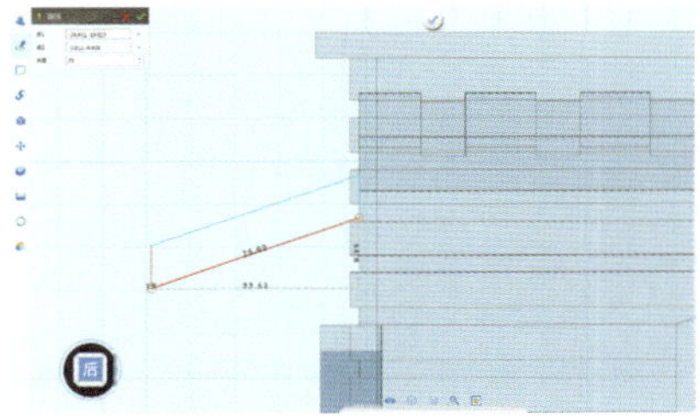

将设计好的模型导入 UP Studio 当中，如下图所示。

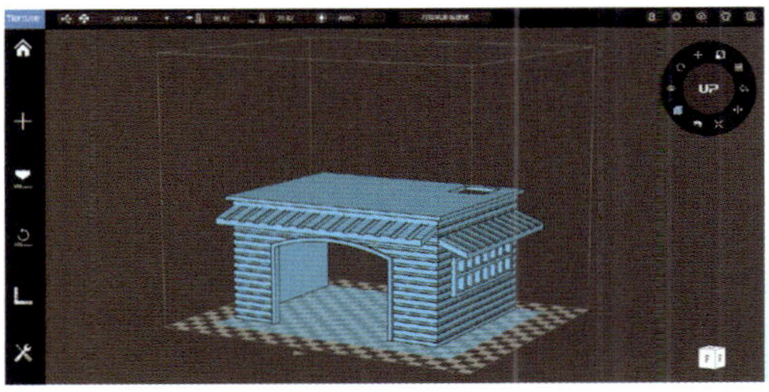

（2）房屋二层

按照一层的方法设计二层房屋，具体参数参考以下为容。

A. 二层主体

使用【矩形】工具在一层的顶面绘制长 125mm、宽 100mm 的矩形并拉伸，拉伸数值为 100。选中拉伸完成的六面体进行【抽壳】，厚度 T 为 −3，开放面选择与一层同一侧的面。选中内部底面【拉伸】，拉伸数值为 −3，选择【减运算】。

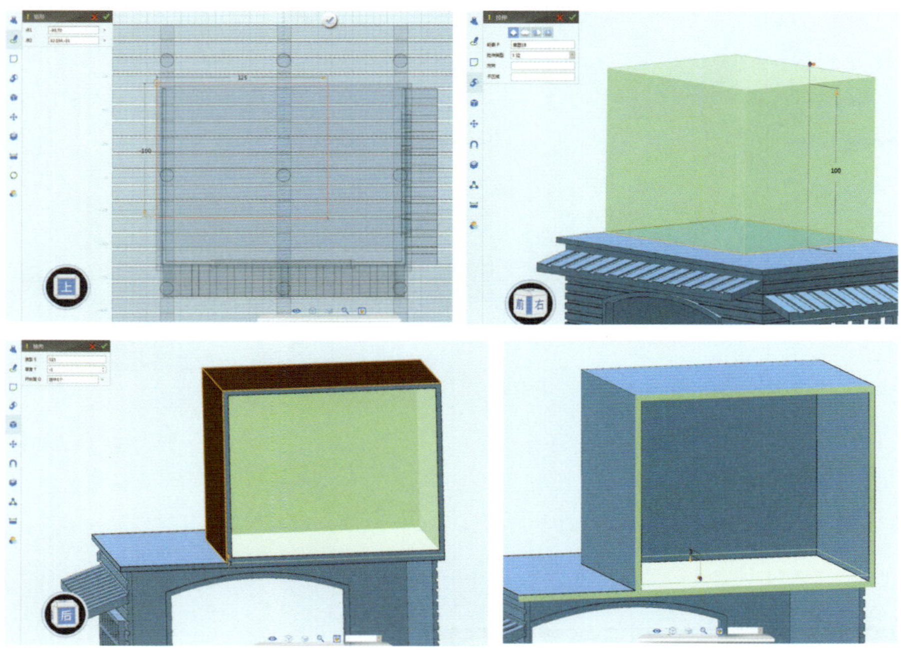

B. 屋顶

使用【直线】工具在图中示意位置绘制一条长 60.46mm 的斜线，在斜线底端绘制一条长为 5mm 的垂直直线，将绘制出的两条斜线连接成屋顶的形状。拉伸形状，长度为 134mm。把斜面的两个面【拉伸】并【减运算】，减掉六面体多余的地方，拉伸数值 −34，删除多余的模型。屋顶纹理制作方法参考一层墙壁纹理的制作方法，矩形长 70mm、宽 5mm。

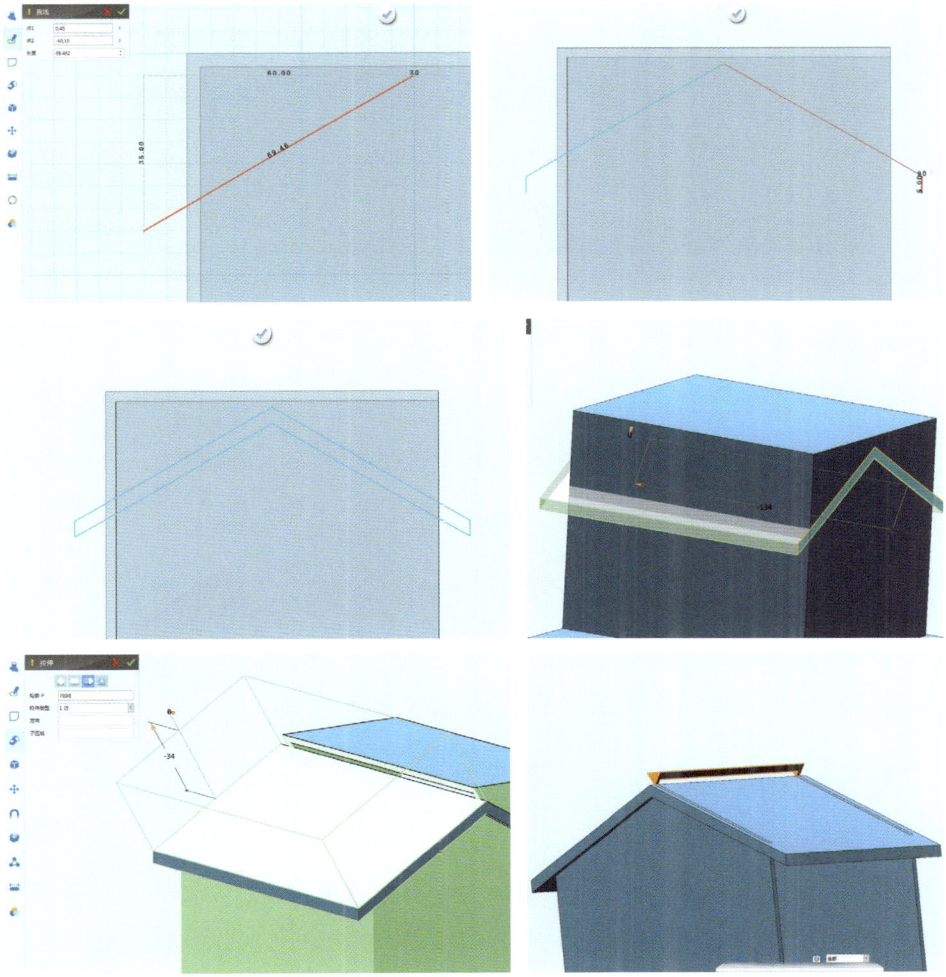

C. 墙壁纹理

二层墙壁纹理的制作方法如同一层，选择屋顶模型，单击软件底部工具条中【显示 / 隐藏】中的【隐藏】。墙壁纹理的矩形长 185mm、宽 2mm。制作完成后单击【显示 / 隐藏】中的【显示全部】。

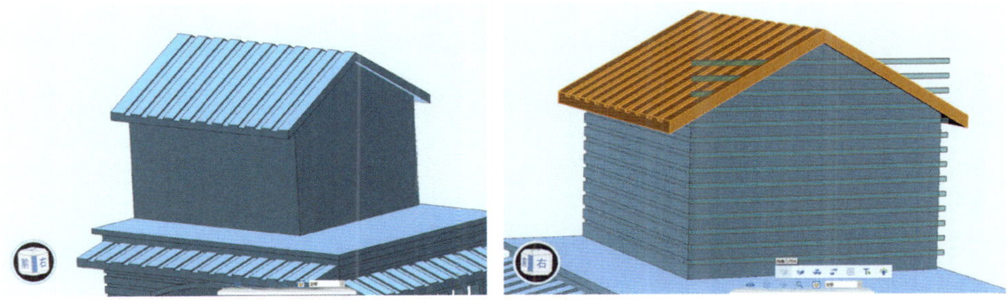

D. 屋檐

在屋顶前面的屋檐中心绘制长 102mm、宽 30mm 的矩形，拉伸矩形，使用【减运算】减掉 10mm 的屋檐。

选中减运算后的屋檐的面，单击【拉伸】，拉伸数值 35。

E. 门

使用【矩形】工具在二层侧面由底部向上绘制长 54mm、宽 32mm 的矩形，使用【圆弧】在矩形顶部绘制半径 17mm 的圆弧，单击【单击修剪】减掉圆弧下的直线，做出门的图形。拉伸图形【减运算】，拉伸数值为 −5。

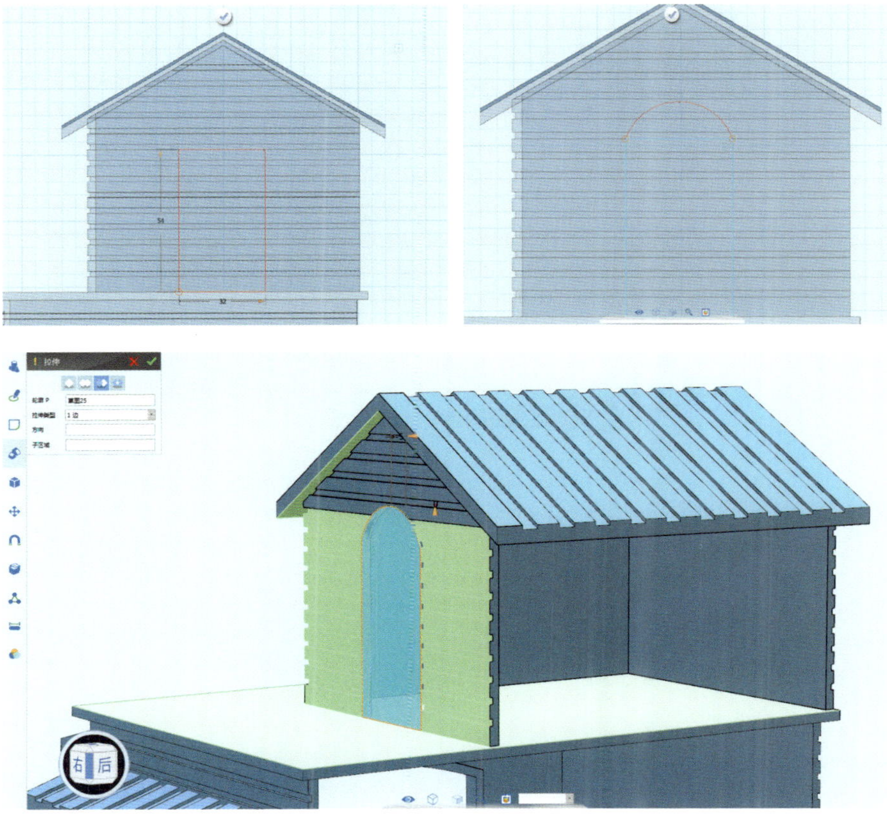

F. 窗户

方法及数值参考一层制作方法。

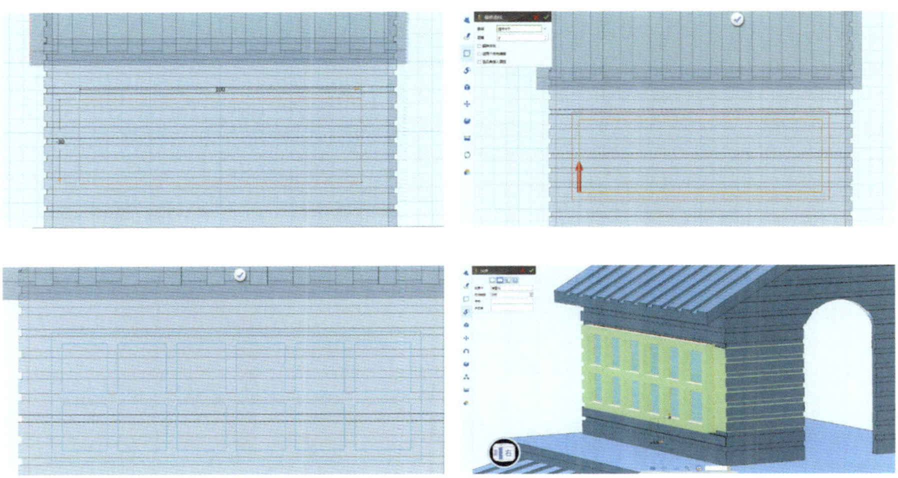

G. 楼梯口

使用【矩形】工具绘制长 30mm 的正方形并【拉伸】【减运算】。

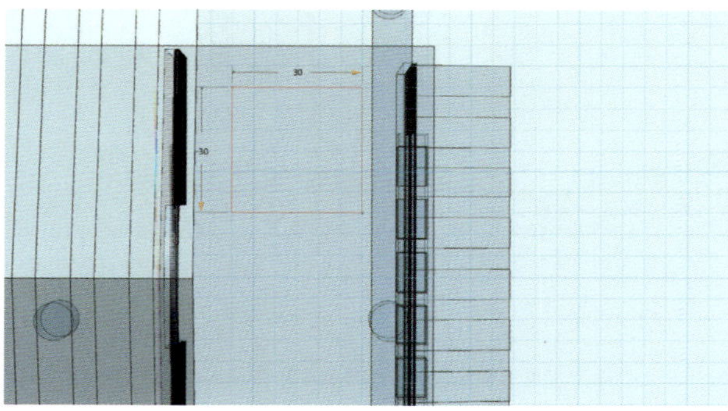

H. 楼梯

在楼梯口的中心创建半径 5mm、长 97mm 的圆柱体。

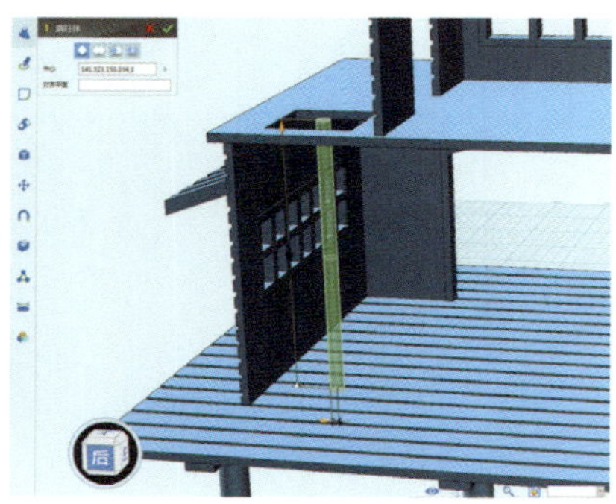

在圆柱体顶端，以其中心点为起点，矩形楼口的任意一边为终点，绘制长 14.8mm、宽 5mm 的矩形并【拉伸】，拉伸数值 -3。选中模型单击【阵列】，以圆柱体的圆心为中心做圆形阵列台阶，数量 12，移动阵列完成的台阶，每个台阶间距为 8mm。

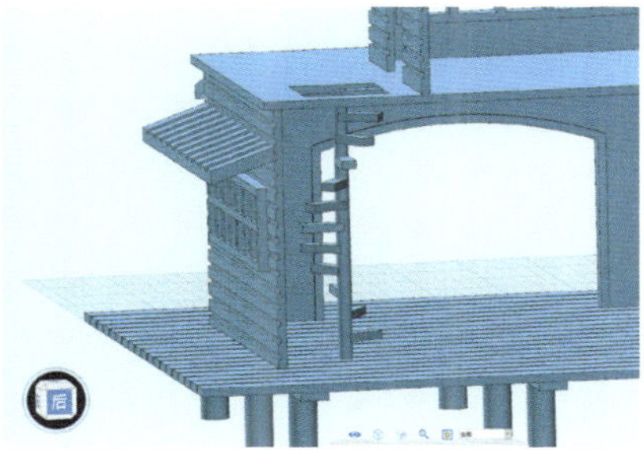

在二层开放面的屋顶绘制长 94mm、宽 65mm 的矩形，【拉伸】矩形并进行【减运算】减掉屋顶，方便观看屋内场景。

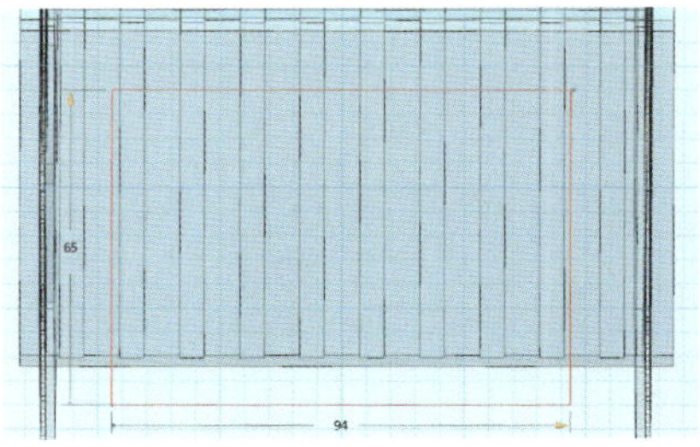

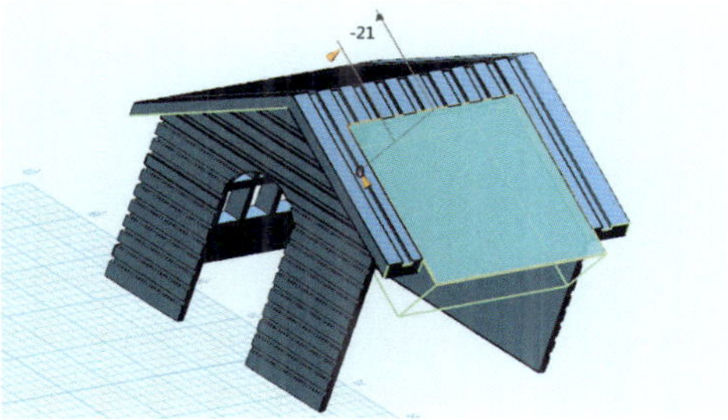

将设计好的模型导入 UP Studio 当中，如下图所示。

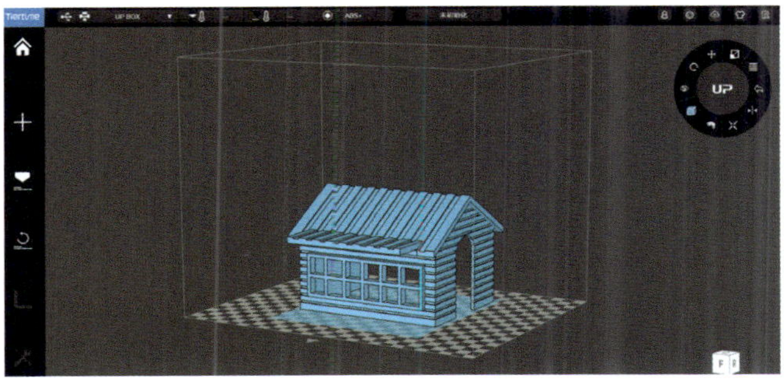

3. 护栏

在一层的屋顶一角绘制长 5mm 的正方形，【拉伸】正方形，拉伸数值 30。

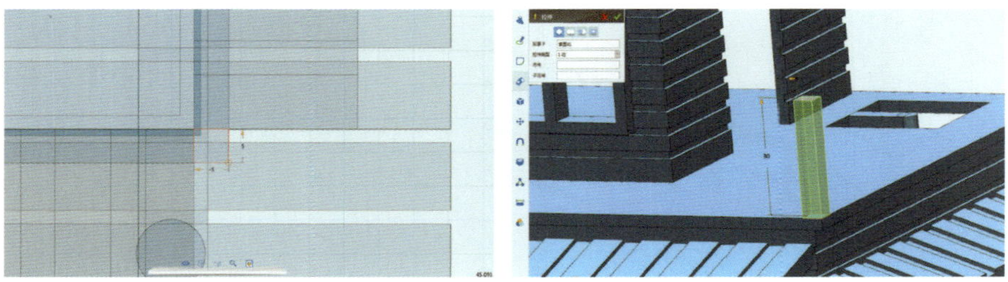

在长方体顶端创建半径 2.5mm 的球体。将球体向上移动 2.4mm。

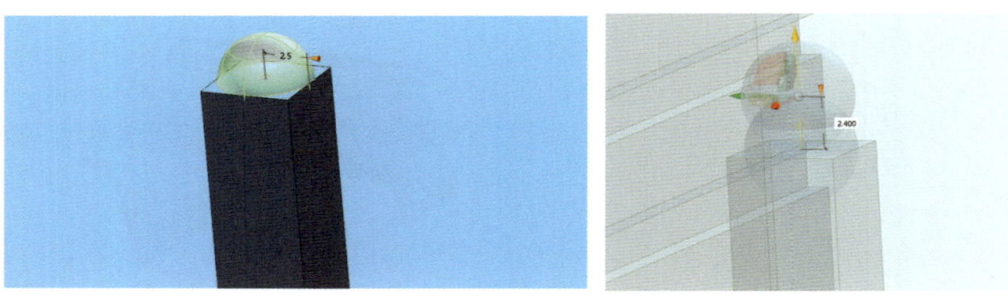

在球体中心创建长 5mm 的正方体，将正方体向上移动 2.4mm，向右移 2.5mm。

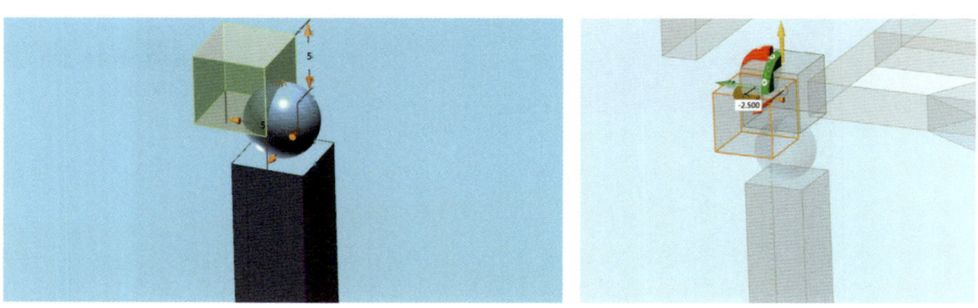

单击左边工具栏中的【组合编辑】，【基体】选中长方体，【合并体】选中球体与正方体。

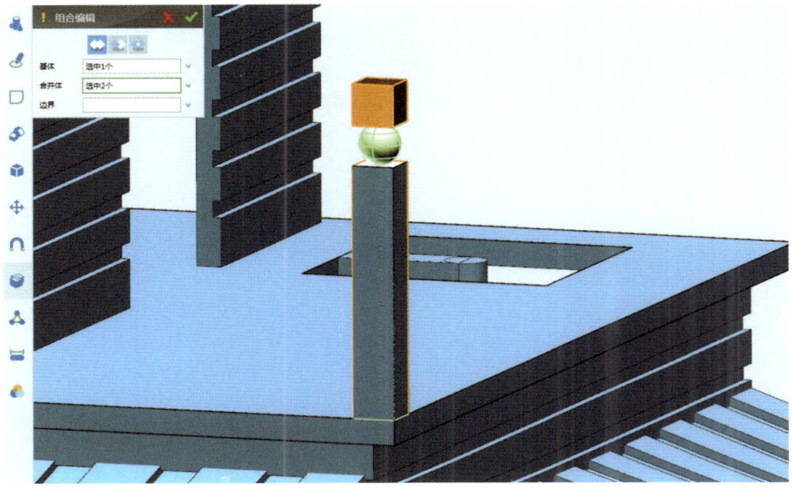

选中护栏单击【阵列】，线性阵列出 5 个护栏，长为 135mm。

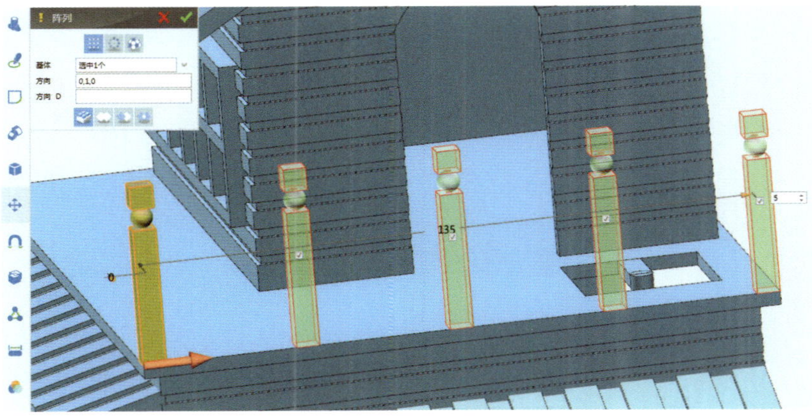

使用【圆弧】在两个护栏中间绘制半径为 15mm 的圆弧，单击【偏移曲线】选中圆弧，距离为 5mm。框选两条圆弧【阵列】圆弧，数目为 4，间距为 33.8mm。单击【单击修剪】减掉多余的曲线，使用【直线】连接圆弧，使其成为封闭图形。

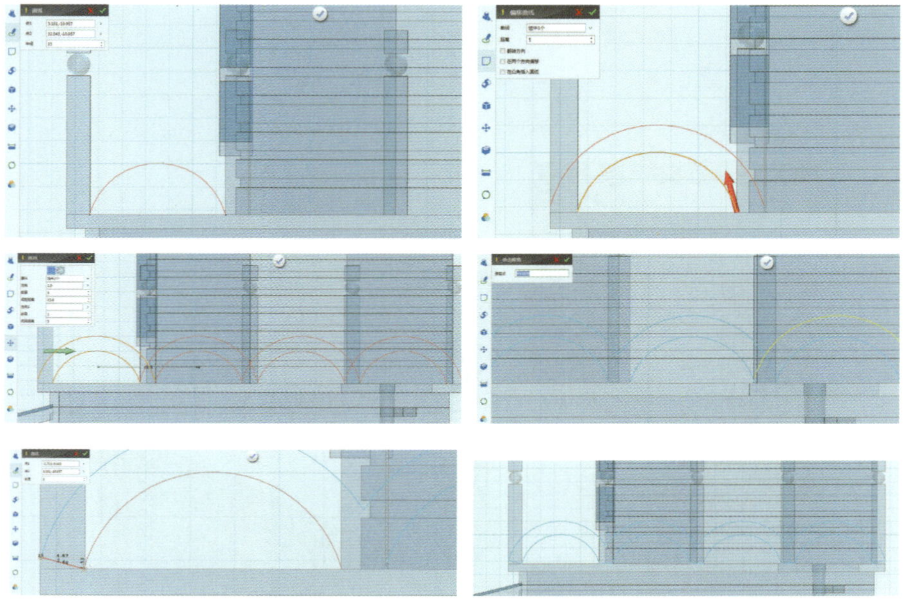

拉伸图形，拉伸数值为 −5。

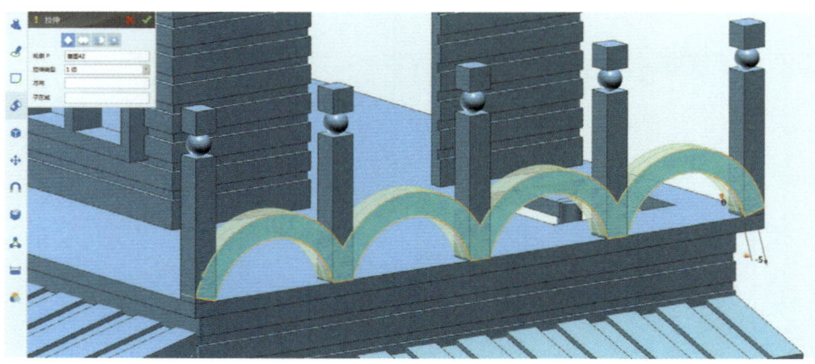

以同样方法制作房屋中其他部位的护栏，并将设计好的模型导入 UP Studio 当中准备打印。

4. 台阶

在地板的右面中心处创建长 55mm、宽 8mm、高 3mm 的长方体作为台阶。【阵列】台阶，阵列数目为 7，向下移动每个台阶，间距为 5.1mm。

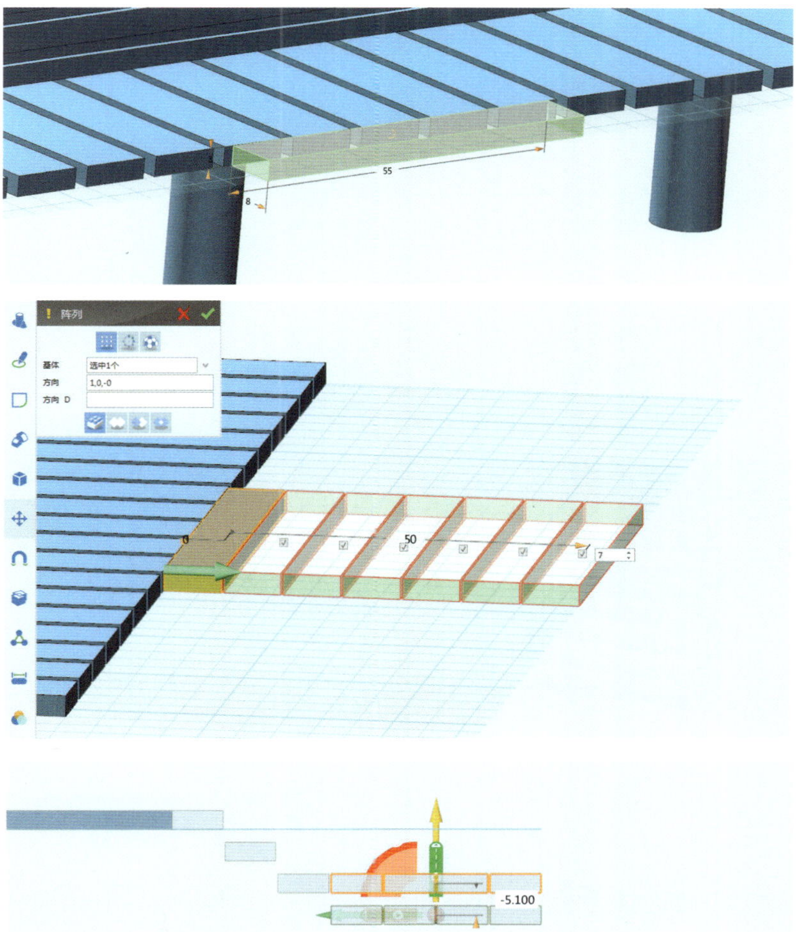

使用【多段线】贴合每个台阶绘制出台阶架，选中全部线段，单击【偏移曲线】，【单击修剪】减掉多余线段，用【直线】连接线的两端。

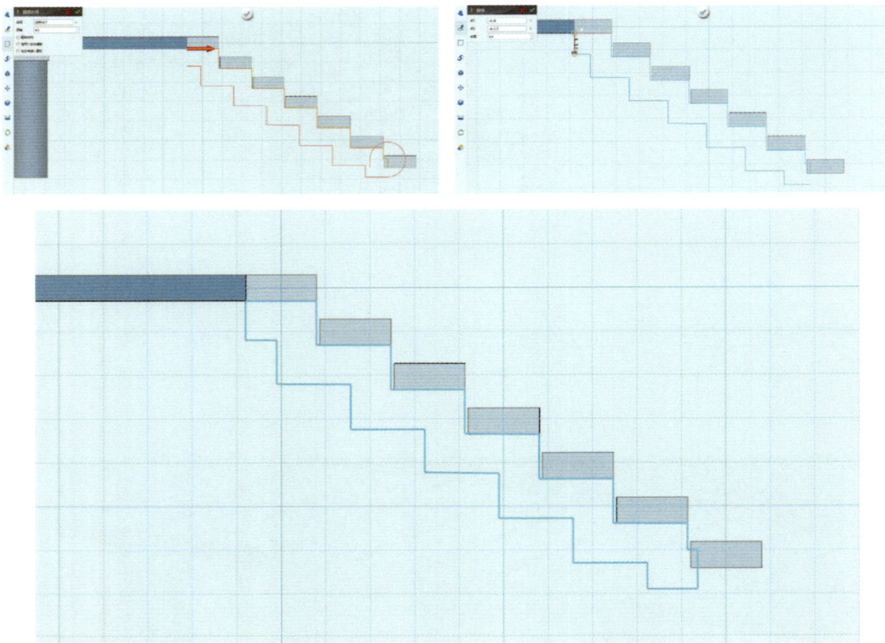

拉伸图形，拉伸数值为 −5。模型向右移动 −10mm。

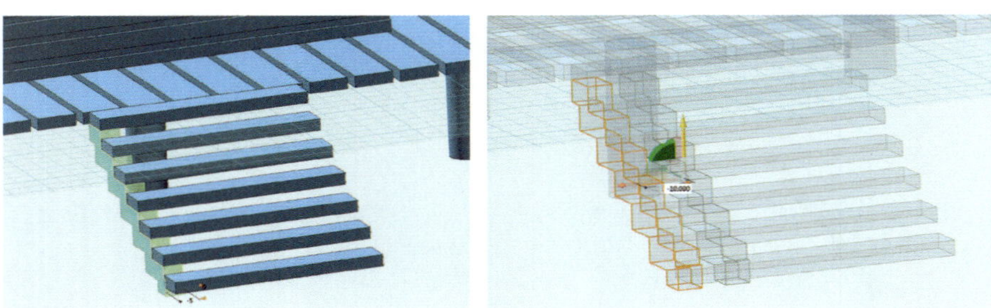

阵列模型，阵列数目为 2，间距为 30mm。

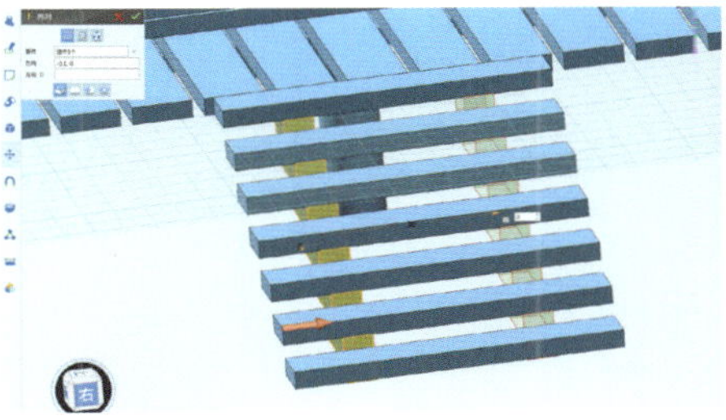

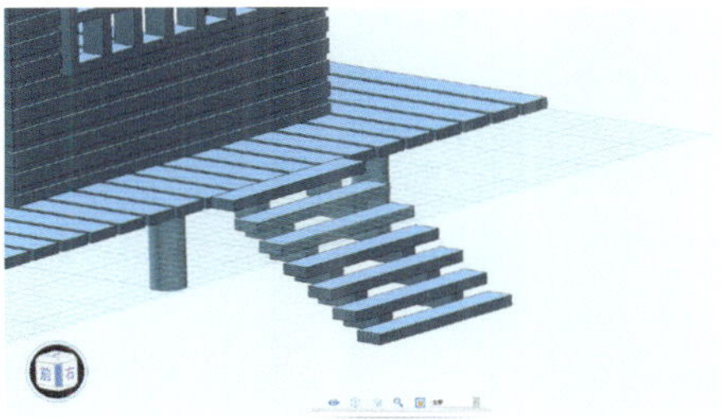

将设计好的模型导入 UP Studio 当中，如下图所示。

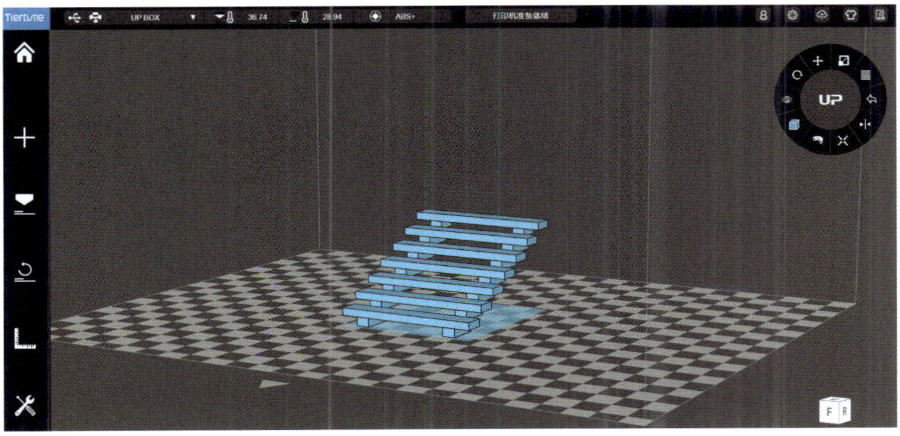

二、小院设施设计

一座房子里面，除房屋本身，还包括部分生活设施，如桌椅、信箱、摇椅、花坛等，下面分别结合软件的基本命令来逐一实现。

1. 乘凉桌椅

A. 桌子

使用【圆柱体】创建半径 30mm、高 5mm 的圆柱体。在圆柱体背面创建半径 2.5mm、高 30mm 的圆柱体作为桌腿。

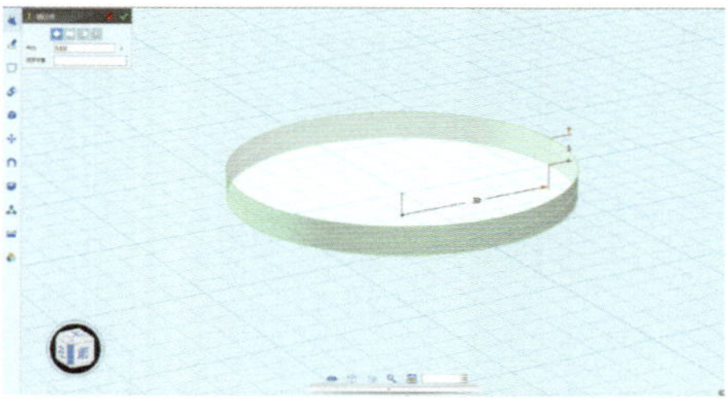

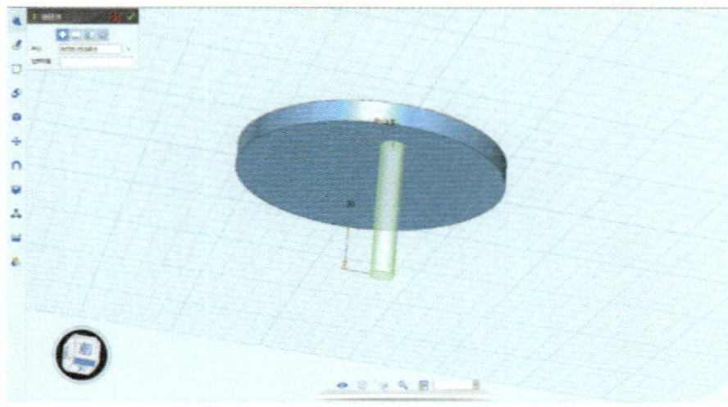

选中桌腿，单击【特殊造型】中的【阵列】，选择圆形阵列，阵列数量为 4。

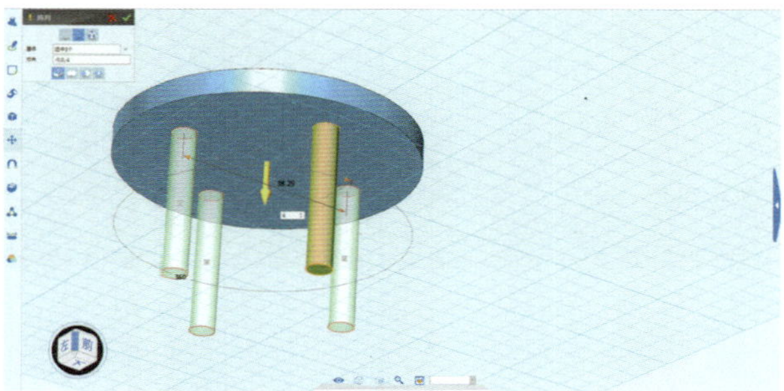

使用【圆形】命令，在桌面中心绘制半径为 2.6mm 的圆。

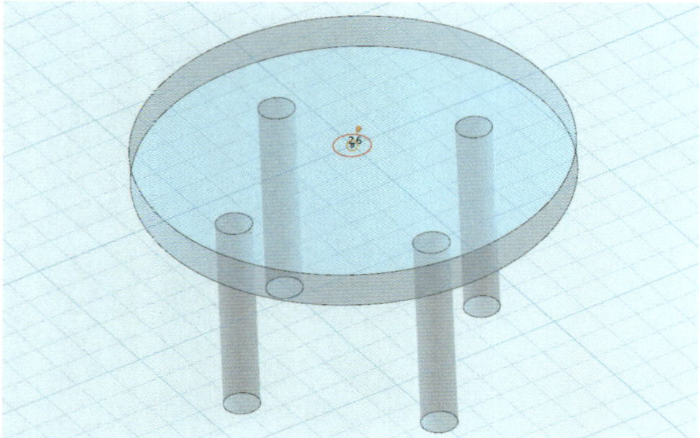

使用【拉伸】功能拉伸图形，拉伸数值为 -10，选择【减运算】。

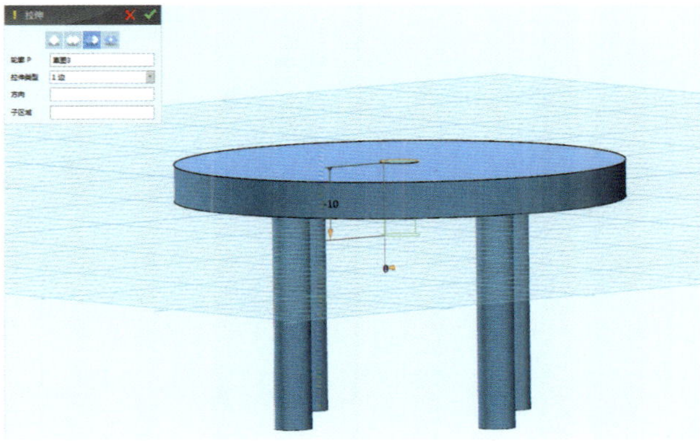

在桌面中心用【圆柱体】创建半径 2.5mm、高 70mm 的圆柱体。

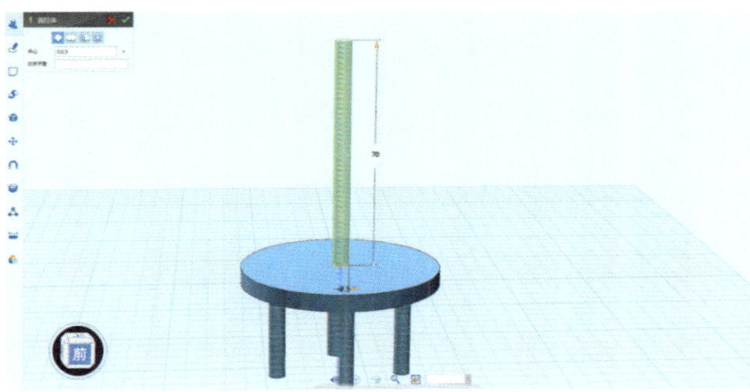

选中圆柱的底面，单击【拉伸】，拉伸数值为 -35，选择【加运算】。

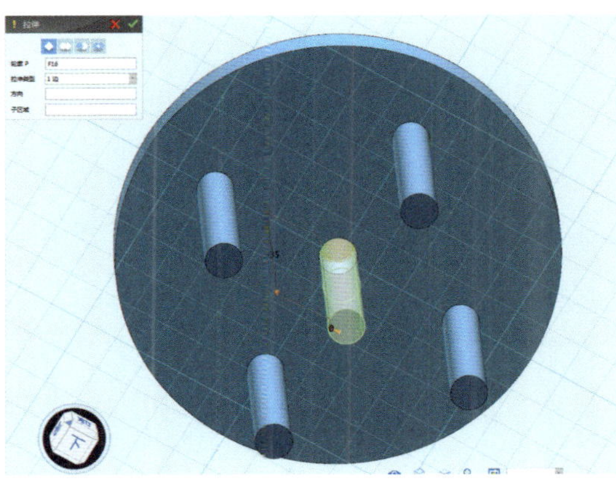

使用【草图绘制】中的【直线】工具，在圆柱的顶端中心绘制长50mm、宽5mm的平行四边形。选中图形向圆柱体中心移动2.5mm。

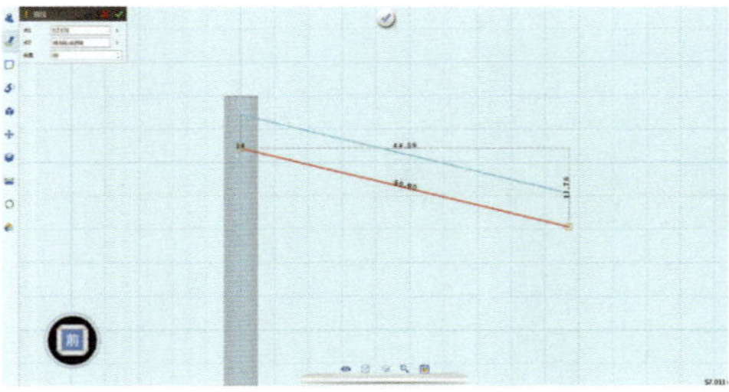

单击【特征造型】中的【旋转】工具，选中图形。

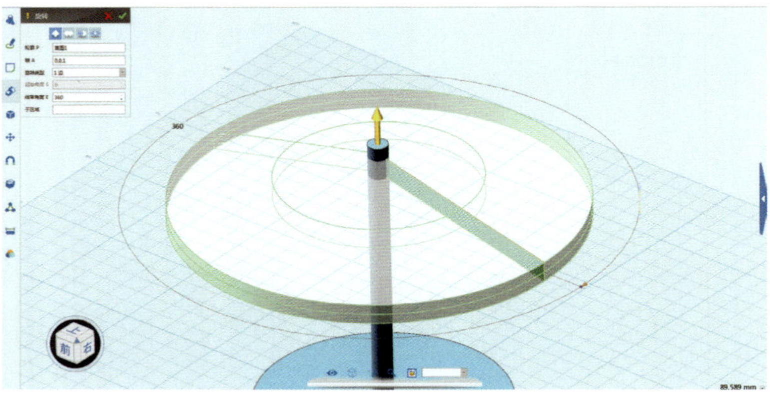

单击【圆角】命令，选择伞的边与圆柱体的顶边，圆角数值为5。桌子制作完成。

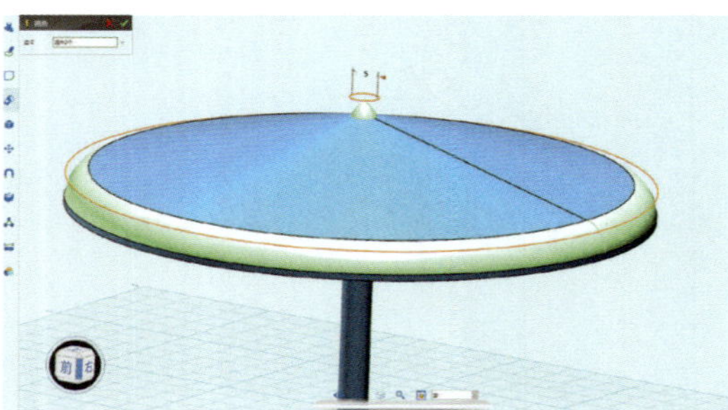

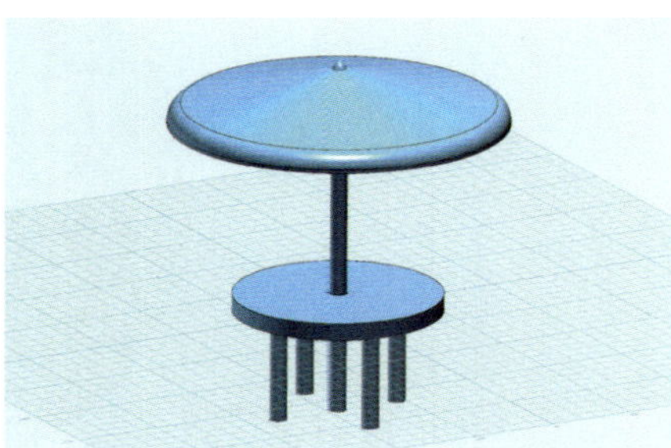

B. 椅子

使用【直线】工具按照下图绘制椅子图形。

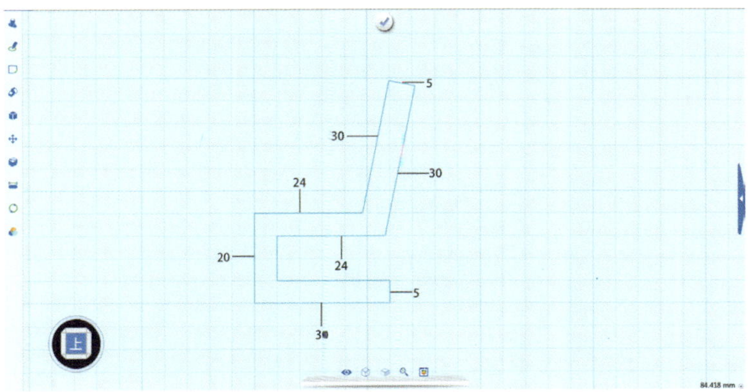

拉伸图形，拉伸数值为 25mm。

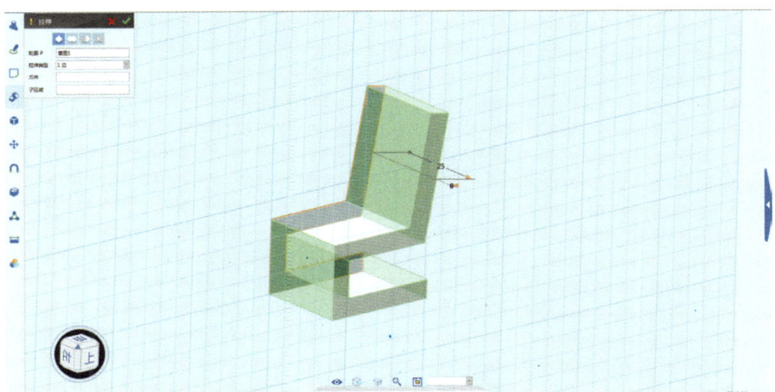

单击【圆角】，按照下图所示圆滑五条边。椅子制作完成。

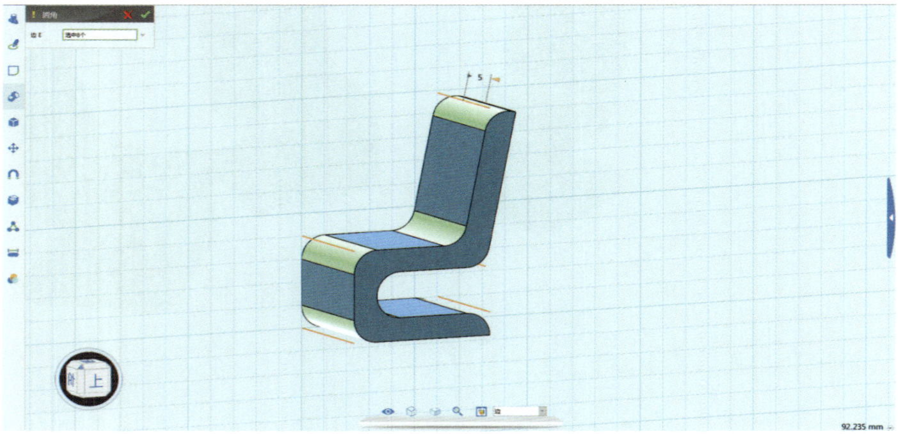

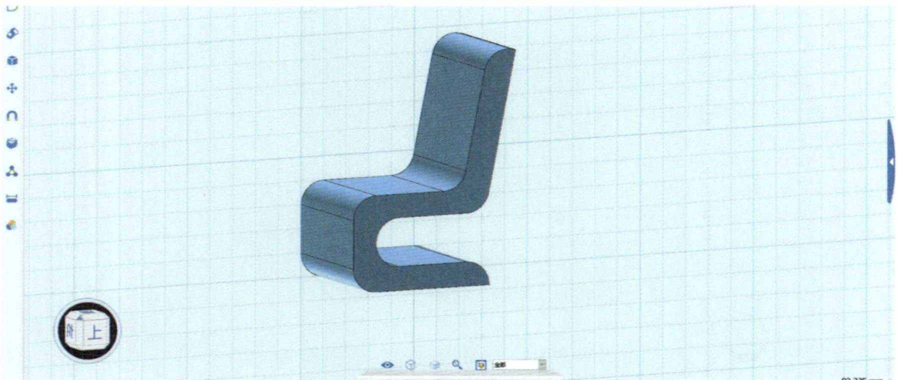

分别将桌椅模型导入 UP Studio 当中，如下图所示。

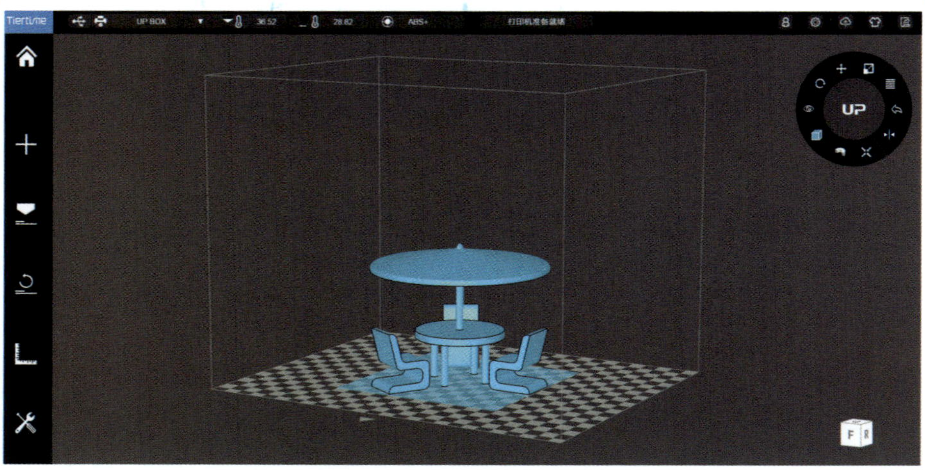

2. 与外界沟通的信箱

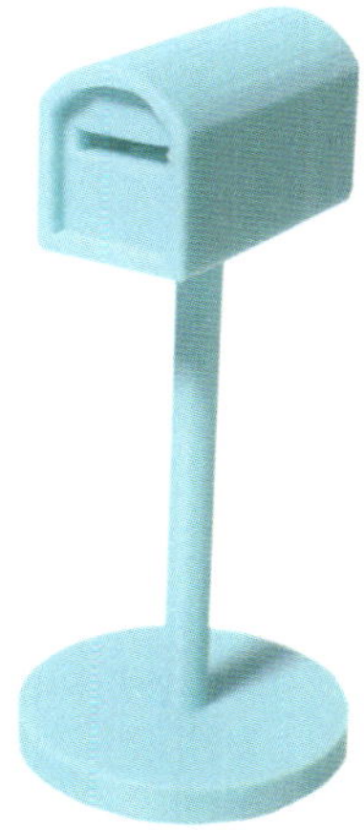

使用【基本实体】中的【圆柱体】创建半径 18mm、高 5mm 的圆柱体。在模型顶面中心位置绘制半径 2.5mm、高 55mm 的圆柱体。

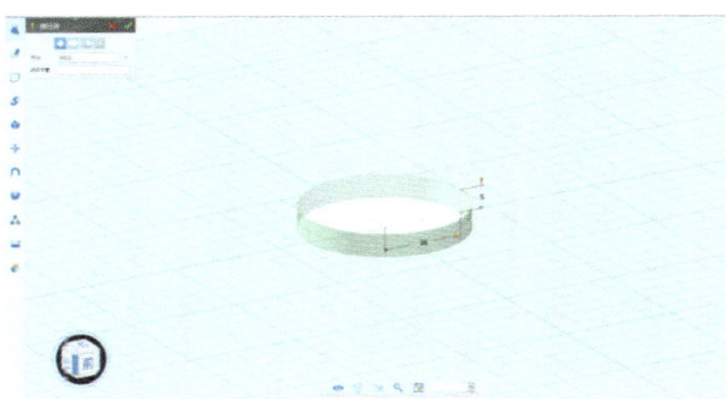

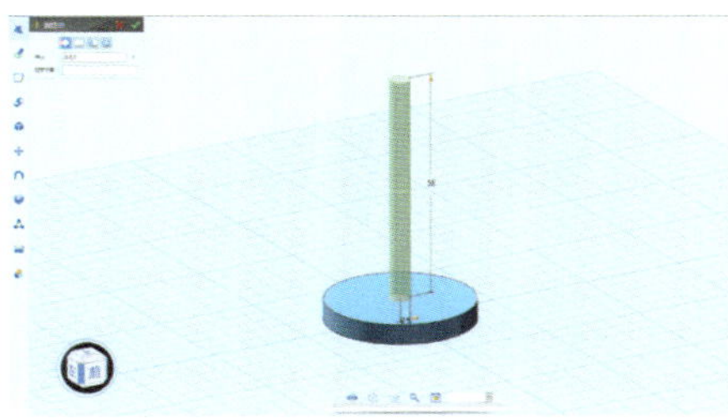

在半径2.5mm的圆柱体顶面中心创建长55mm、宽17mm、高20mm的六面体。使用【特征造型】中的【圆角】二具，选中顶面长为 55mm 的两条边，圆角数值为 8.5。

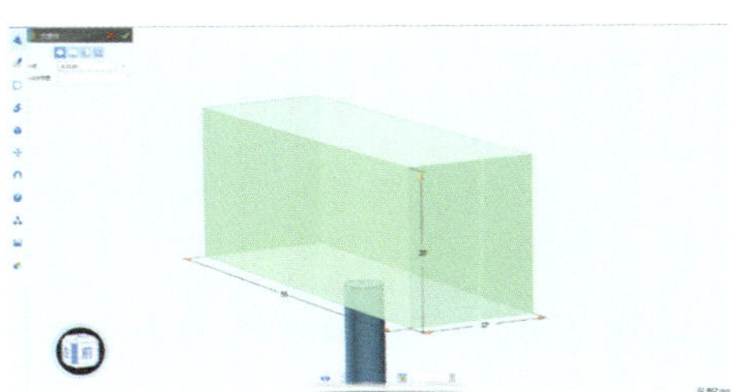

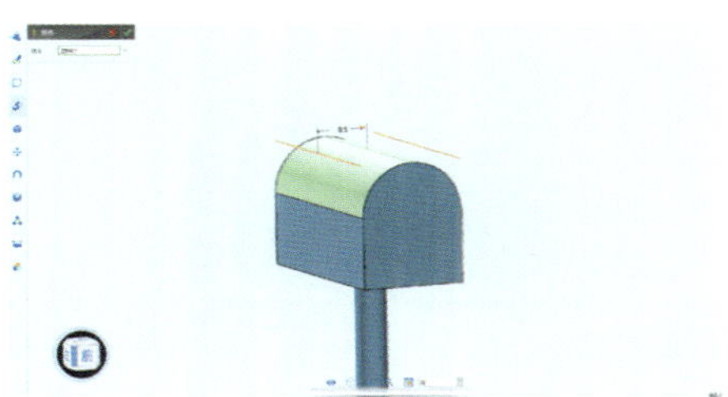

使用【特殊功能】中的【抽壳】，厚度为 -2.5，开放面选中六面体【前】的面。选中信箱内部的面单击【拉伸】，拉伸数值为 27.5。

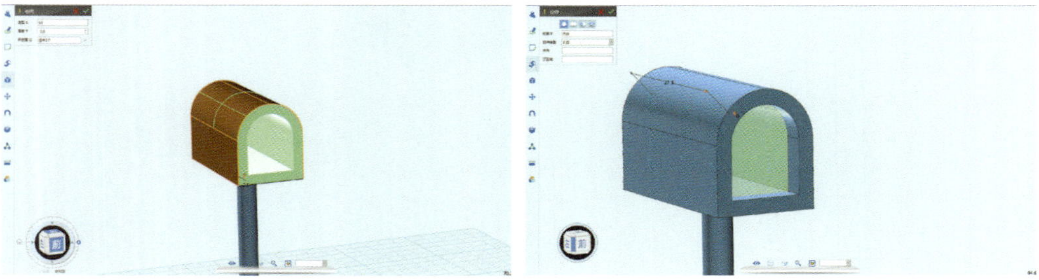

选中信箱，单击工具栏中的【显示 / 隐藏】中的【隐藏】。选中信箱中拉伸好的模型里面的面，单击【拉伸】，拉伸数值为 24.5，选择【减运算】。

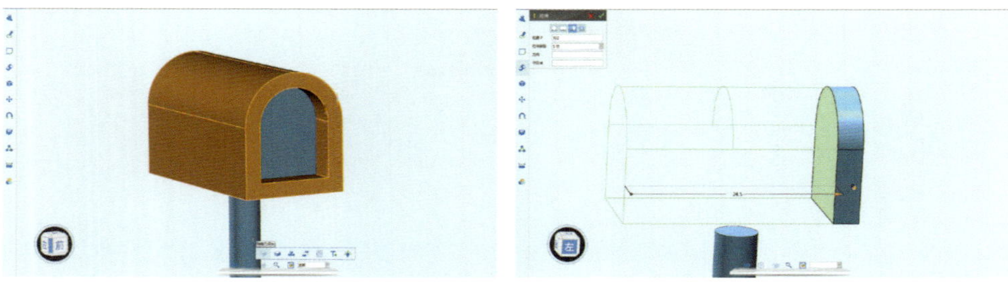

单击【显示 / 隐藏】中的【显示全部】。用【六面体】在减运算后的模型中心创建长 8mm、宽 -10mm、高 3mm 的六面体，选择【减运算】，信箱制作完成。

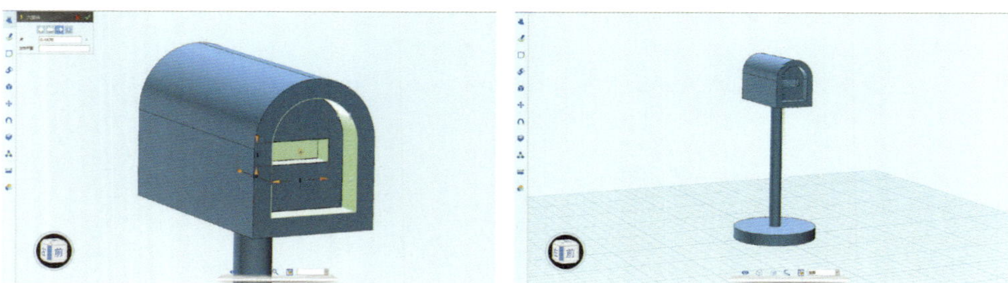

将设计好的模型导入 UP Studio 当中，如下图所示。

3. 花坛

使用【六面体】创建长 70mm、宽 30mm、高 15mm 的六面体。

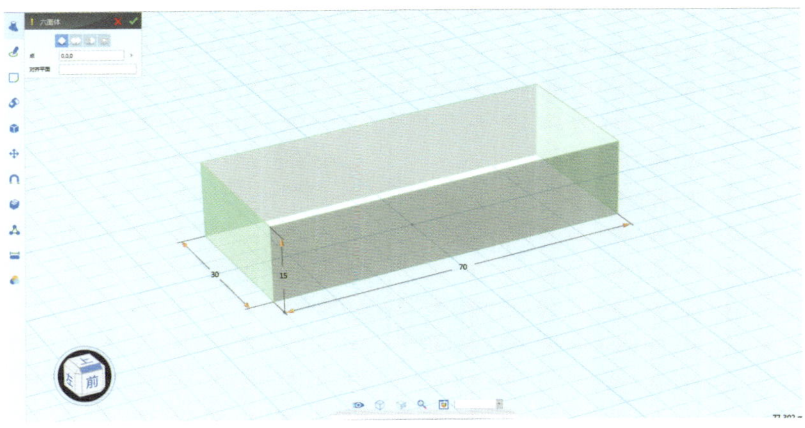

使用【圆角】圆滑六面体四条边，圆滑数值为5。

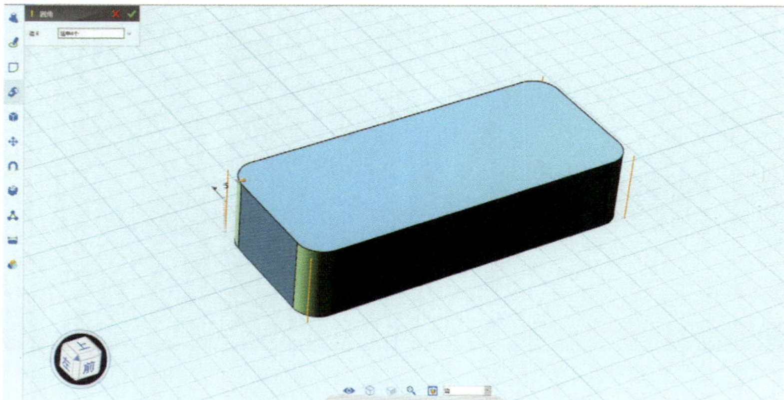

【抽壳】六面体，厚度为-3mm，开放面选择六面体顶面。花坛制作完成。

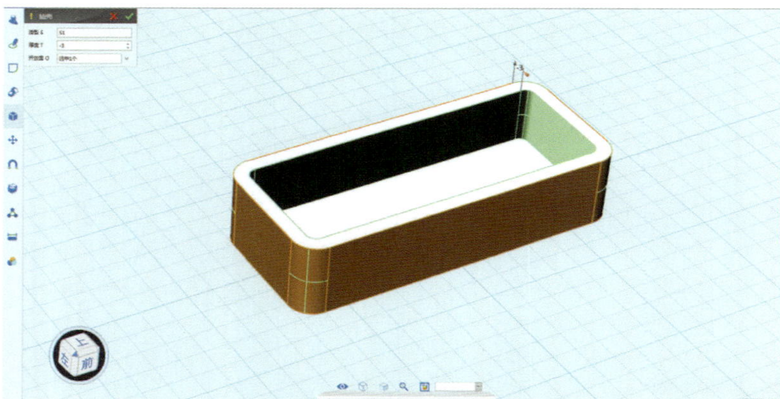

将设计好的模型导入 UP Studio 当中，如下图所示。

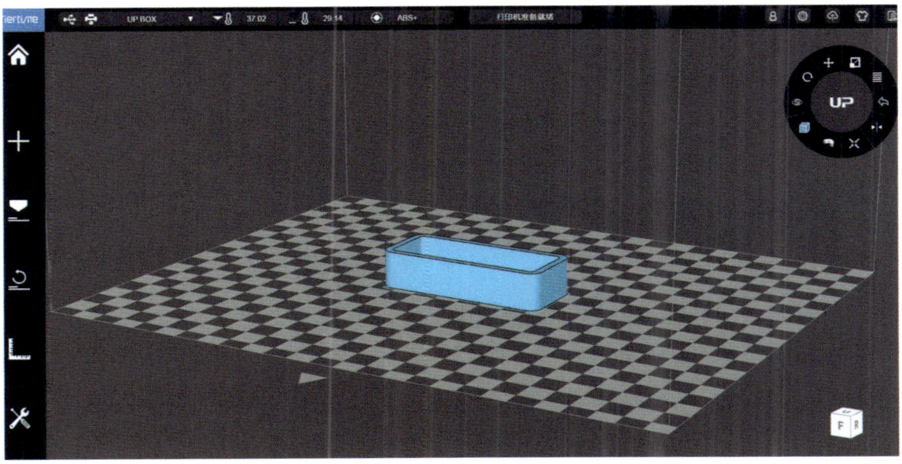

三、家居布局设计

房屋及各类生活设施设计完成，小院的大体外观完成，也就是说一个家的“壳”制作完成。本小节我们着重介绍这个“壳”之内的内容——家居布局。家居布局分为很多种，如中式与欧式，简约与奢华，现代与古典等。

在前面的房屋设计中，为方便从外面直接观察屋内的家具布局，将房屋的上下层设计成敞开的形式，根据房屋整体搭建的基本命令，制作一些室内家具，并进行摆放，如右图所示。

1. 沙发

下面，以沙发为例，看一下室内家居的制作方法。

制作沙发底座，单击【上】视角，使用【草图绘制】中的【矩形】命令，绘制长 -67mm、宽 32mm 的矩形，以矩形右下角的点为起始点绘制长 -26mm、宽 -50mm 的矩形。

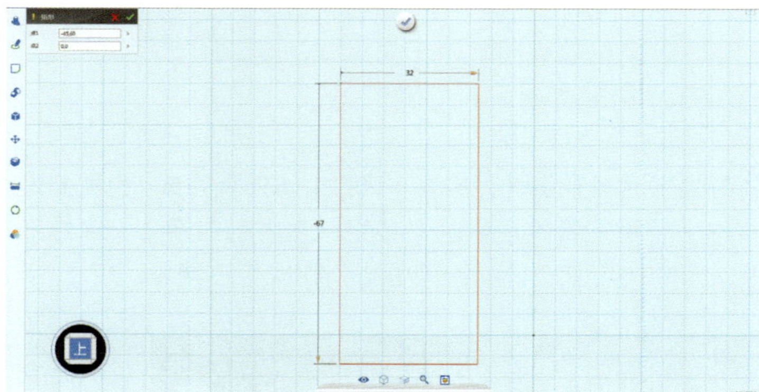

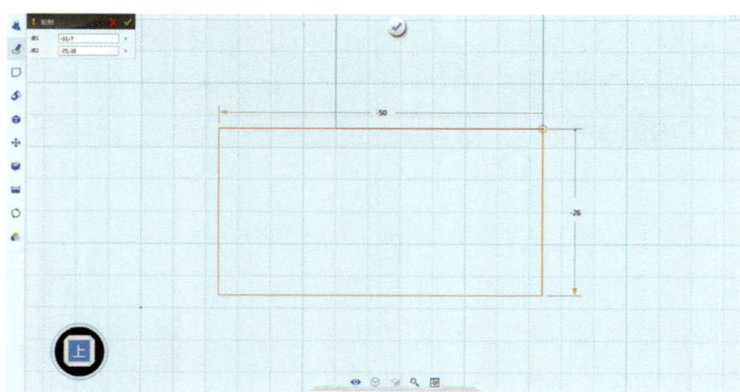

使用【草图绘制】中的【圆弧】命令，绘制半径为 14mm 的圆弧，点 1、点 2 为长为 -26mm 线段的两端。

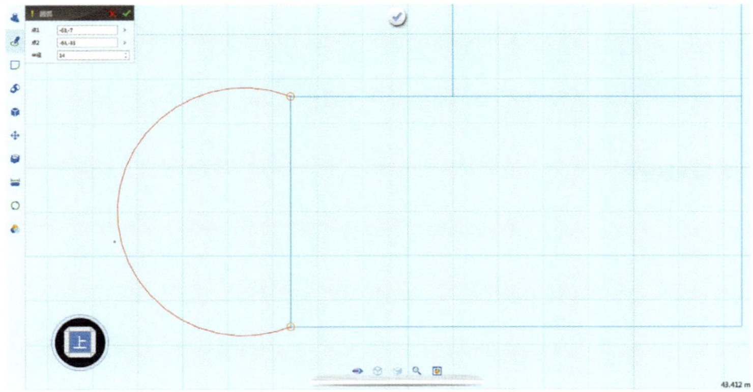

使用【草图编辑】中的【单击修剪】命令，减掉多余线段。

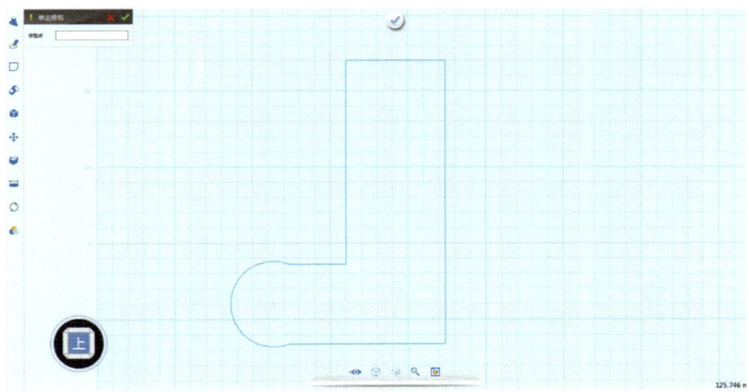

单击【特征造型】中的【拉伸】功能，拉伸图形高度为 10mm。

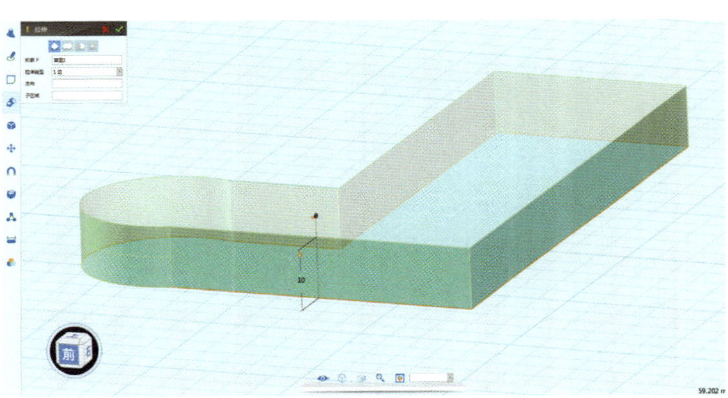

制作扶手，使用【矩形】工具在图形的上端绘制长 -10mm、宽 32mm 的矩形，在图形的下方，以右下角的点为起始点，绘制同样大小的矩形。

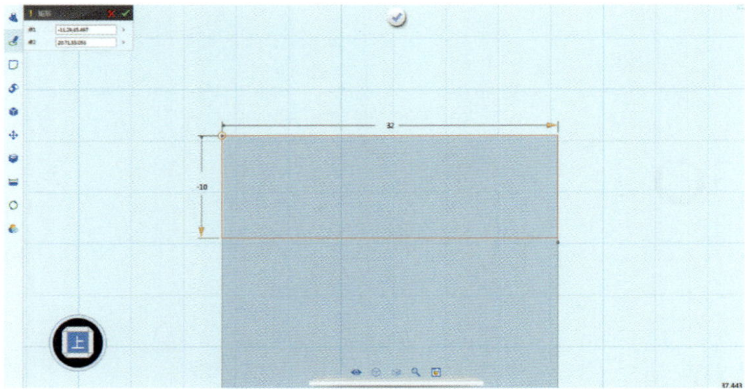

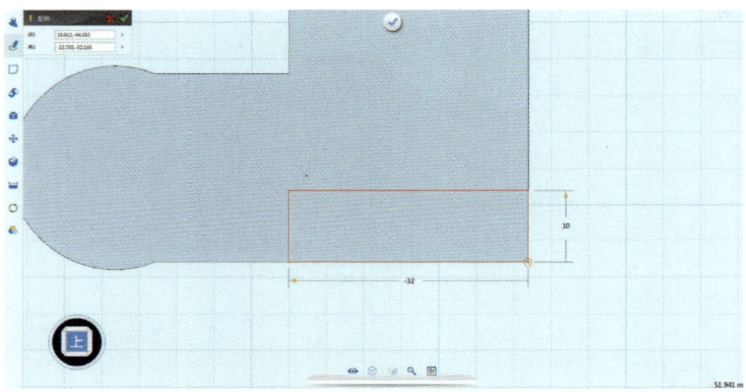

单击【拉伸】功能拉伸绘制好的两个矩形，高度为 8mm。

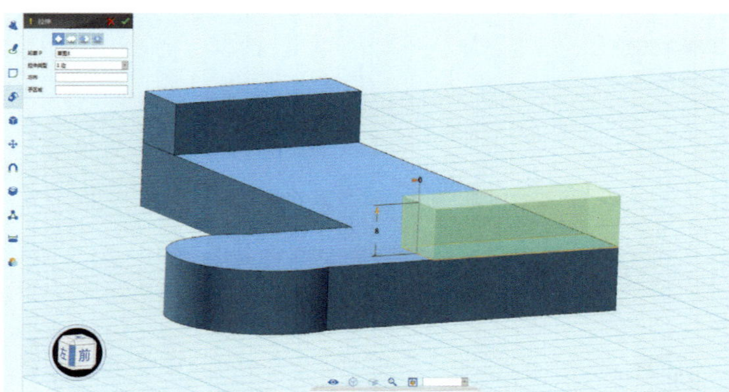

制作沙发靠背，使用【矩形】工具，在两个扶手的中间绘制长为 75mm、宽为 −10mm 的矩形。

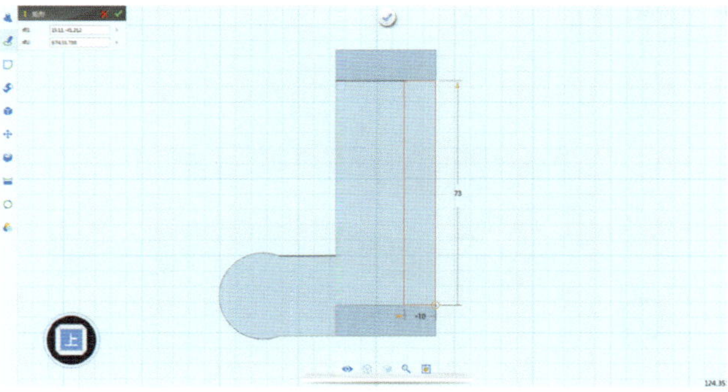

单击【拉伸】功能拉伸矩形，高度为 15mm。

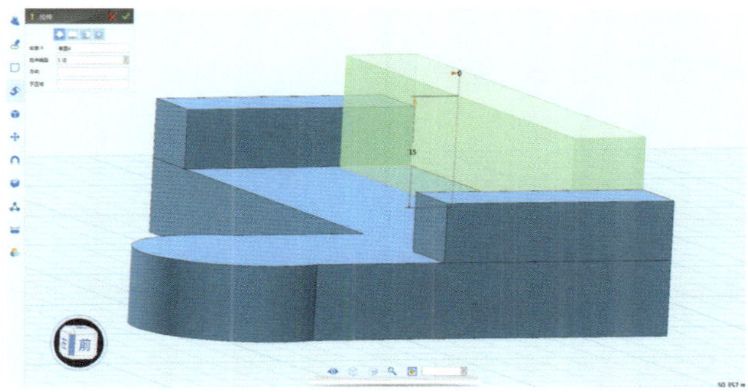

将模型倒圆角，制作出沙发柔软的感觉，使用【特征造型】中的【圆角】功能，制作扶手及靠背内侧的圆角，圆角数值为 5。

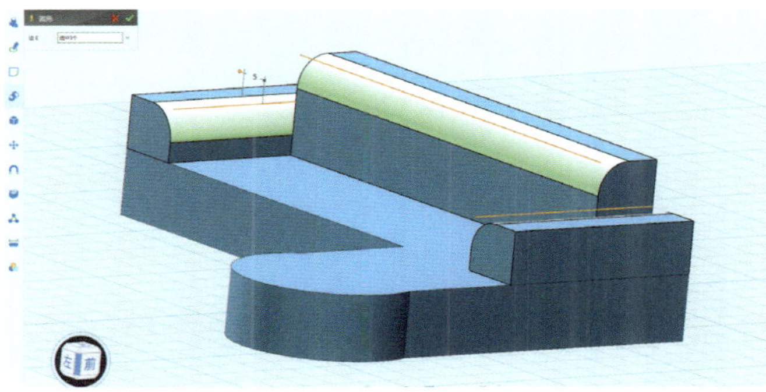

使用【圆角】功能制作扶手及靠背外侧的圆角，圆角数值为2，圆角后的边如下图所示。

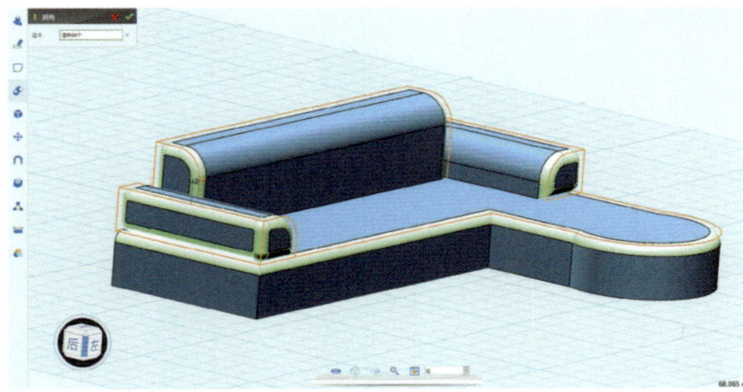

制作沙发腿。使用【基本实体】中的【圆柱体】在沙发底部创建半径为2.5mm、高为3mm的圆柱体。

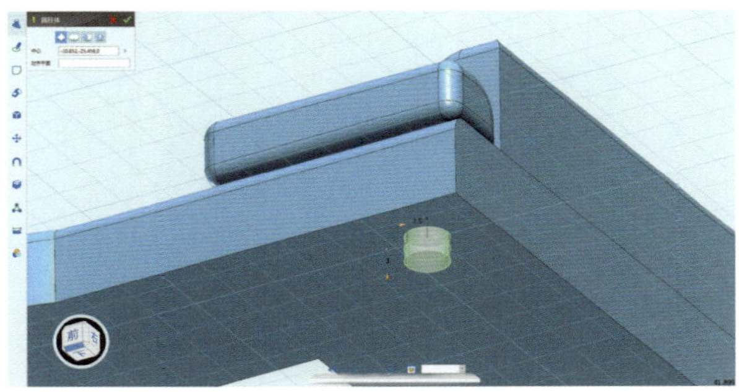

使用【基本实体】中的【球体】命令，在圆柱体的中心创建半径为3mm的球体。

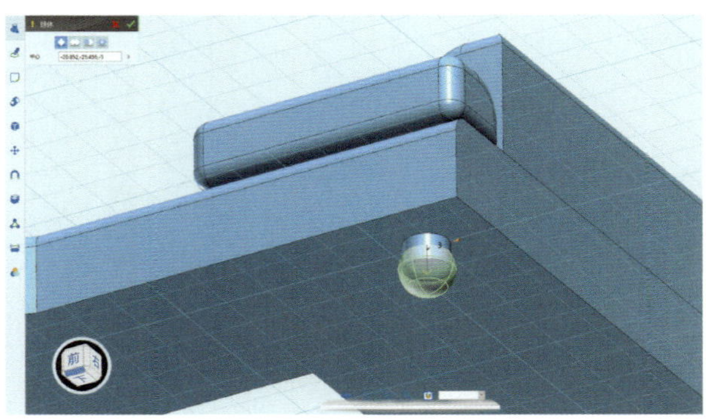

合并圆柱体与球体，单击【组合编辑】，弹窗中【基体】选择圆柱体，【合并体】选择球体。

单击【下】视角，选中沙发腿，单击【基本编辑】的【阵列】，向下阵列一个，距离为 78mm。选中上方沙发腿向左阵列一个，距离为 45mm。选中下方沙发腿向左阵列一个，距离为 16mm。

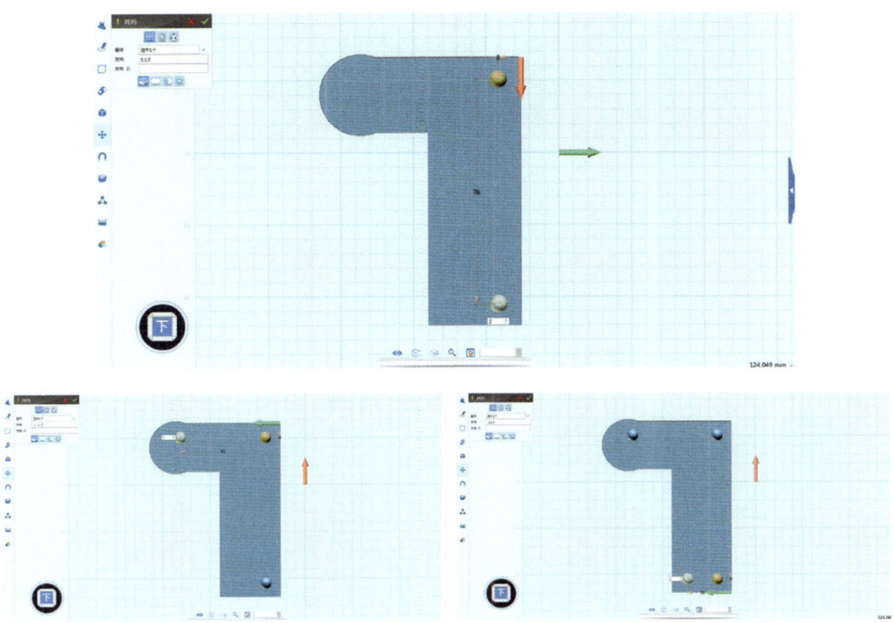

单击【组合编辑】合并沙发所有模型，基体选择沙发靠背，合并体选择剩余全部模型。

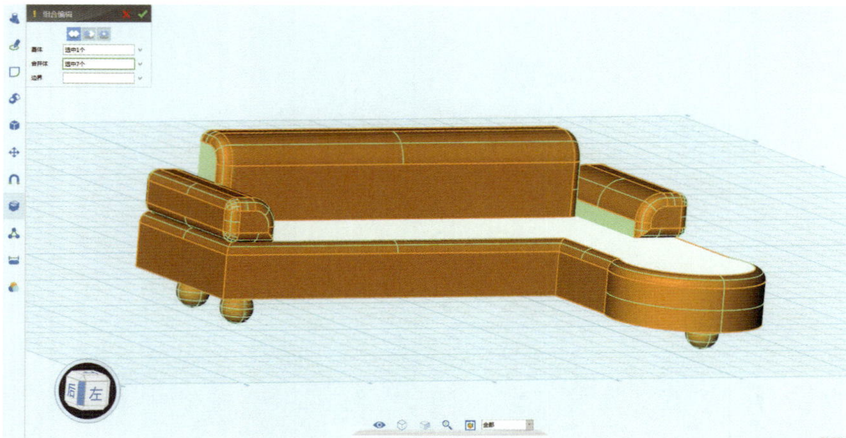

沙发制作完成。

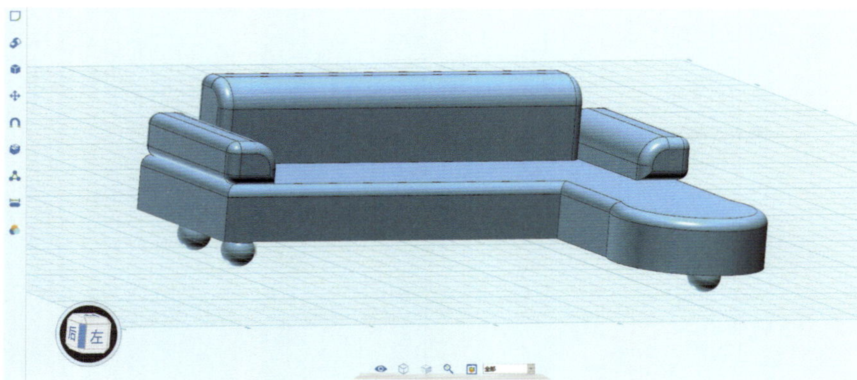

2. 茶几

制作茶几桌腿，使用【矩形】绘制长 3mm、宽 3mm 的四边形。

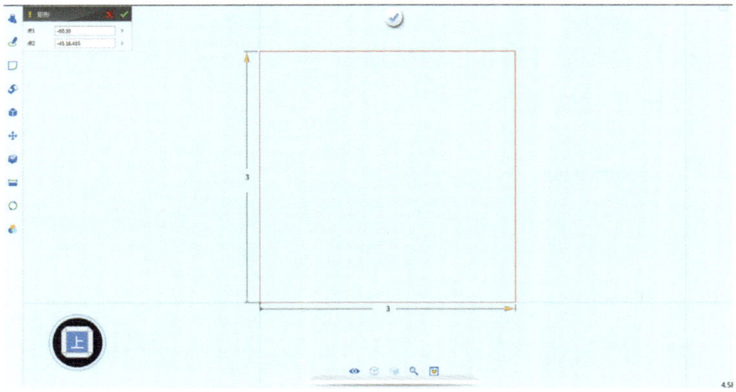

草图模式下框选四边形进行【阵列】，分别向两个方向进行阵列，横向阵列距离为17mm，纵向阵列距离为26mm。

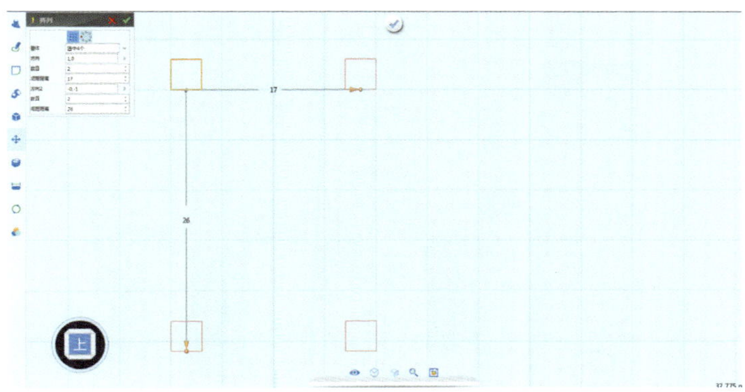

单击图形进行【拉伸】，拉伸高度为10mm。

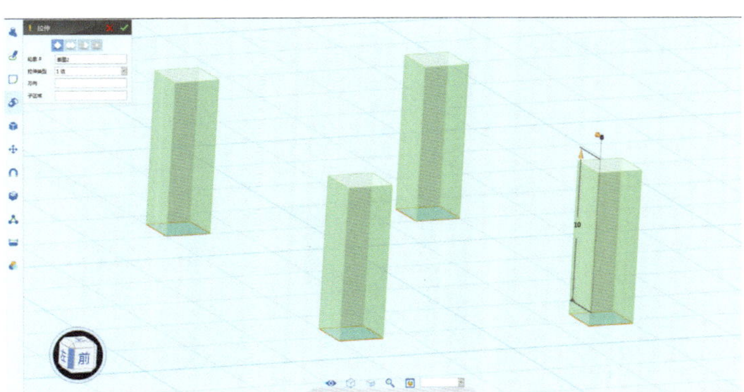

制作茶几桌面。使用【矩形】工具，以长方体的顶面为基准面，绘制长 -35mm、宽 27mm 的矩形。

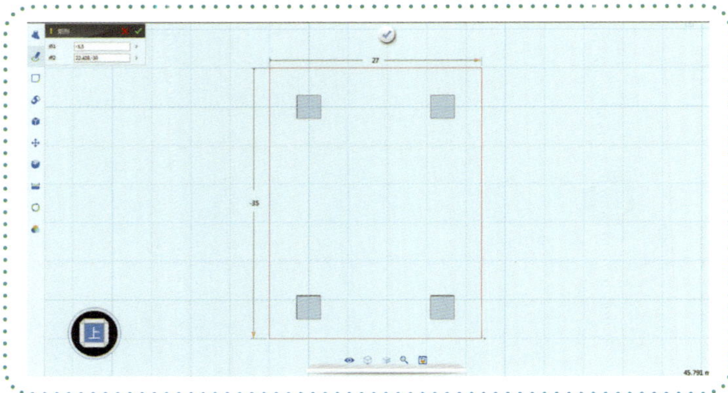

【拉伸】矩形，拉伸高度为 2.5mm。

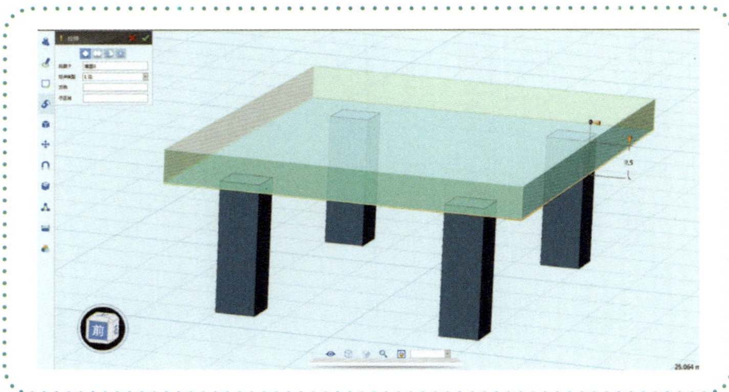

使用【特征造型】的【倒角】命令，对桌面顶面的四条边倒角，倒角数值为 1。

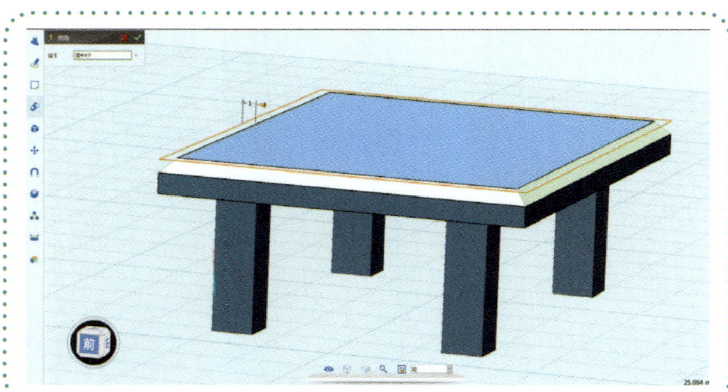

单击【组合编辑】，基体选择茶几桌面，合并体选择四条桌腿。

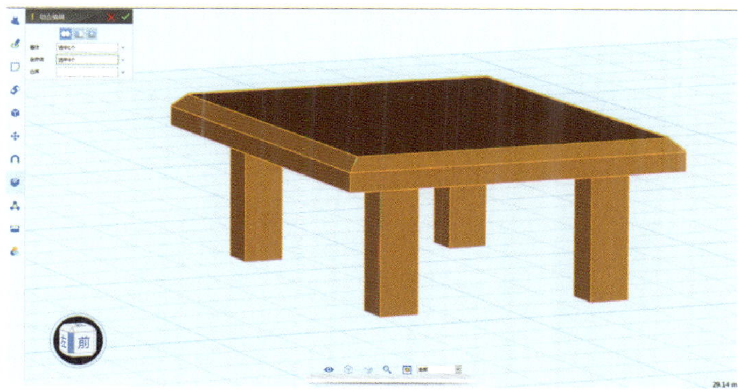

茶几制作完成。

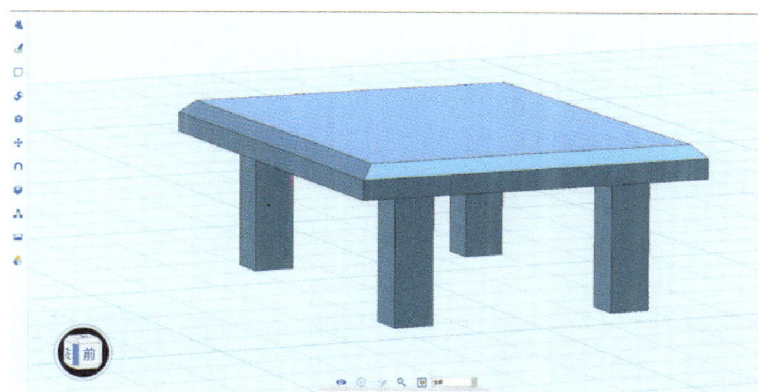

将设计好的沙发和茶几的 STL 模型分别导入 UP Studio 当中，如下图所示。

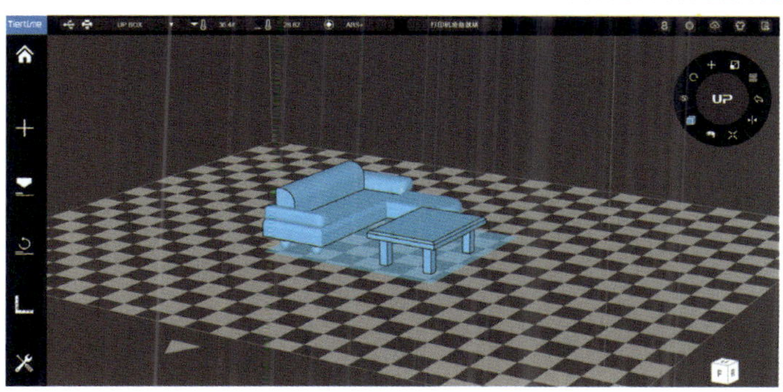

室内其他家居可以根据上述所学基本命令完成设计打印制作，如下图所示。

吧台

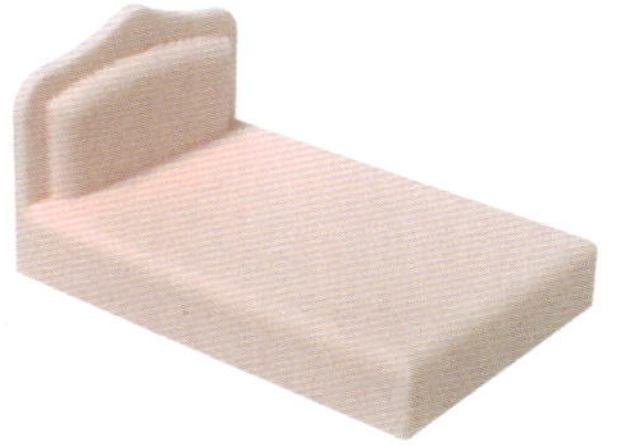

床

柜子

PART 2 第二节

3D 打印制作

一、层片厚度参数

在 UP Studio 切片软件中，有一项参数为【层片厚度】，单击下拉菜单，可以发现有 0.1mm，0.15mm，0.2mm，0.25mm，0.3mm，0.35mm 6 个厚度选择，如下图所示。

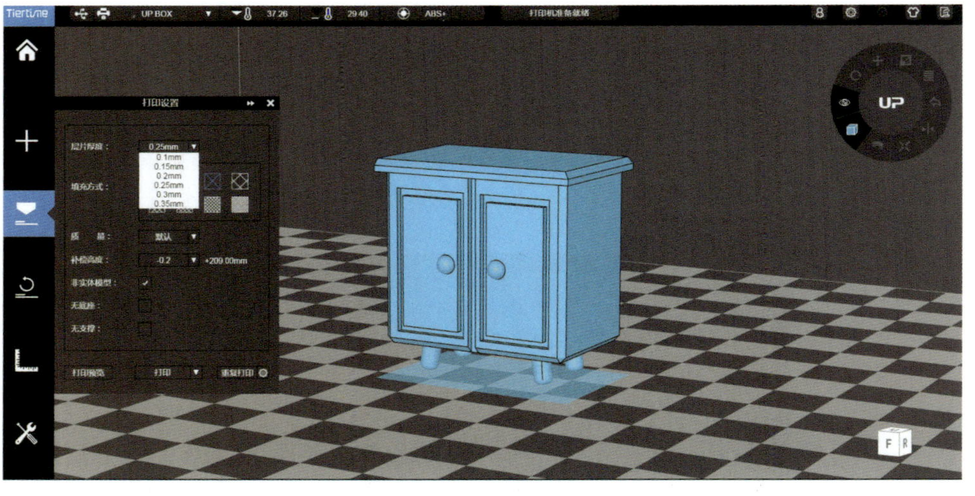

本节主要测试不同的层片厚度对于打印效果的影响。打印室内 3 类不同的家居物品，分别选取其中 3 个参数，观察一下参数对打印时间和打印耗材的影响。

下面为分别使用 0.1mm、0.25mm、0.35mm3 个参数打印的家居物品，观察有何不同？

0.1mm　　0.25mm　　0.35mm

通过上图我们可以看出，层片厚度数值越小，打印模型表面越精细，打印时间越长，耗材使用相对越多。

二．打印预览与打印

对话框底部有【打印预览】功能和【打印】，二者的区别在于，【打印预览】可以在打印前预览打印效果和时间，从而选择最优的打印方案，提高打印效率和效果。

PART 3 第三节　场景设计制作

准备物品：场景木质底板、水景膏、打印完成的所有模型、丙烯颜料（钛白、棕色、军绿、深蓝、浅蓝、红色等，颜色选择仅做参考）。

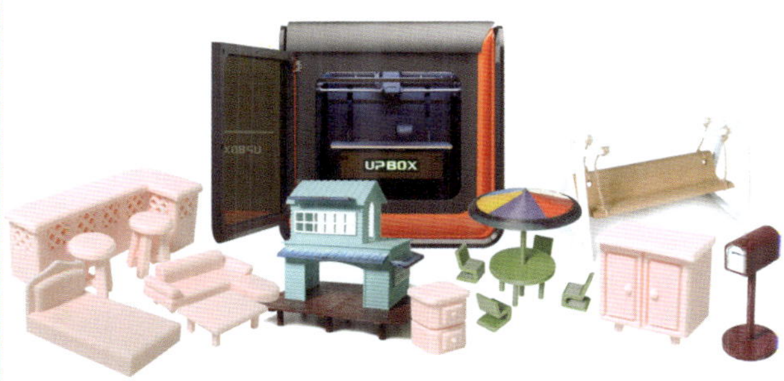

一、场景底板

（1）准备 60cm×60cm 的木板作为场景底板，如下图所示。

（2）使用丙烯颜料，绘制底板。由于我们将场景设为海边，因此选用接近于沙滩和海水的颜色完成绘制。

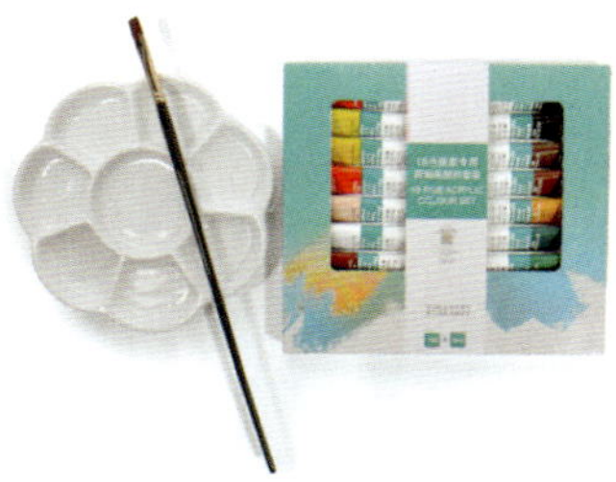

丙烯颜料

绘制完成

（3）为让海水看起来更逼真，体现出水的流动性，使用水景膏，涂抹在底板中海水的部分。

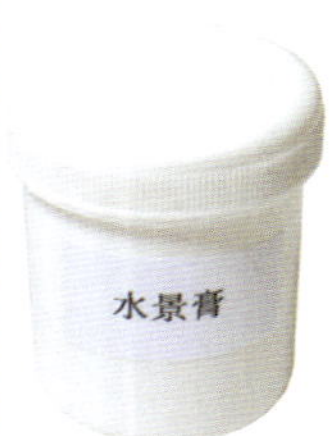

二、场景模型

使用丙烯颜料将沙盘上的物品分别上色，完成后期处理。

1. 房屋主体

房屋主体采用 ABS 天蓝色丝材，为让整个房屋更有层次感，对地板、屋檐、窗户分别进行局部着色，如下图所示。地板仿木质地板颜色，使用深棕色，为与底板海的颜色相搭配，屋檐采用近似海水的渐变色，自上而下分别为白色、浅蓝色、深蓝色，呈现渐变的效果，窗户则与其呼应，使用白色边框，干净、明亮。

房屋一层

房屋二层

房屋整体

2. 家居摆设

房屋内部，一层主要为吧台、沙发、壁炉和橱柜，二层为床和床头柜，以及连接两层所需的楼梯。壁炉紧贴墙面，采用和底板同样的颜色，相互呼应，其他家具以淡粉色 ABS 丝材为主，局部做蓝白色上色处理，和房屋主体及整个环境的色调相互呼应。

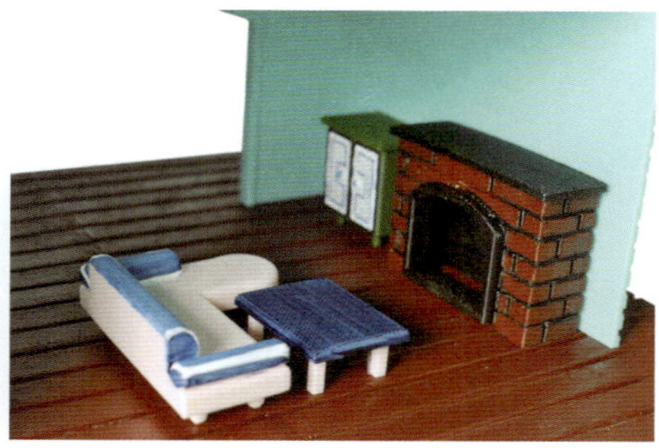

房屋一层家居摆设

房屋二层家居摆设

3. 小院设施

A. 台阶和护栏

房屋台阶采用和地板相同的颜色，为提高亮度，台阶侧面采用白色处理，二楼的防护栏同样采用白色。

B. 乘凉桌椅

用于乘凉的桌椅使用军绿色 ABS 丝材打印，为避免单调，伞撑顶部可采用彩色绘制。

C. 信箱

搭配合适的颜色，绘制信箱。

三、手工 DIY

1. 相框

准备好打印完成的相框，绘制或选取自己喜欢的图片打印出来，用双面胶粘在一起，如下图所示。

2. 摇椅

打印并将绘制好的摇椅，用麻绳绑在一起，如下图所示。

摇椅材料

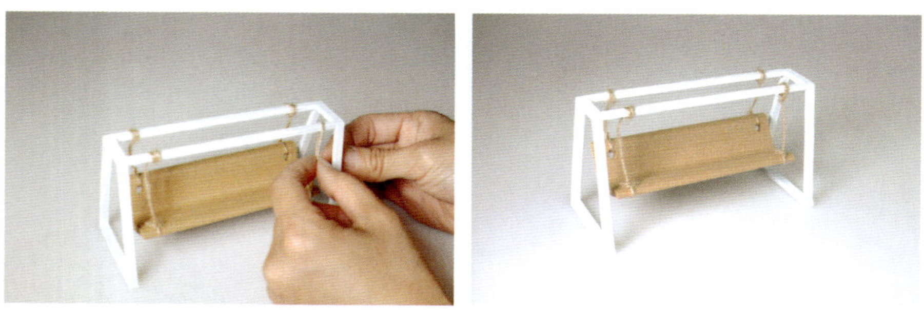

摇椅制作过程及成品

3. 花藤架

使用军绿色 ABS 丝材，打印好花藤架子，可准备一些塑料小花，缠绕在架子上，如下图所示。

4. 花坛

使用木质材料打印花坛，配以黑色丙烯颜料做描边处理，准备白胶及一些彩色树粉。

制作花坛所需材料

将树粉平铺于花坛中，为防止树粉外撒，可以分层用白胶覆盖固定，白胶晾干后颜色为透明，如下图所示。

撒树粉

挤入白胶

晾干

选取一些小石子，铺在底板上，作为环境点缀。

成品展示

注

上述颜色搭配，在保证整体色调基本和谐的情况下，可根据自己的喜好自行选择。

思考与练习

1. 与同学交流你所学到的三维设计及 3D 打印技能有哪些？
2. 一座小院需要考虑哪些自然与人为元素？
3. 运用所学知识，将自己绘制的小院设计并建造出来。

chapter 03

第三章
疯狂造物之火车站

学习目标

1. 了解火车站的布局与结构、火车的分类及发展。
2. 使用三维建模软件完成火车站设计。
3. 掌握 3D 打印机的密度与质量功能。
4. 利用丙烯颜料等材料完成火车站沙盘制作。

情景引入

火车是通过装有动力机械的机车（俗称火车头），牵引一节节车厢，在轨道上行进来完成运输的。火车作为现代运输的重要组成部分，主要运送旅客及货物，具有负载量大、运输成本低等优点，在长途运输中扮演着重要的角色。本章内容以大家熟知的火车站为例，了解火车站的基本组成部分及构造，设计一座现代火车站。

火车站包括售票处、候车室、站台及周边设施，结合设想及你所了解的乘车流程及车站布局，设计一座现代火车站，并绘制出来。

请在空白处设计一座现代火车站

以下面的平面示意图为例，设计一座火车站。

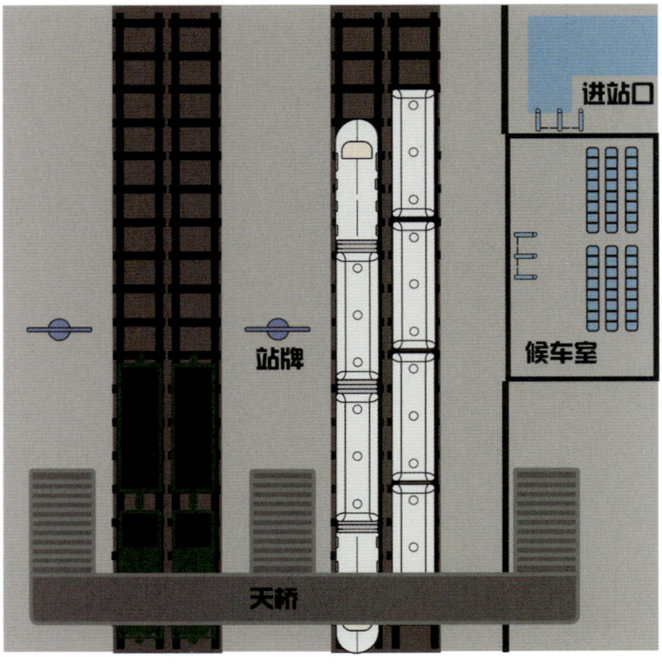

PART 1
第一节

三维建模设计

火车这个名字最早源于以煤作为燃料的蒸汽机车，后来随着工业科技的不断发展出现电力机车。火车主要分为两个用途，载货与载人。

以下图为样例，完成火车站的三维设计。

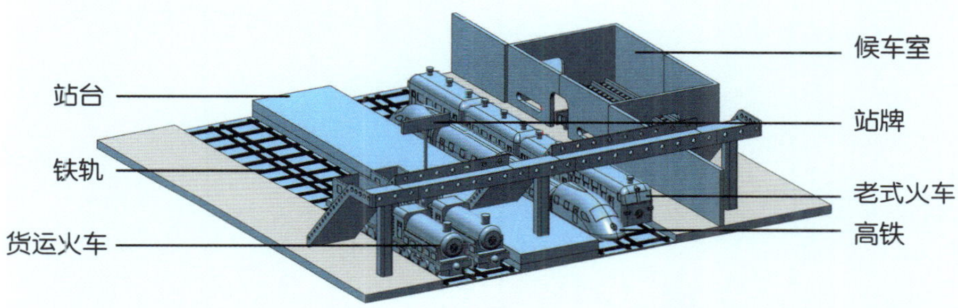

一、火车外观设计

1. 货运火车

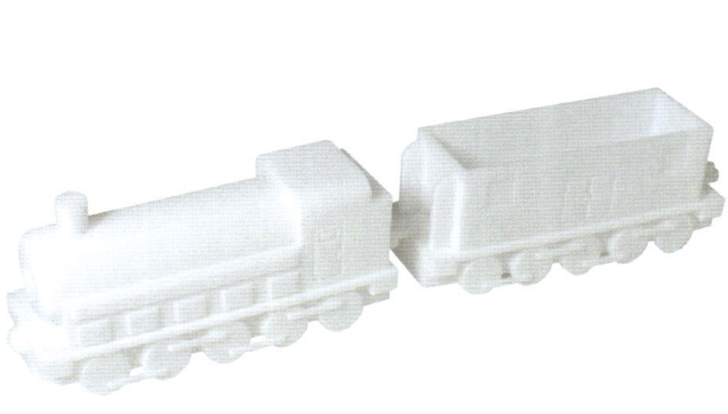

A. 货运火车车头

选择【基本实体】中的【六面体】命令，放置在网格中央位置[点坐标为(0，0，0)]，更改数值为40mm×15mm×120mm，点击确定。

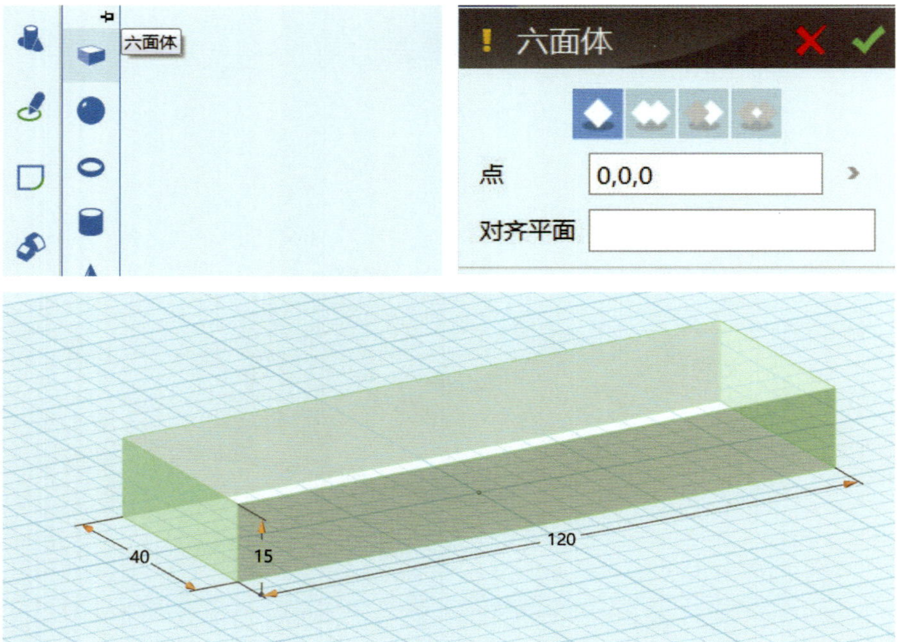

继续堆积【六面体】，放置在中间位置（将鼠标放置在六面体近似中间位置，会自动识别到中间位置，出现一个黄色的圆圈为中间点），数值为35mm×35mm×115mm，单击【确定】。

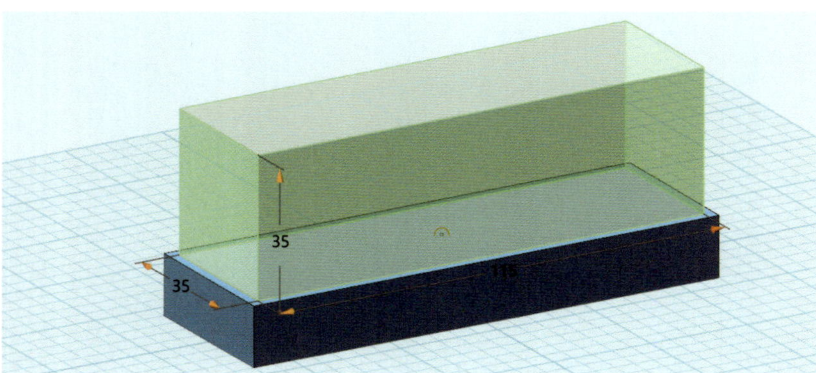

选择【草图绘制】中的【多段线】命令，之后选择前面中间位置进入草图绘制模式，单击视图骰子中的【前】视图，选择【正】视图（之后的三维设计均采用该模式），按照网格参照绘制草图轮廓。

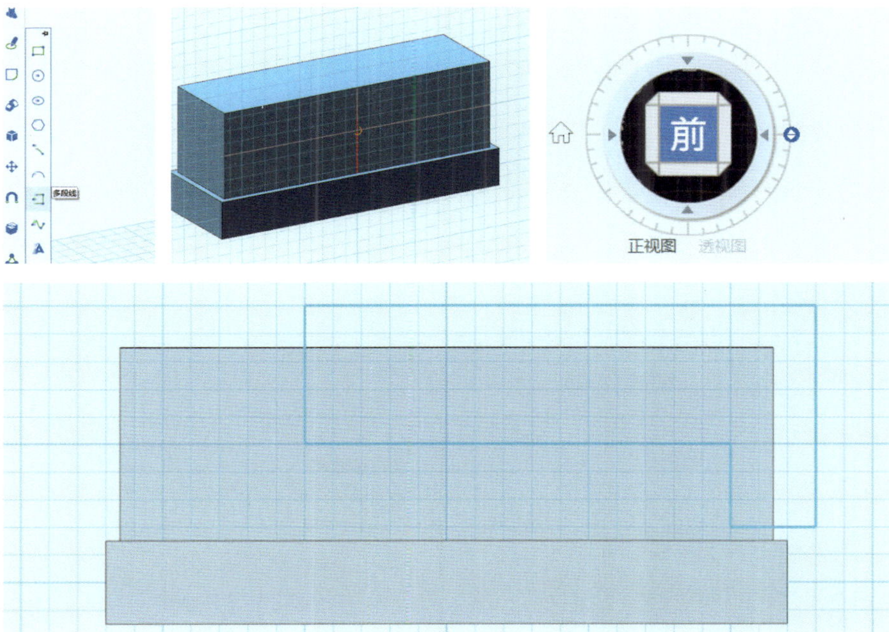

选择【草图绘制】中的【矩形】命令，继续绘制草图，单击【完成】，退出草图编辑模式。

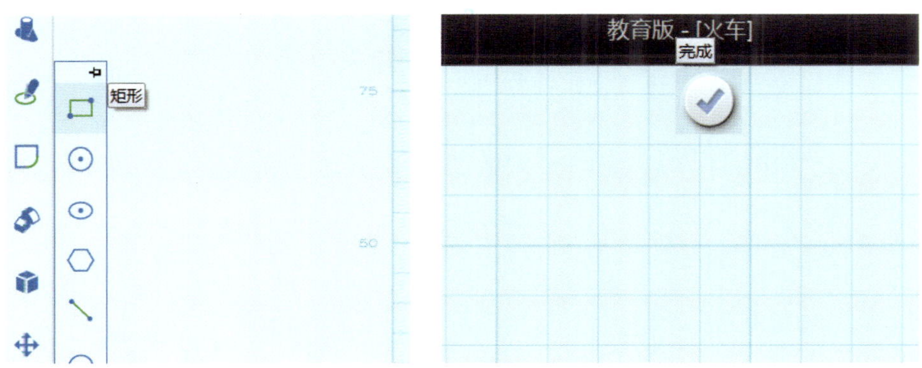

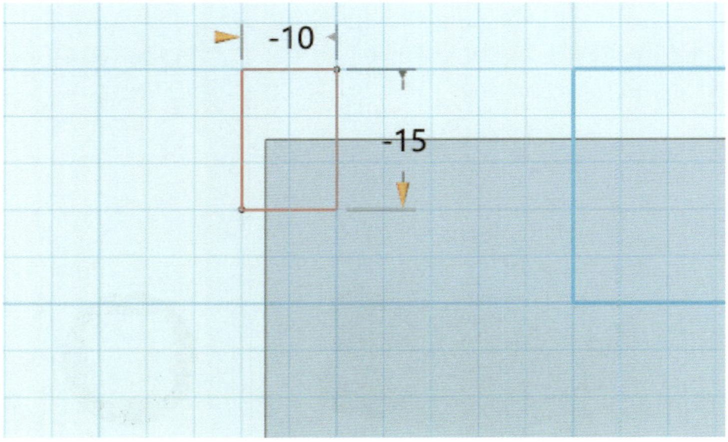

鼠标左键单击草图，选择【拉伸】命令，更改数值，使其贯穿整个六面体，选择【减运算】，单击【确定】。

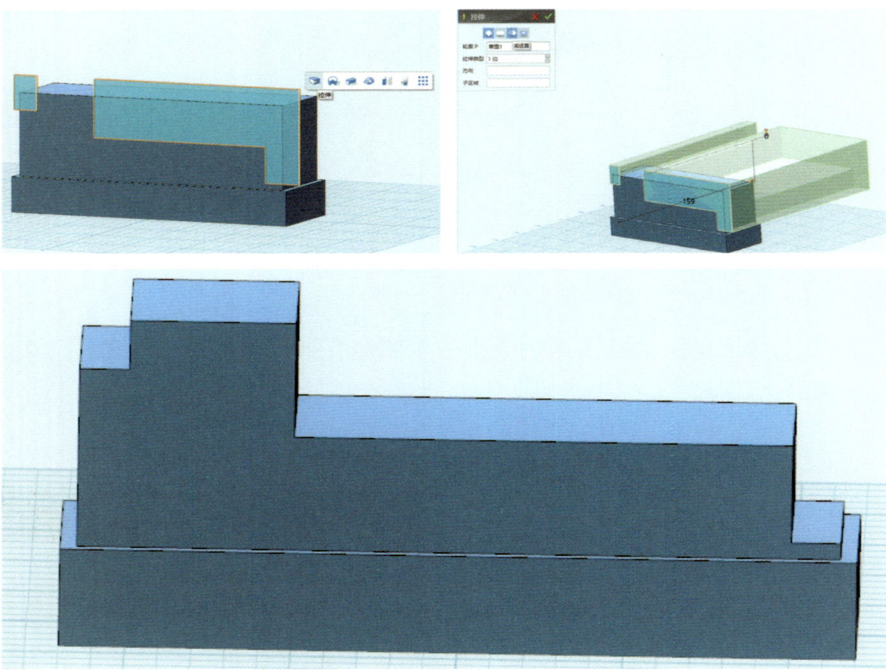

选择【基本实体】中的【圆柱体】命令，放置于右端线段中点位置，选择对齐平面对话框，再选择如下图黄色平面，半径为15mm，长为80mm，单击【确定】。

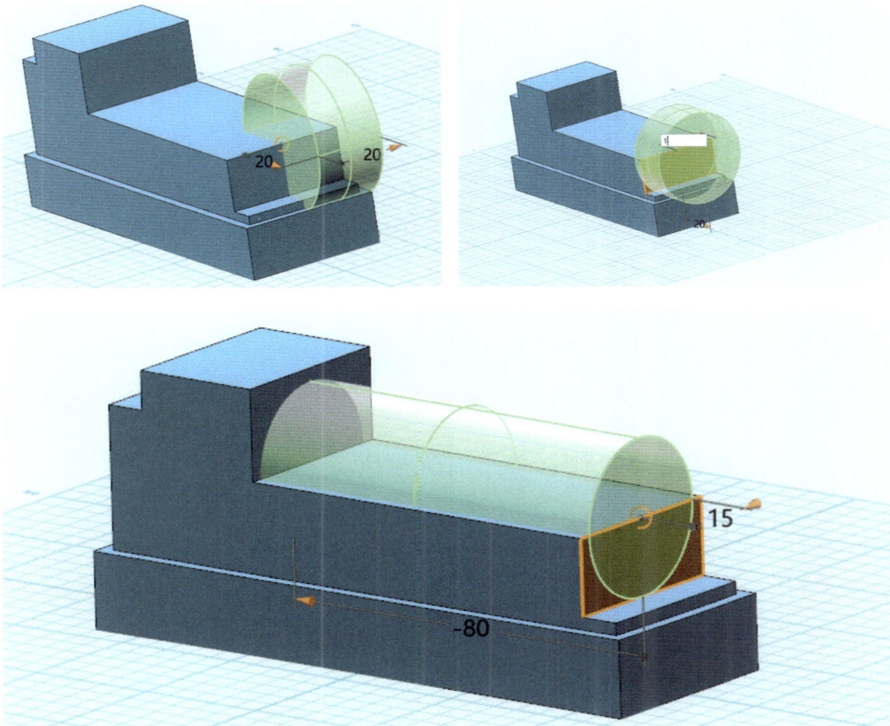

鼠标左键连续单击两次圆柱体右端平面，选择【DE 移动】命令，将圆柱向右移动 5mm，单击【确定】。

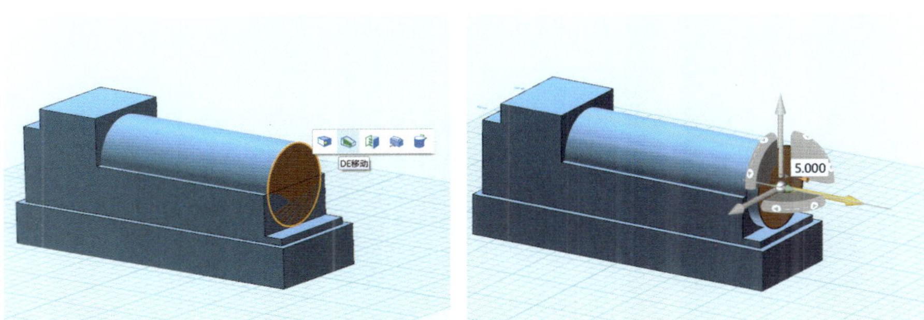

选择【多段线】命令，按照网格参照，在下面六面体前面的中间位置，进入草图绘制界面，绘制草图轮廓，选择【完成】，退出草图绘制界面。

拉伸草图，更改参数为 -5，单击【确定】。

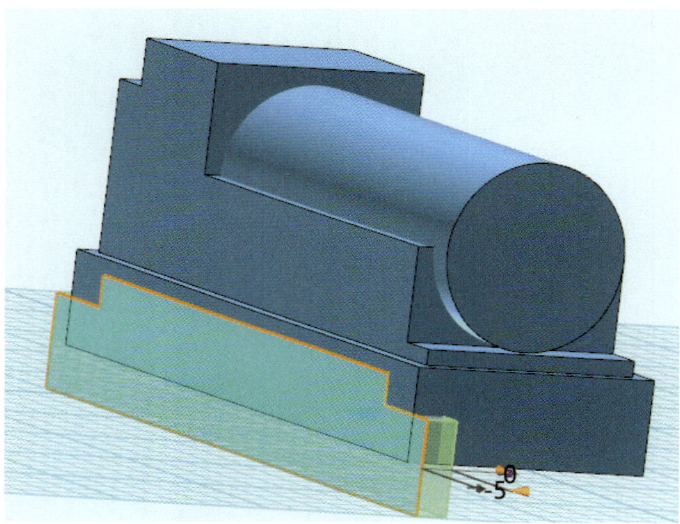

鼠标左键单击拉伸实体，选择【镜像】命令，镜像线两个点分别选择右端线段中点以及左端线段中点，完成镜像，同时选择【减运算】，单击【确定】。

选择【草图绘制】中的【圆形】命令，在上一步骤中减下的中间位置进入草图绘制界面，按照网格参照绘制圆形，半径为 8mm。

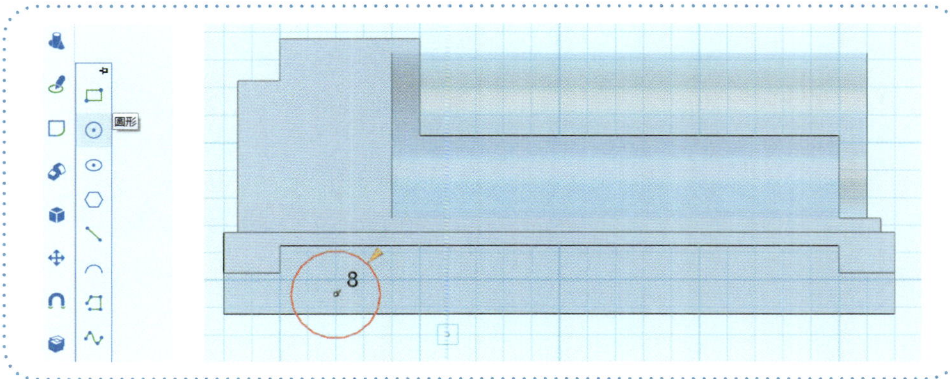

选择【基本编辑】中的【阵列】命令，基体选择圆形，方向向右（1，0），数目为 5，间距为 20，单击【确定】，再单击【完成】，退出草图绘制界面。

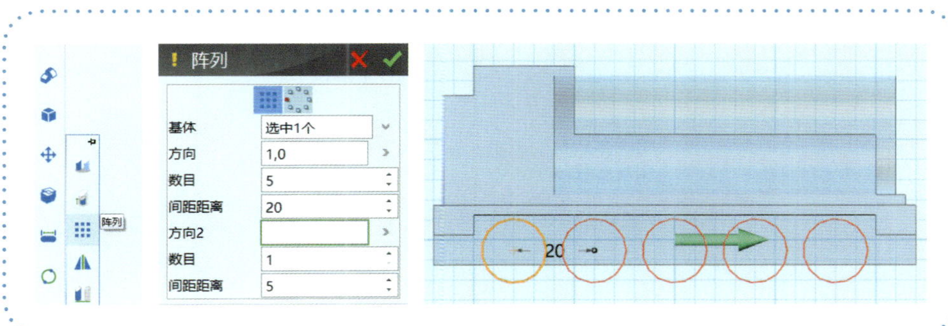

拉伸草图，拉伸距离为 4mm，单击【确定】。

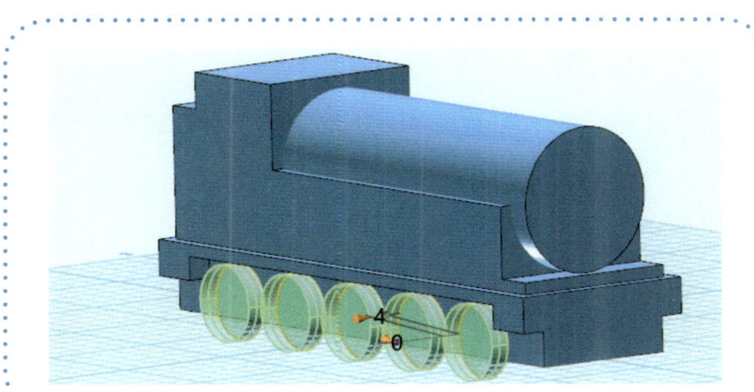

选择【矩形】命令，在轮子侧面进入草图绘制模式，绘制一根连接杆，单击【完成】并【拉伸】，拉伸数值为 1。

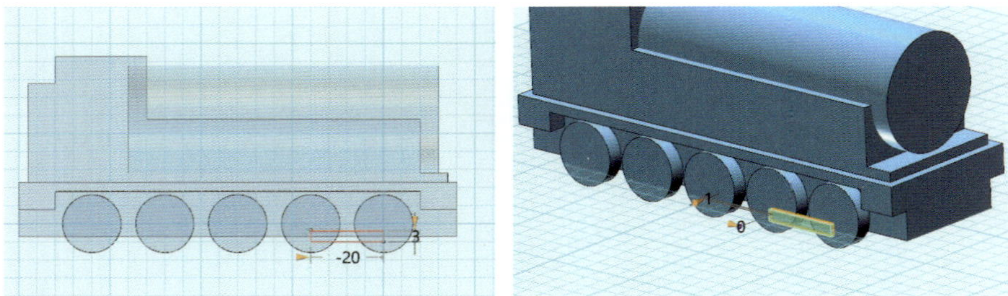

鼠标左键单击连接杆，选择【阵列】命令，数量为 4，距离为 60mm（这里需要连接杆均匀分布在每两个轮子之间，使轮子两两相连，具体数据可按照模型实体进行修改）。

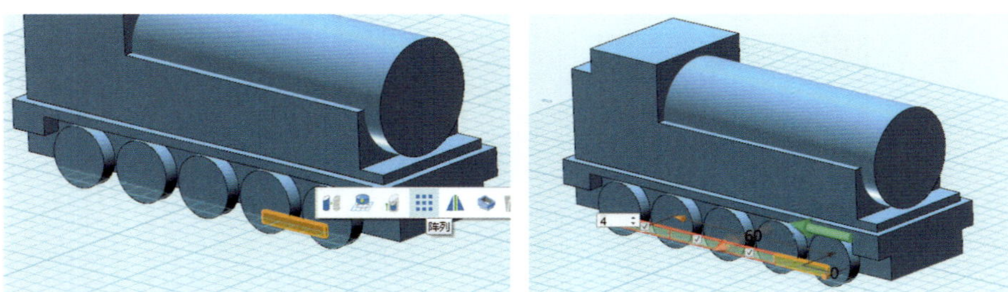

单击连接杆，选择【移动】命令，选择【动态移动】按钮，向上方移动 8mm，使连接杆一高一低均匀分布。

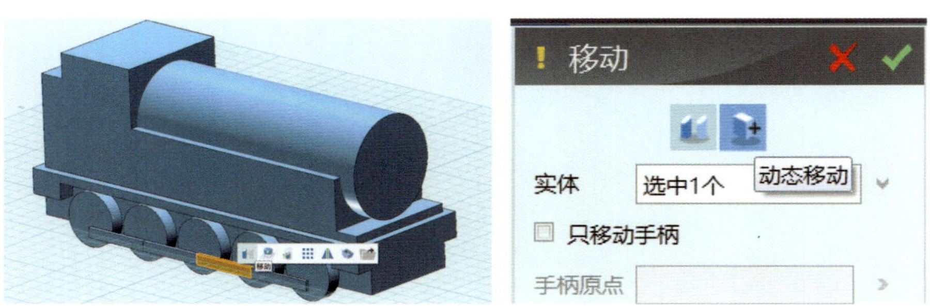

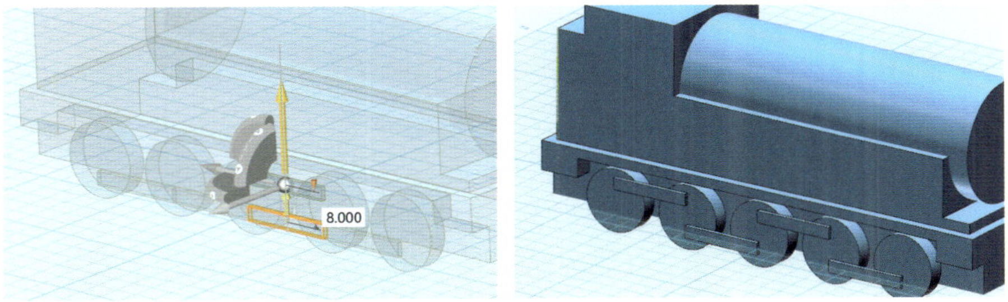

选择【组合编辑】命令，将轮子与连接杆进行【加运算】，基体选择一个轮子，合并选择其他轮子与连接杆。

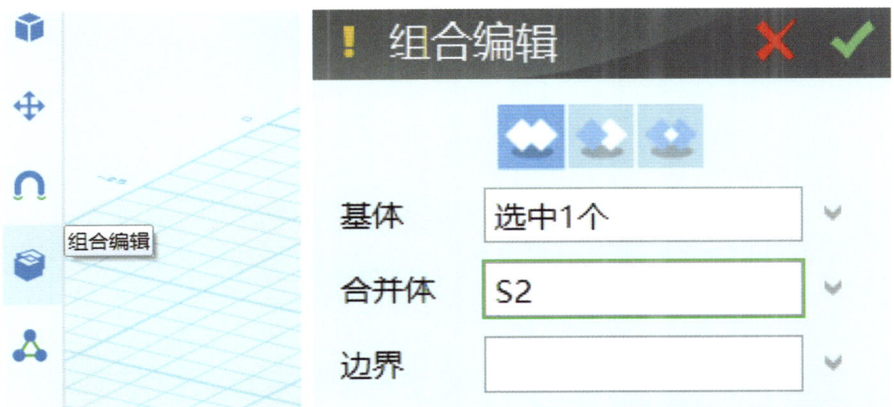

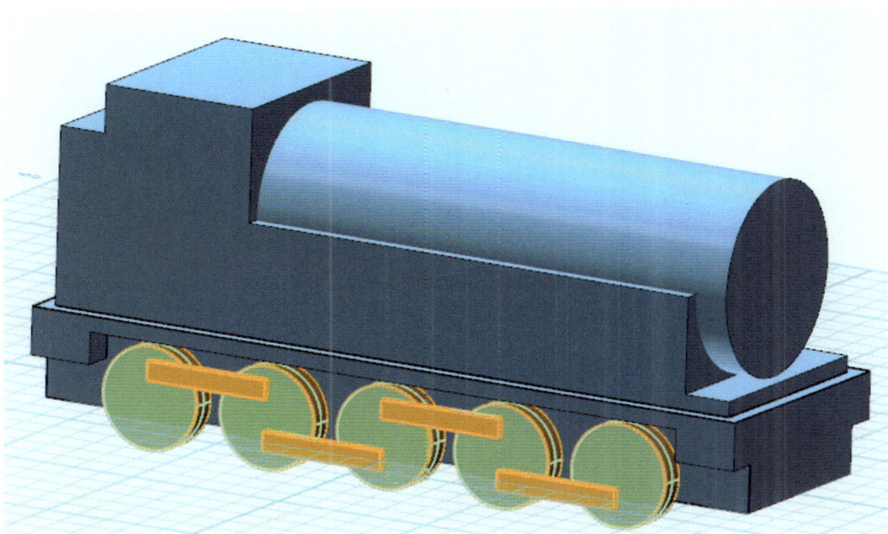

将加运算后的轮子进行【镜像】，镜像至另一边。

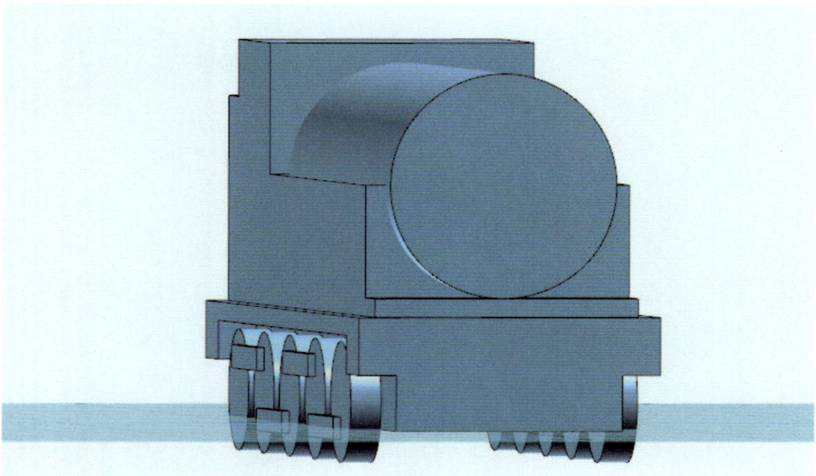

运用【矩形】命令，在小火车上部侧面进入草图绘制界面，第一点为特征点（圆柱下方的切点），更改数值为 -10mm×20mm（可以先随便确定第二点，再通过单击数字更改数值）。

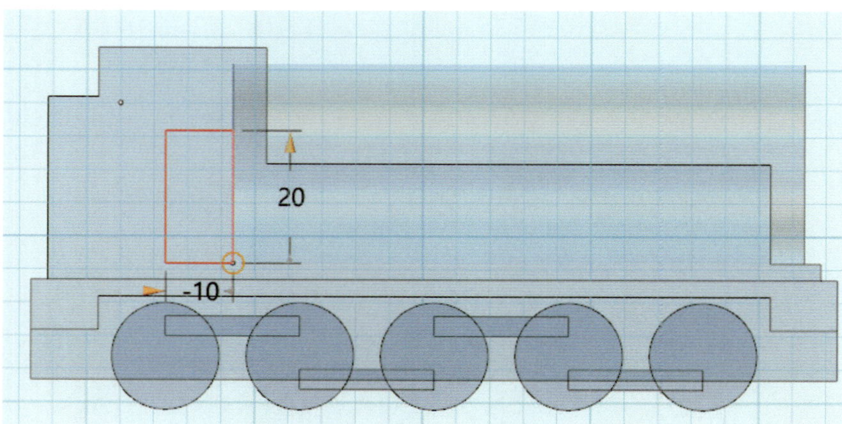

选择【草图编辑】中的【偏移曲线】命令，曲线分别选择矩形的四条边，距离为 -0.5mm。

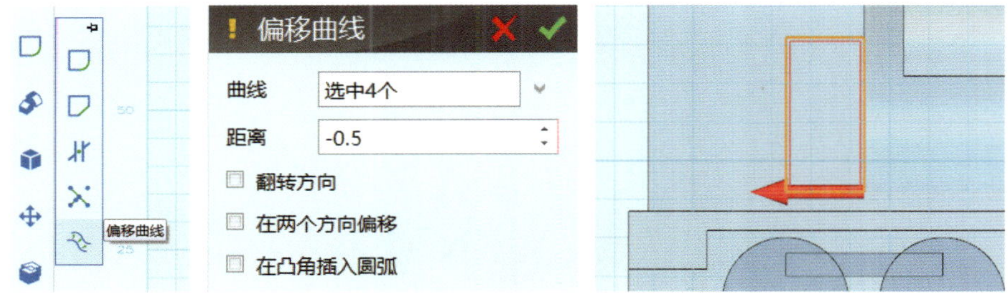

运用【矩形】【偏移曲线】制作窗户与门把手草图（位置、尺寸合理即可）。

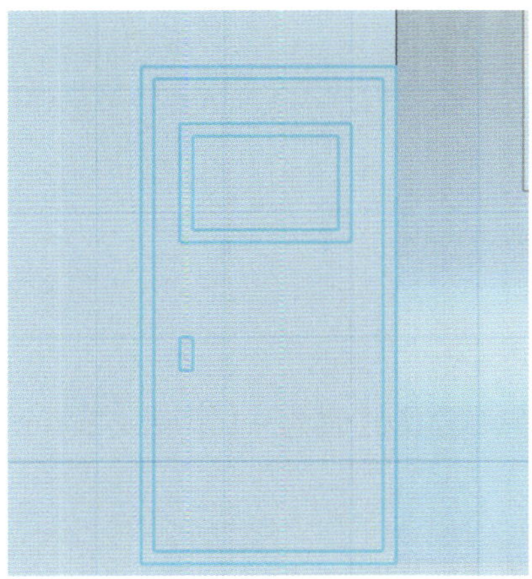

运用【镜像】命令，将草图门的轮廓镜像到另一边。

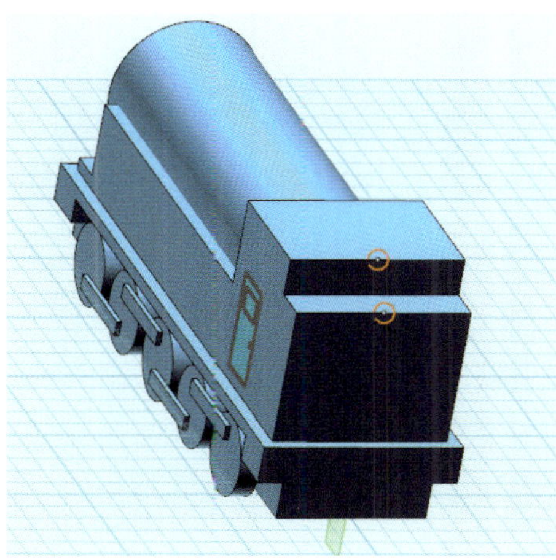

分别对两个草图轮廓进行【拉伸】，相对车体距离为 -1mm，选择【减运算】。

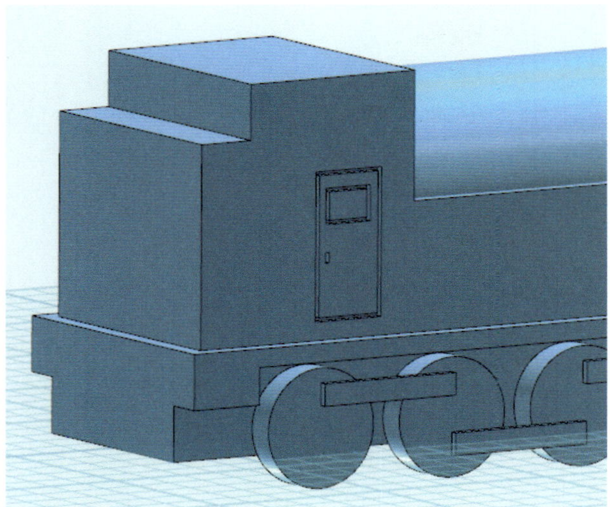

进入草图绘制模式，运用【矩形】【阵列】增添一些细节。

将草图轮廓【镜像】，然后分别【拉伸】轮廓，相对火车距离为 1mm，选择【加运算】。

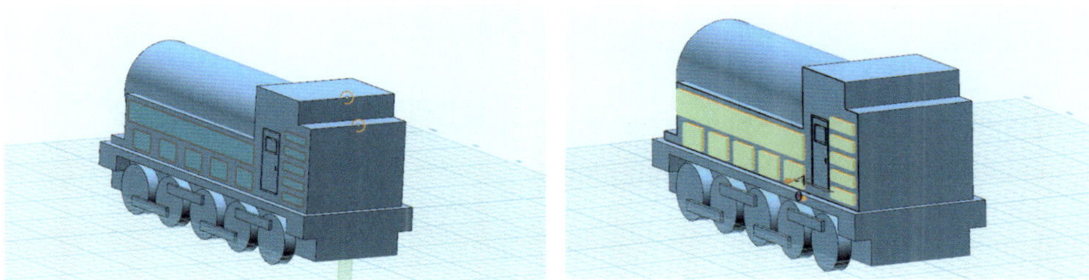

选择【特征造型】中的【圆角】命令，圆化火车前端圆柱边界，更改数值为5mm。

在火车头右端圆柱体顶面中央位置，任意选择命令进入草图绘制界面，然后单击左上角 3D One 图标，选择导入，文件类型选择【Image Files】，选择已有火车标志图片打开，参数不需要更改，直接单击【确定】。

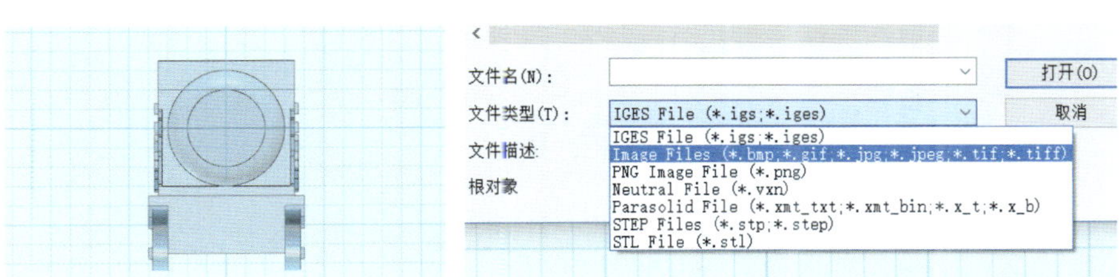

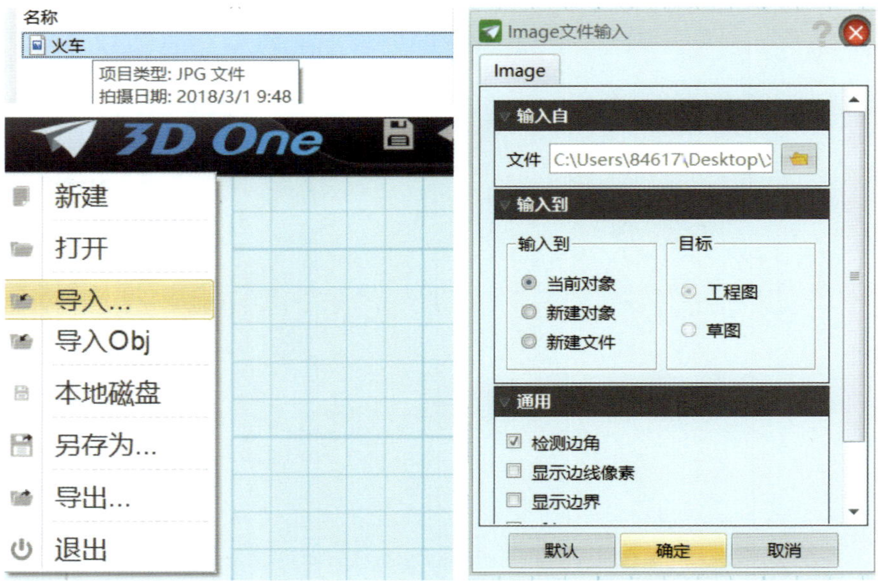

按住左键框选全部轮廓，选择【基本编辑】中的【缩放】命令，方法为均匀，均匀数值为0.03，通过控制基点位置来控制标志，放在圆中间位置，点击完成。

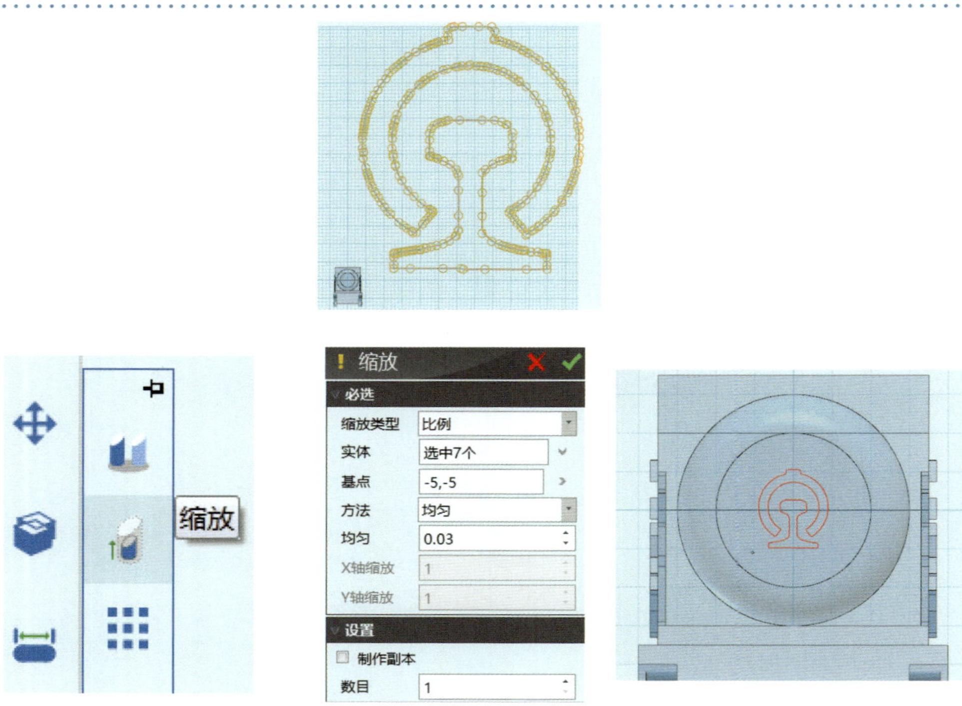

将草图【拉伸】，距离为 1mm，选择【加运算】，单击【确定】。

选择【草图绘制】中的【圆形】命令，进入草图绘制界面，在初始网格上火车头右端绘制半径为 3mm 的圆形，单击【完成】。

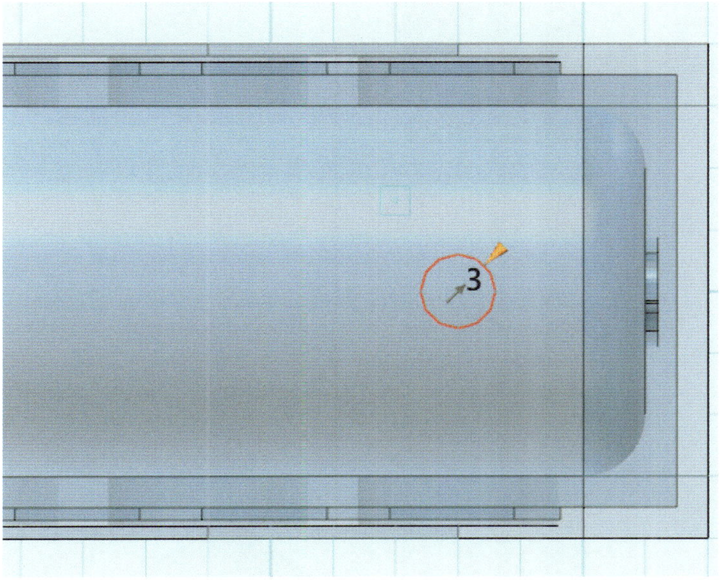

从火车底部找到上一步骤绘制的圆形进行【拉伸】，拉伸数值为 57、斜度为 2。

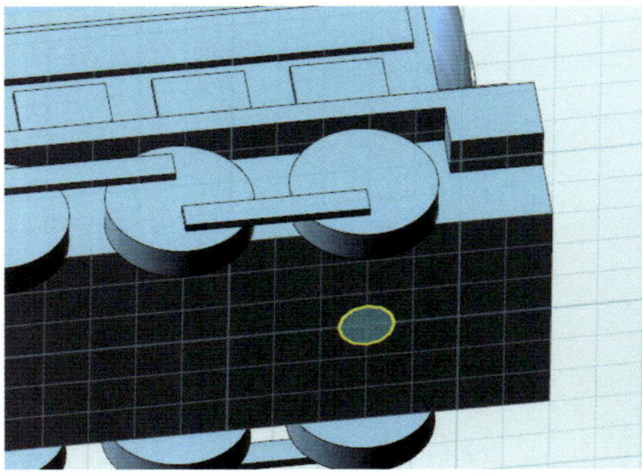

选择【六面体】放置在火车左端尾部边界中点，对齐平面选择下面，数值为 20mm×3mm×8mm，选择【加运算】，单击【确定】。

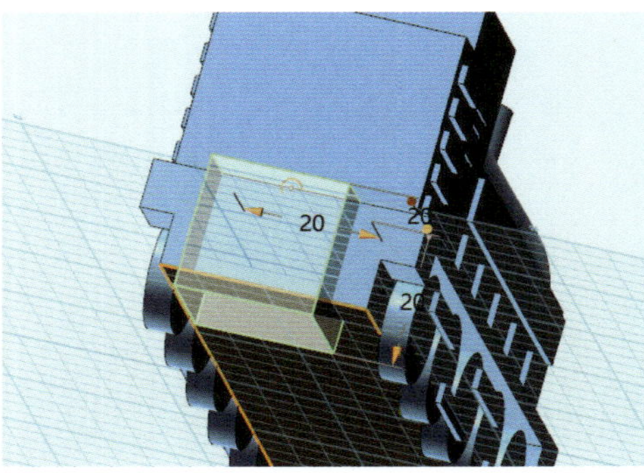

运用【圆角】命令，选择两条竖边，数值为 4，单击【确定】。

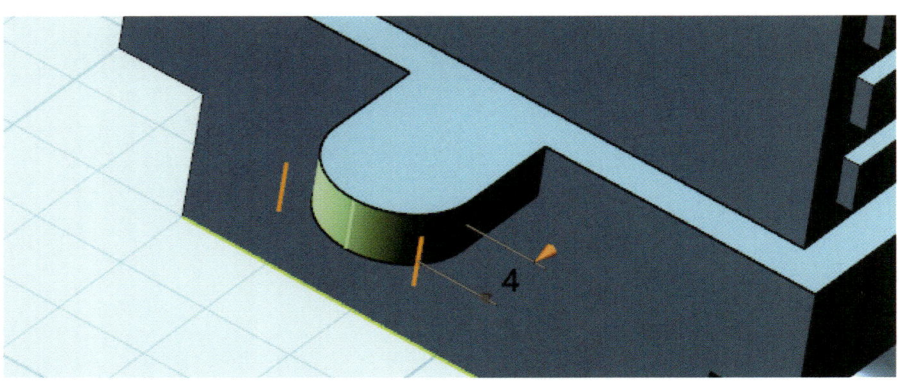

选择【圆柱体】命令，放置在圆角形成的圆中心位置，半径为 2mm，高为 3mm，选择【加运算】，单击【确定】。

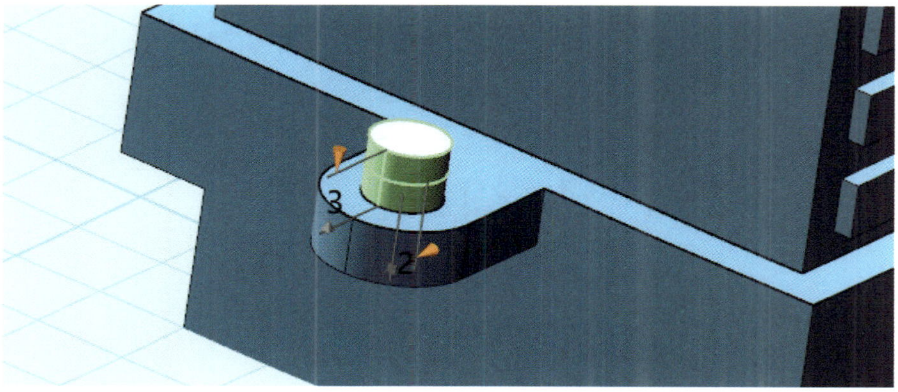

选择【特征造型】中的【倒角】命令，单击右端下方竖边，数值为 7，单击【确定】。

运用【基本实体】中的【球体】命令，放置在右端下方中央位置，数值为 5，选择【加运算】，单击【确定】。至此货运火车头制作完成。

B. 货运火车车厢

在火车头左边放置【六面体】，使新六面体与火车头在同一条线上（点坐标 y 和 z 均为 0），数值为 40mm×15mm×120mm，单击【确定】。

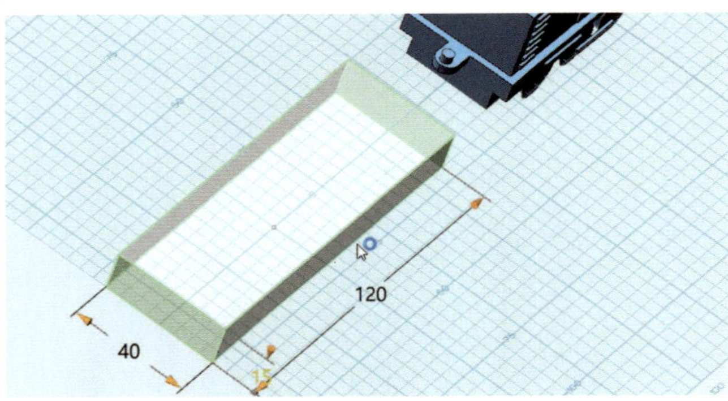

在六面体上方中央位置放置【六面体】，数值为 35mm×30mm×100mm，单击【确定】。

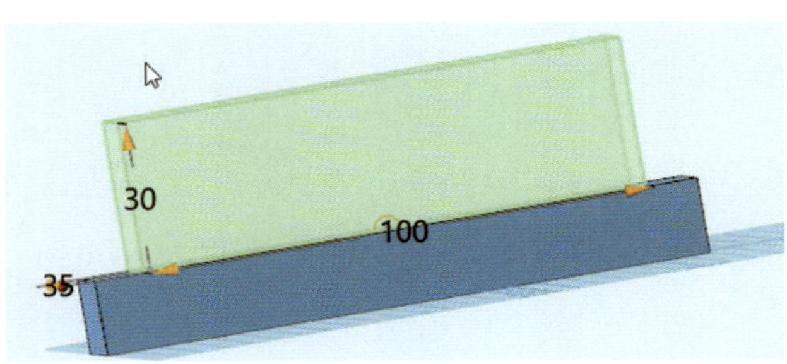

左键单击上方的六面体，选择【抽壳】命令，厚度为 −2.5，开放面为上平面，单击【确定】。

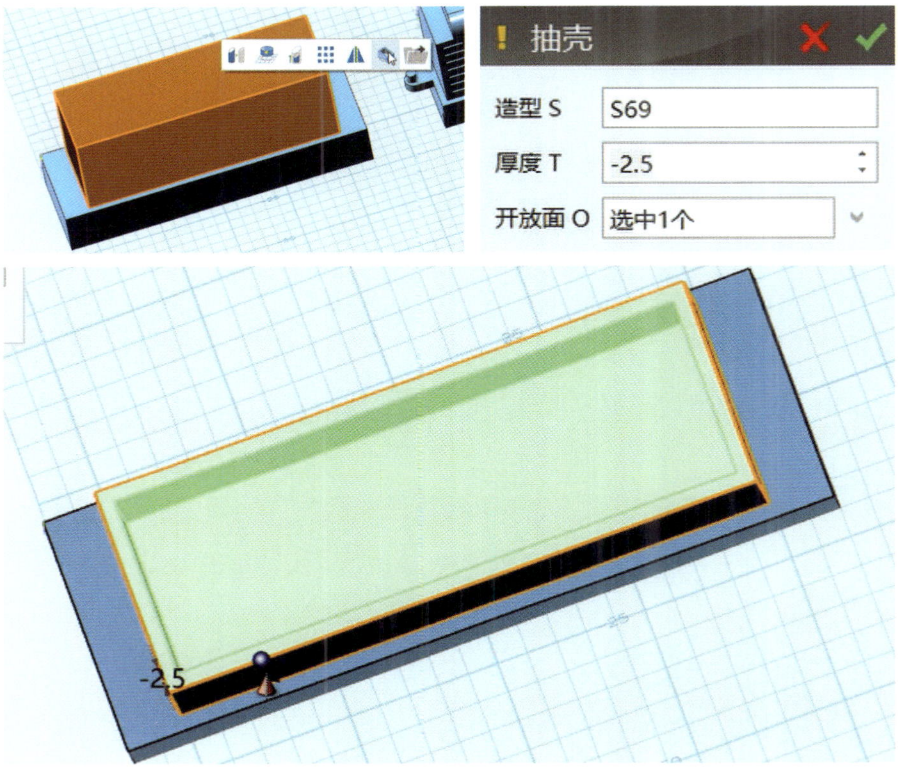

运用【多段线】命令，在下方六面体中央位置进入草图绘制界面，绘制轮廓，单击【完成】。

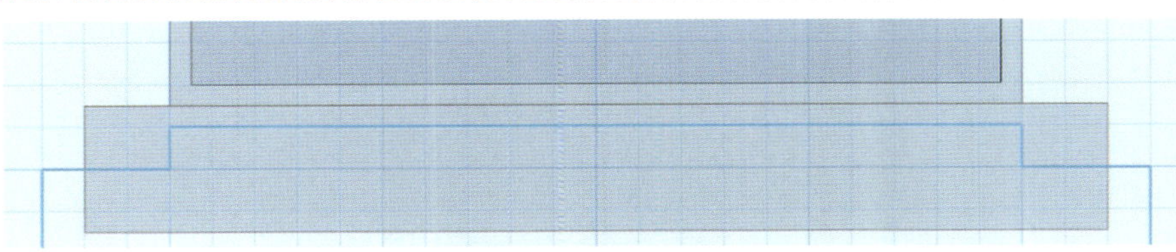

【拉伸】草图，距离为 −5mm，单击【确定】，将其【镜像】到另一面，选择【减运算】，单击【确定】。

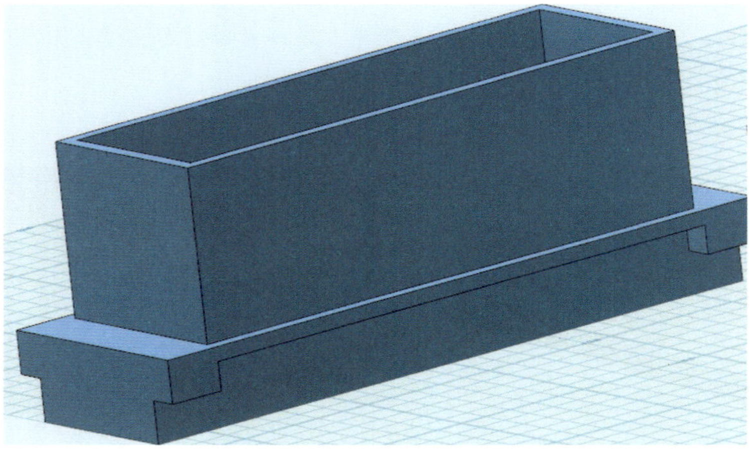

运用【阵列】命令，将火车头一侧的车轮阵列到车厢下方，单击【确定】。

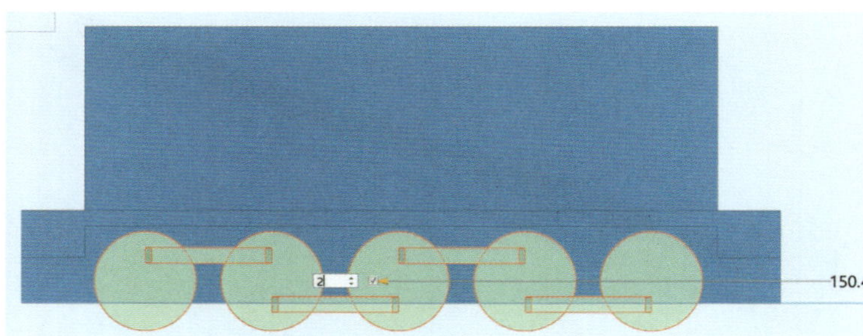

运用【镜像】命令，将轮子镜像到车厢另一侧。

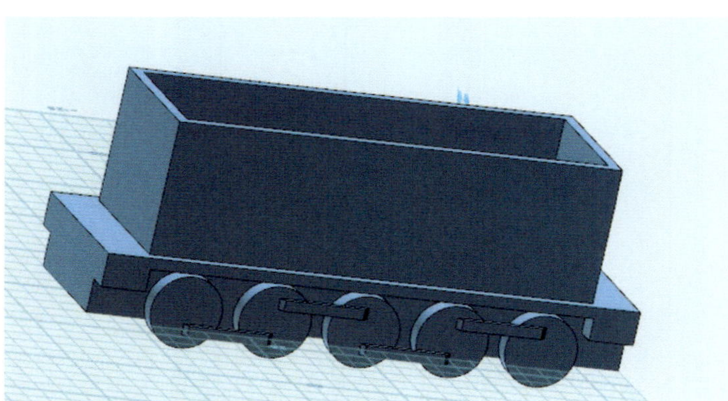

在上方六面体前面运用【草图绘制】中的【矩形】和【偏移曲线】命令，制作窗户和门的轮廓图形（位置大小合适即可），单击【确定】。

将草图进行【镜像】，再分别进行【拉伸】，距离相对车体为 -0.5mm，选择【减运算】。

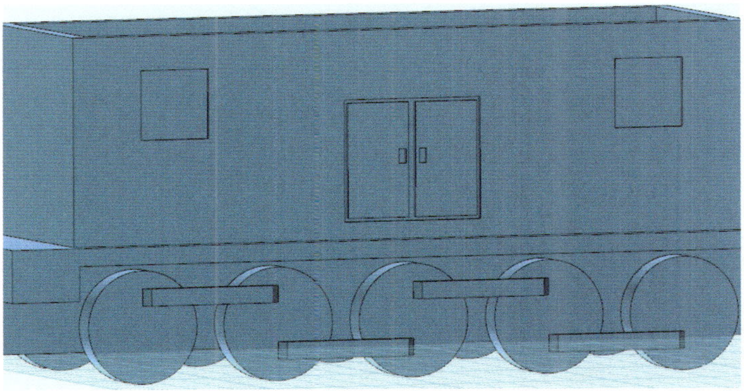

同样在上方六面体前面进入草图绘制界面，绘制一个矩形（大小自拟合适即可），第一点为六面体右下角顶点。

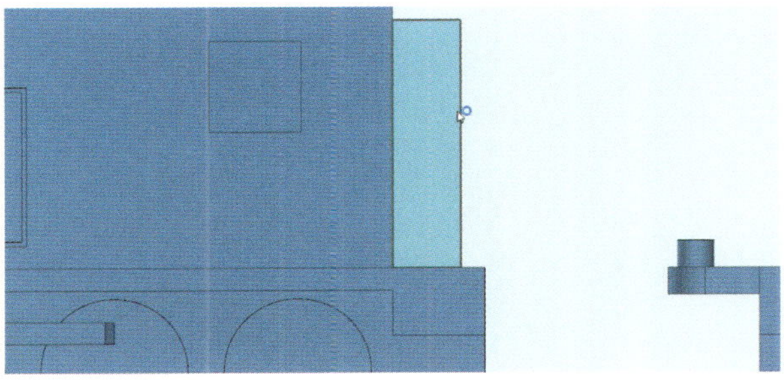

对其进行【拉伸】，距离为 -3mm，顶端边界进行【圆角】，半径为 6mm，单击【确定】。

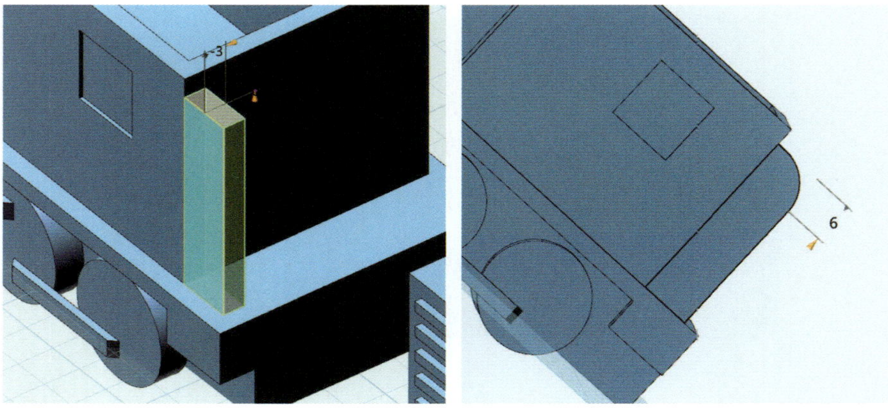

左键单击实体，选择【移动】命令，将其向内移动 4mm。

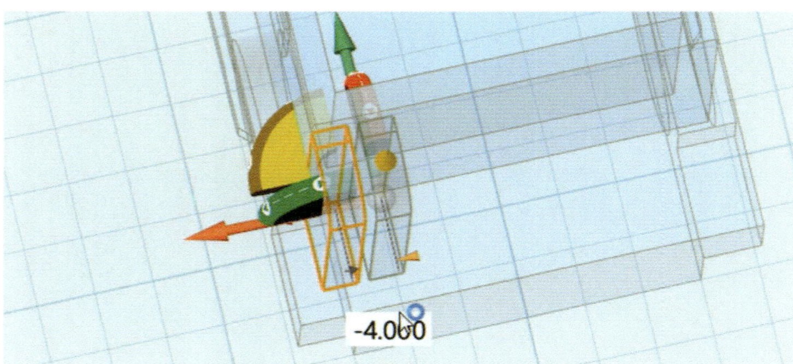

运用【镜像】命令，镜像到另一侧。

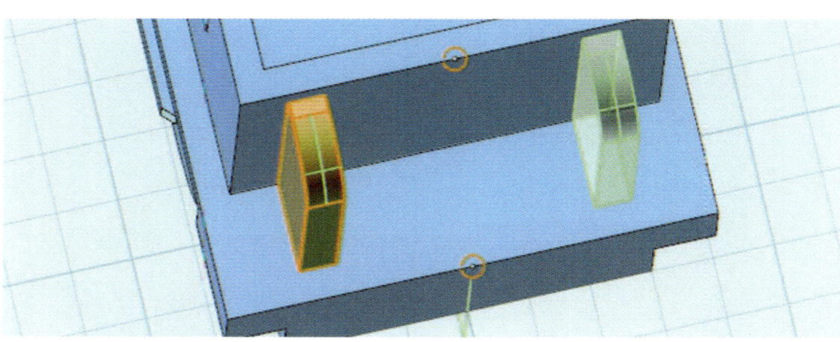

选择【六面体】命令，放置在右端边界中点位置，对齐平面选择底下六面体的顶面，数值为 20mm×8mm×3mm，选择【加运算】，单击【确定】。

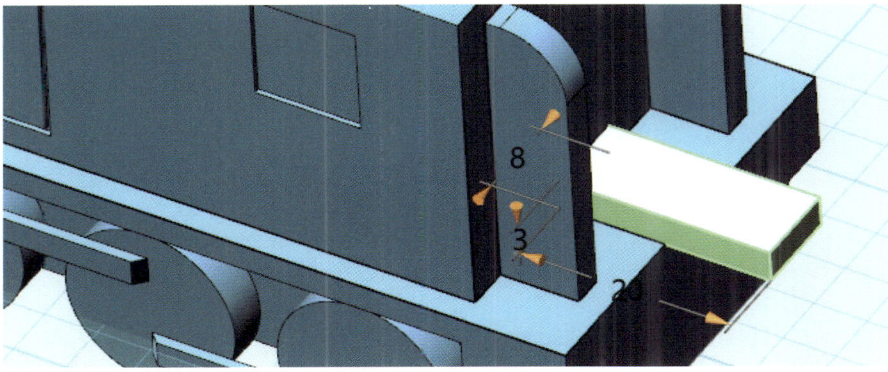

运用【圆角】命令，将前端竖边圆角，半径为 4mm，单击【确定】。

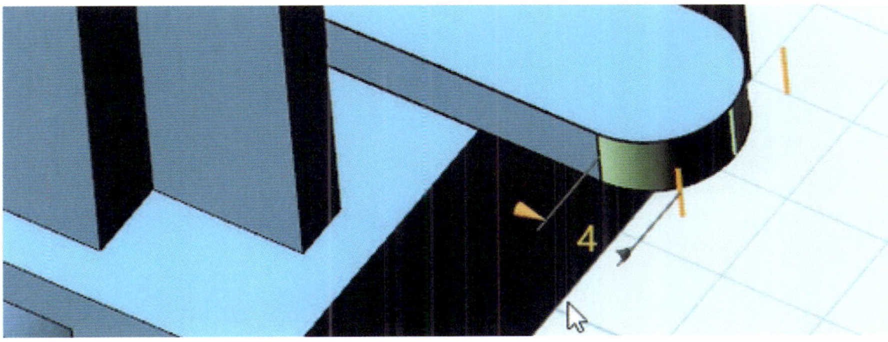

选择【圆柱体】，放置在圆角形成的圆中心位置，半径为 2.2mm，高度需要反向贯穿，选择【减运算】，单击【确定】。

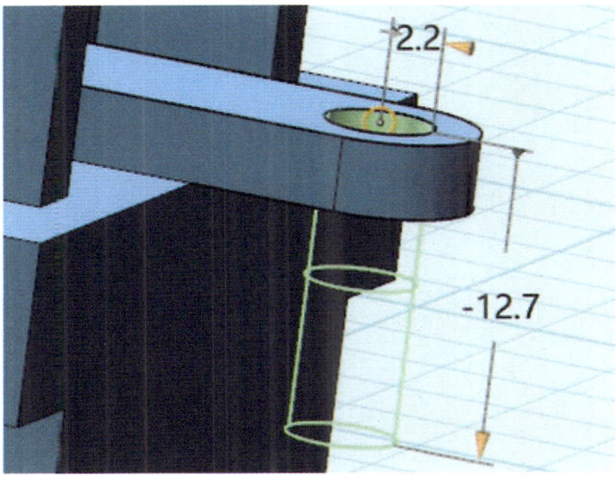

左端用同样的方法（同火车头左端制作方法），制作一个挂钩。

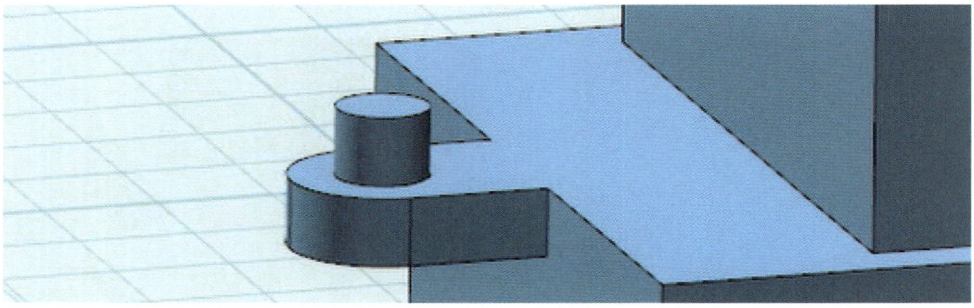

至此货运火车车厢制作完成。

将做好的模型分别导入 UP Studio 切片软件中，准备进行打印，如下图所示。

2. 高铁

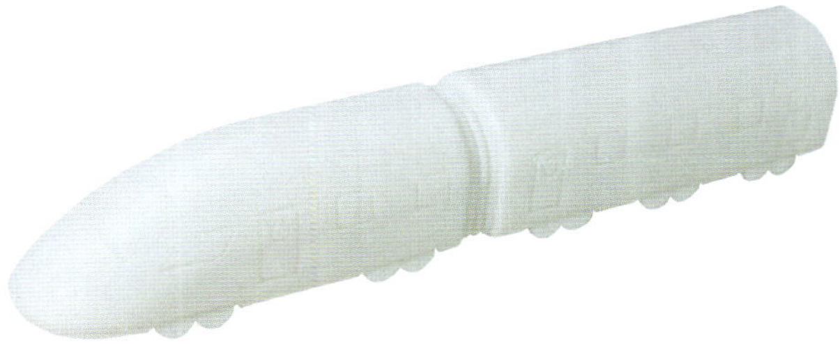

A. 高铁车头

运用【矩形】命令，在初始网格上绘制矩形，点 1 为坐标原点（0，0）位置，长为 120mm，宽为 40mm。

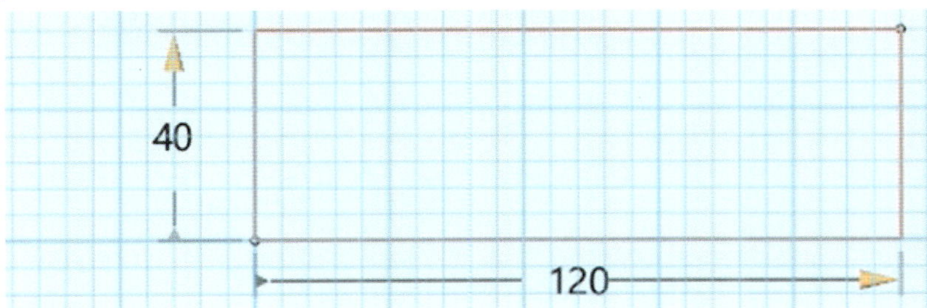

选择【草图绘制】中的【圆弧】命令，点 1 在原点处，点 2 在矩形上边界从左边数第三个大格的右端点。

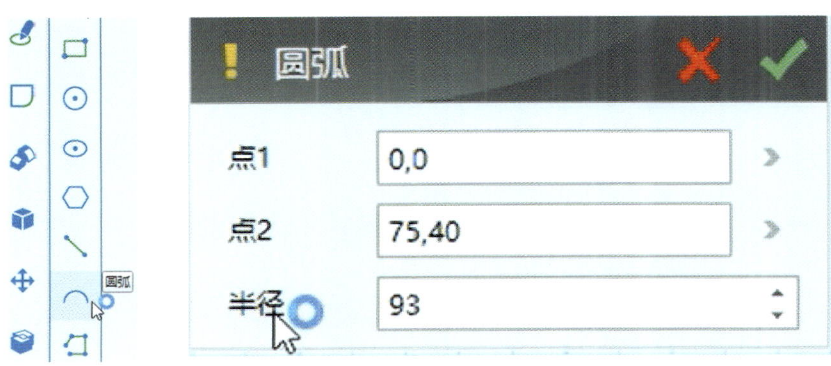

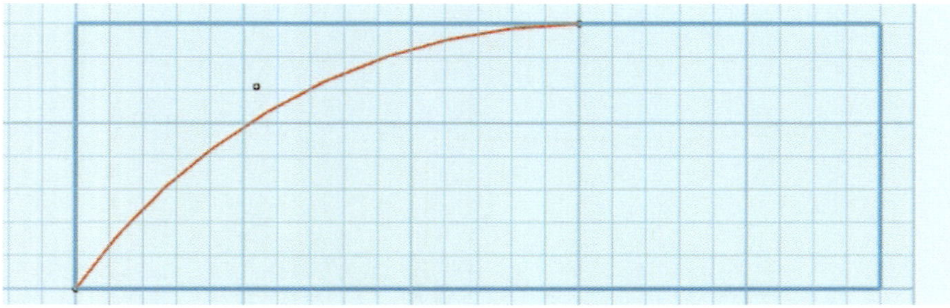

选择【草图编辑】中的【单击修剪】命令，将多余线段剪掉（左键单击为剪掉），单击【完成】。

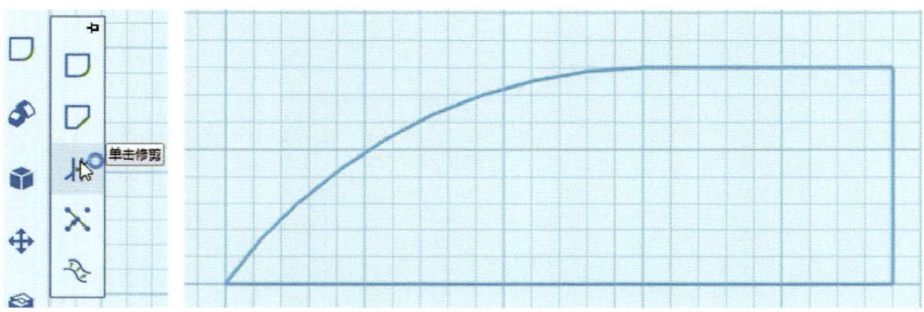

【拉伸】草图，距离为 40mm。

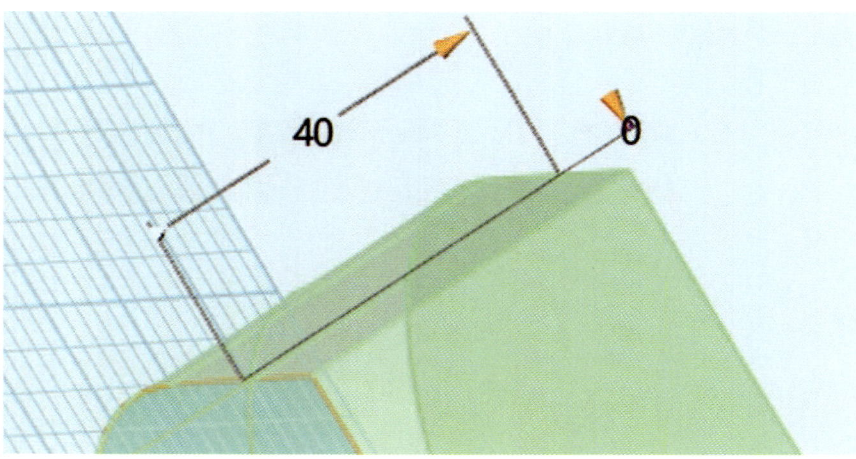

用【移动】命令，鼠标左键单击需要旋转的扇形圆环并按住，拖动鼠标更改旋转角度（也可以等数字出来之后点击数字进行更改）为 −90° 。

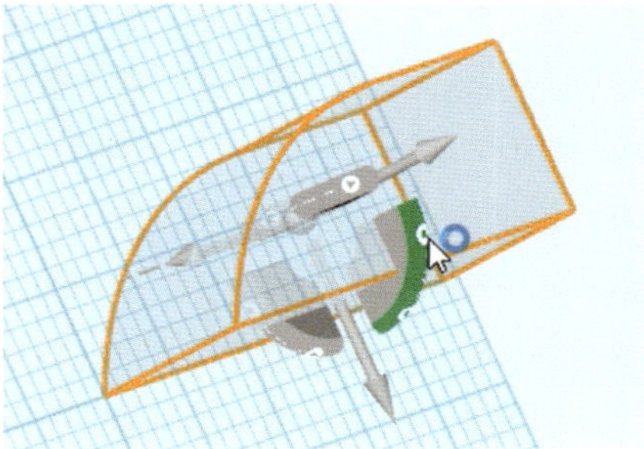

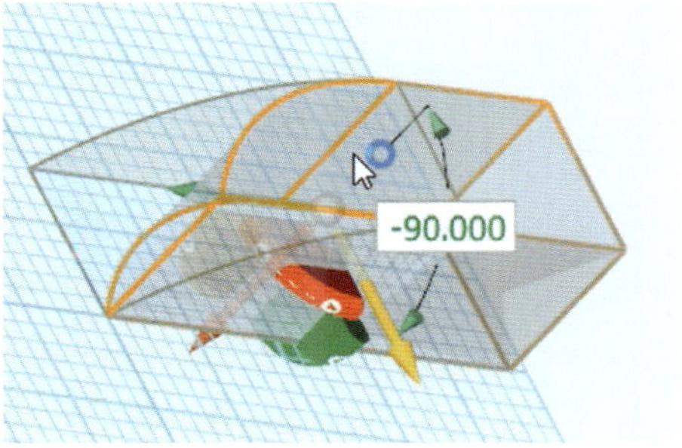

运用【圆角】命令，圆化圆弧锐边，数值为 20mm。

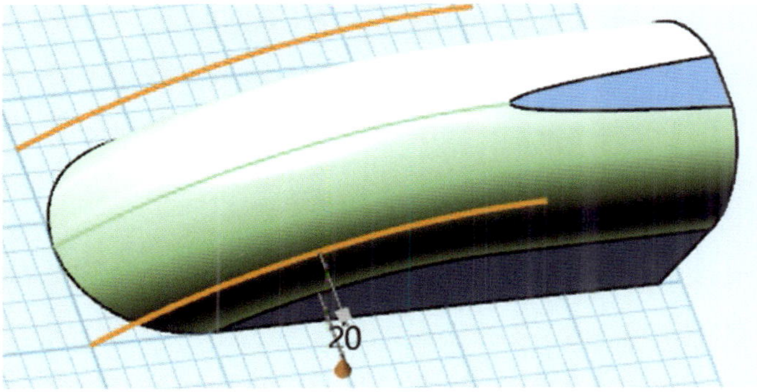

将火车头下方锐边进行【圆角】，数值为 6mm。

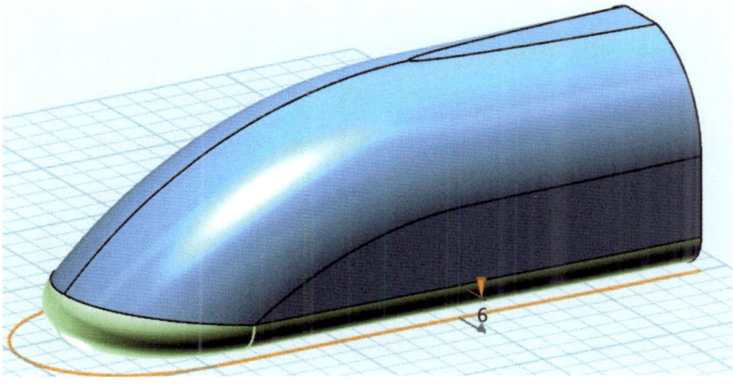

选择【草图绘制】中的【直线】命令，绘制一根斜向线段，角度及位置近似于火车头圆弧相切，如下图所示，单击【完成】，拉伸成面，距离为 -40mm。

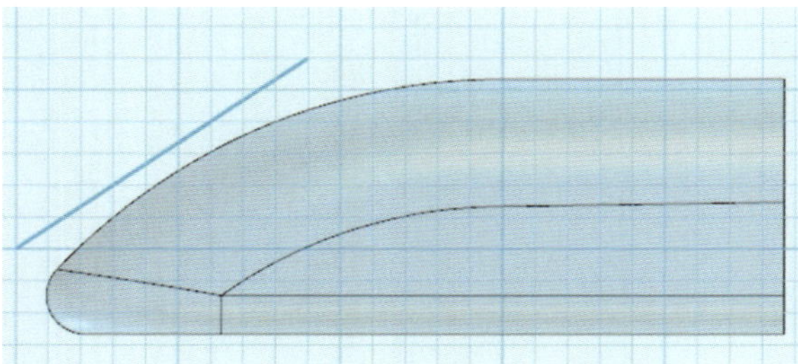

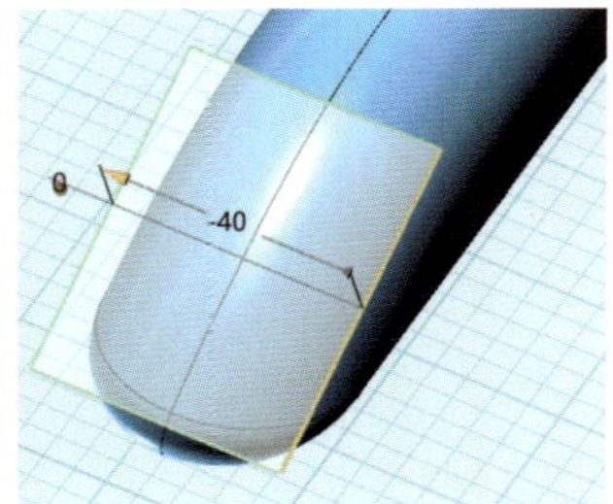

运用【矩形】命令，在拉伸所成的面中央位置进入草图绘制模式，单击【自动对齐视图】，绘制一个矩形（点 1 在火车头中线上，位置近似放在车头挡风玻璃处）。

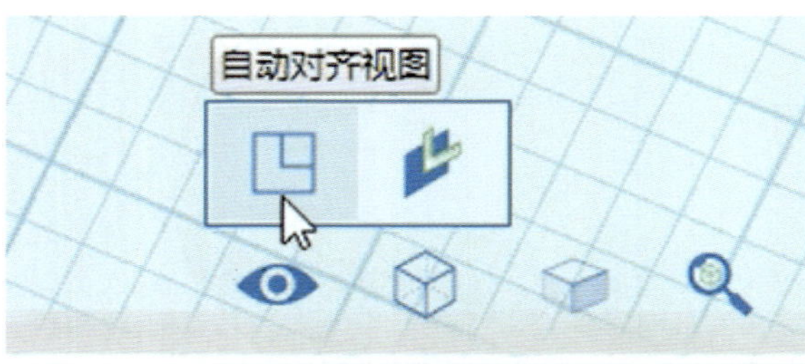

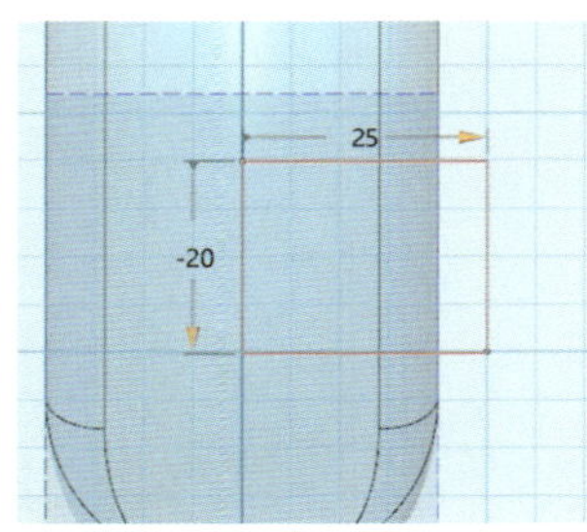

按鼠标左键框选除中线以外的三根线段，选择【镜像】命令，镜像线选择中线，使用【单击修剪】删除中线。

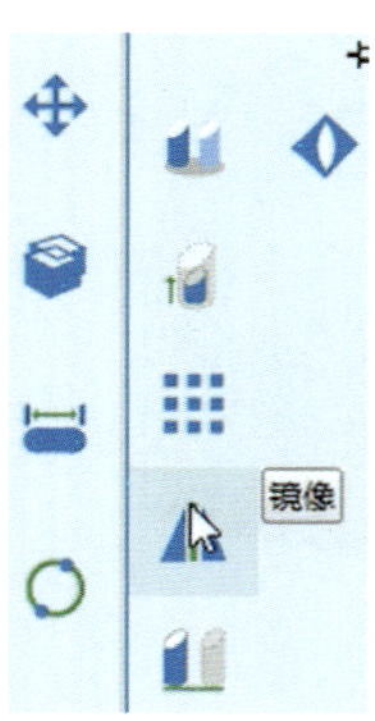

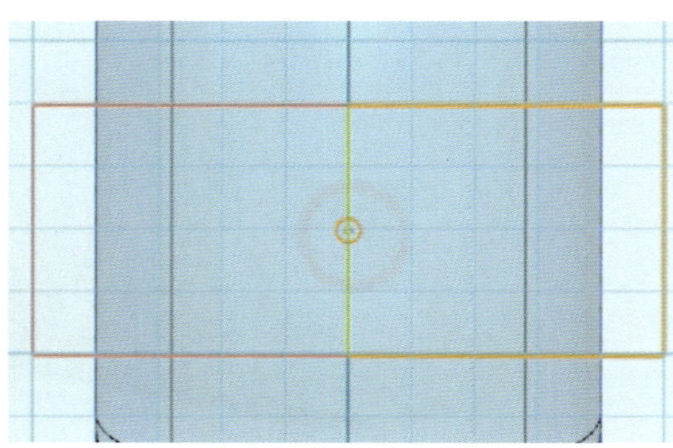

框选整个大矩形，选择【偏移曲线】命令，偏移距离为 -0.5mm，单击【完成】。

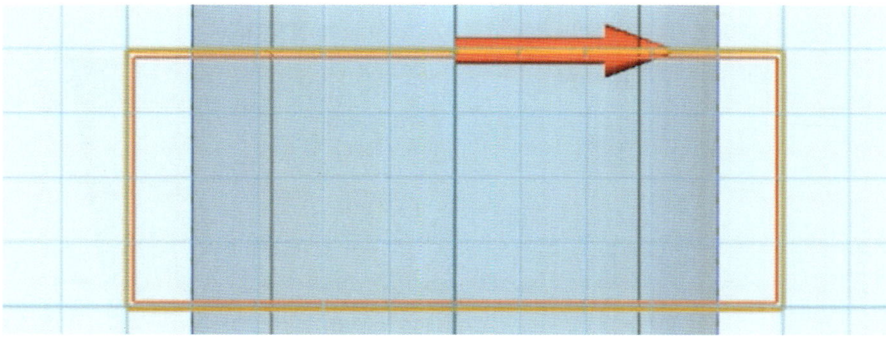

左键选中拉抻所成的面，点击【显示 / 隐藏】中的【隐藏几何体】，隐藏面。

选择【特殊功能】中的【投影曲线】命令，曲线选择绘制的草图轮廓，面选择两个圆弧面（需要投影上的面），方向不做更改，单击【确定】。

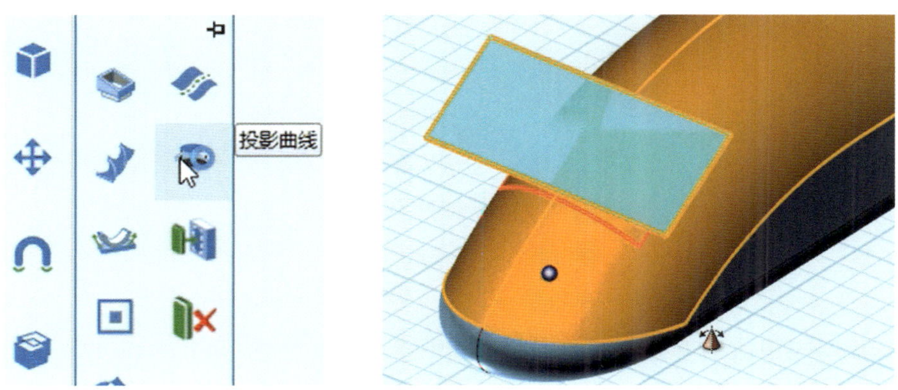

选择【特殊功能】中的【镶嵌曲线】，面选择两个圆弧面（需要镶嵌的面），曲线为框选投影上去的全部曲线，偏移距离为 -1mm，方向默认，单击【确定】。

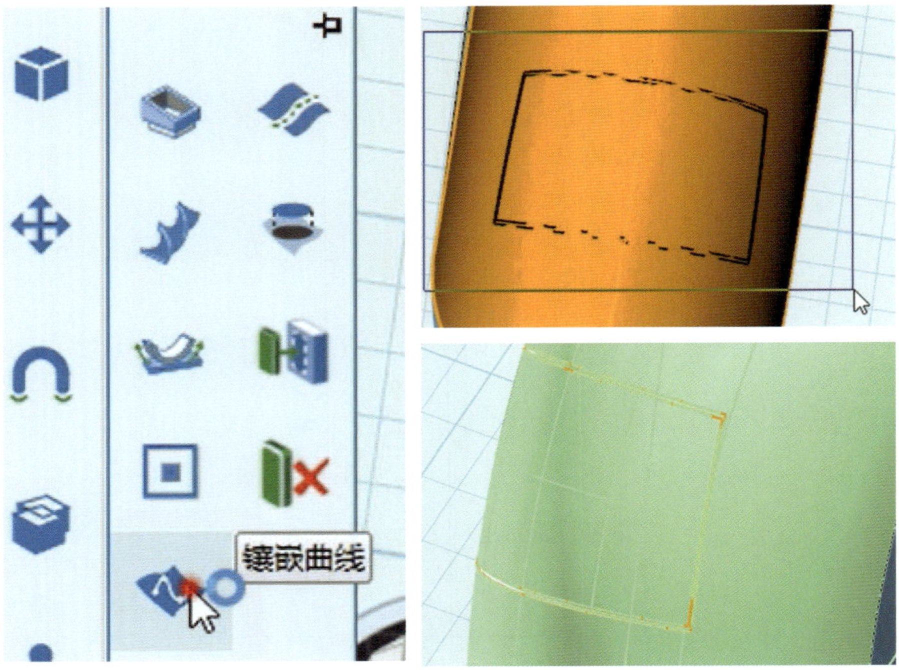

运用【显示 / 隐藏】中的【显示全部】命令，将拉伸的平面显示出来。

在平面上运用【导入图片】【缩放】命令，制作车头的火车标示（具体参考货运火车火车头的制作步骤），单击【完成】。

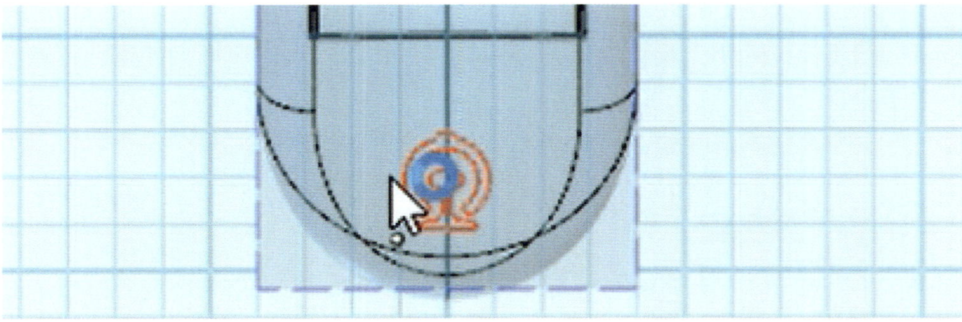

运用【投影曲线】【镶嵌曲线】命令，将图标嵌入车头，距离 -1mm。

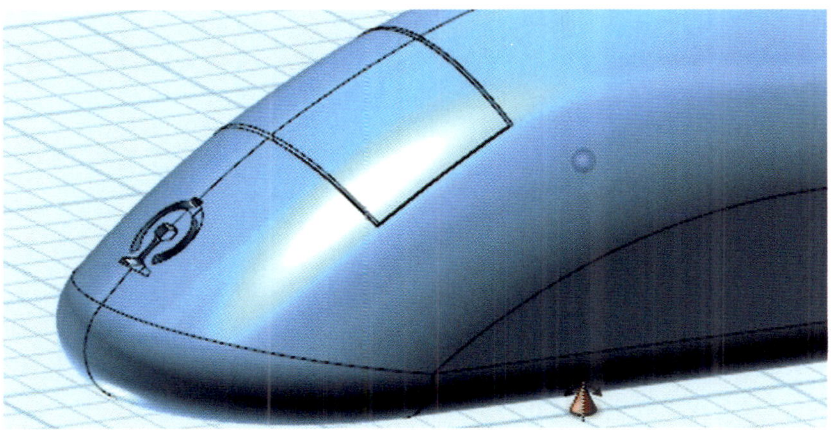

运用【多段线】命令，在车头前面绘制窗户轮廓（形状位置自拟，合理即可）。

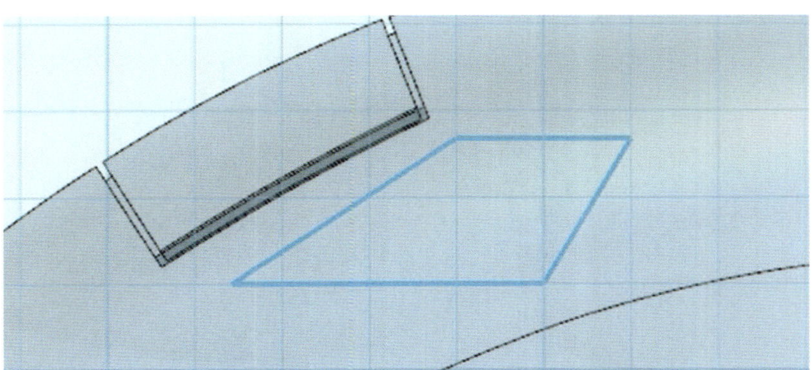

运用【草图编辑】中的【链状圆角】命令，曲线选择两根相邻线段，半径自拟合理即可。

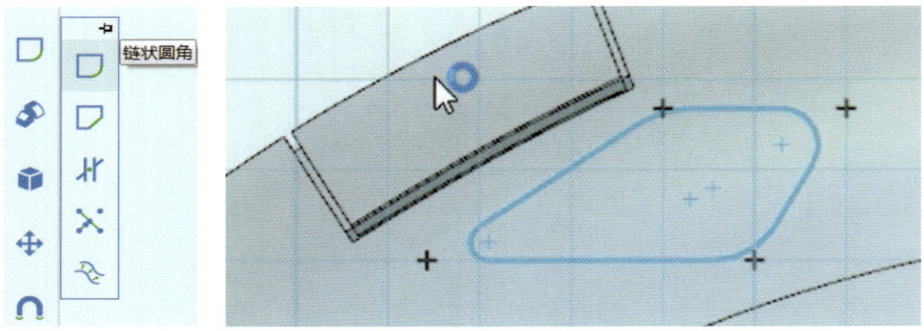

运用【偏移曲线】命令，将全部曲线偏移 -0.5mm，单击【完成】。

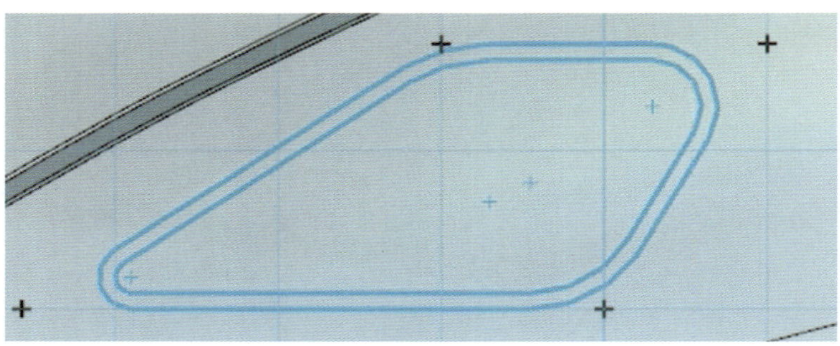

将草图【镜像】，运用【投影曲线】【镶嵌曲线】命令制作窗户。

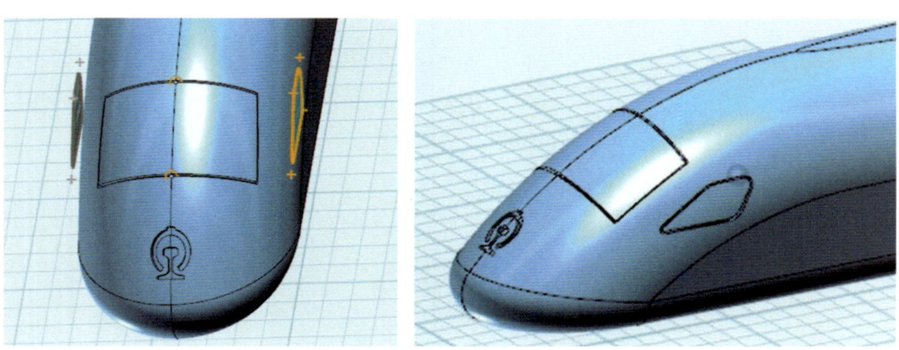

运用【草图绘制】中的【矩形】【椭圆形】【偏移曲线】【投影曲线】【镶嵌曲线】【阵列】【镜像】等命令制作车门和车窗（车门长为 10mm，宽为 20mm，车窗长为 10mm，宽为 10mm，位置合理即可）。

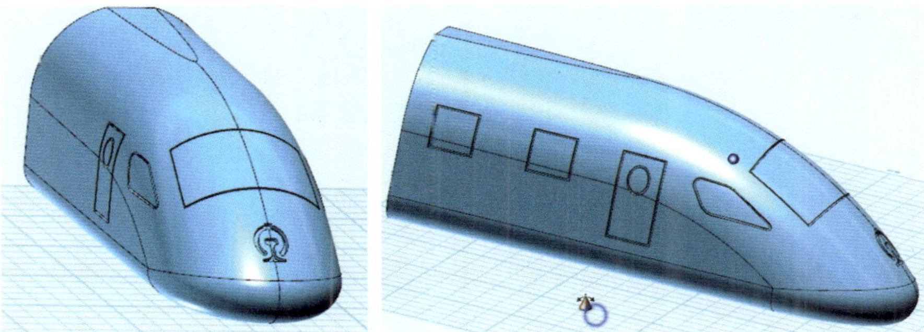

选择【基本实体】中的【六面体】命令，放置在右端平面中央位置，参数为 20mm×20mm× -3mm，选择【减运算】，单击【确定】。

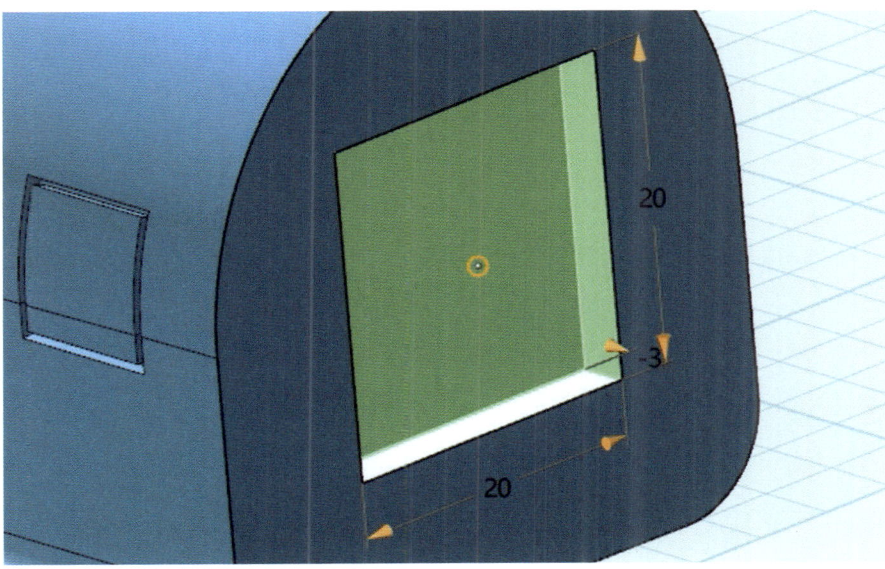

运用【圆角】命令，圆化锐边。

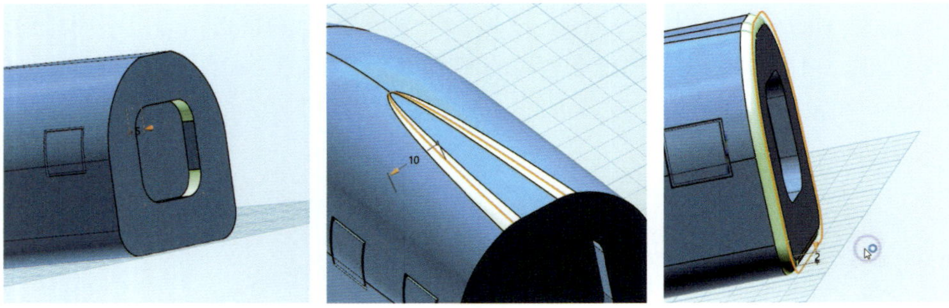

运用【多段线】命令，在下方绘制一个梯形（上底为 20mm，其他线段合理即可），然后运用【阵列】命令，完成阵列，单击【完成】。

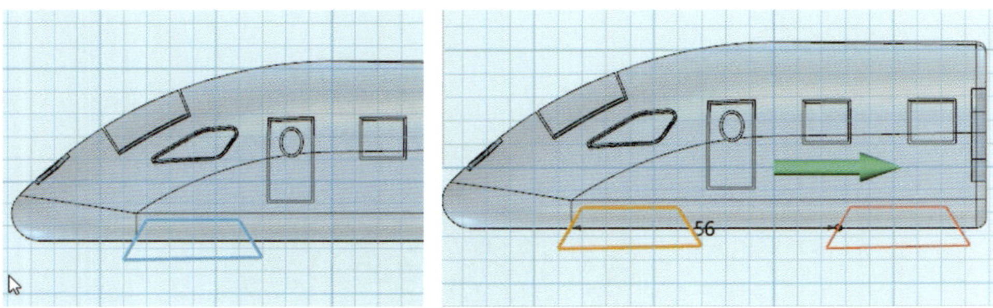

将草图进行【拉伸】，距离为相对车身 -5mm，单击【确定】，将实体【镜像】到另一侧，选择【减运算】，单击【确定】。

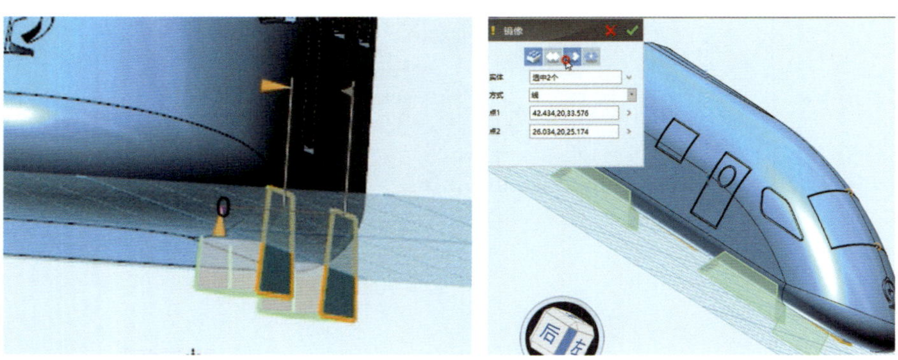

选择【草图绘制】中的【圆形】命令，在刚刚减运算的中央位置进入草图绘制界面，绘制轮子，半径为 5mm，运用【阵列】命令，阵列轮子，第一次阵列为一个圆阵列，距离为 10mm，第二次阵列为两个圆阵列，距离为 56mm，单击【完成】。

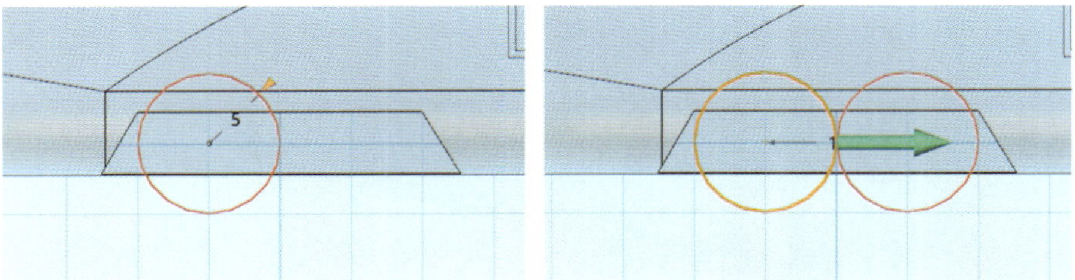

第一次阵列

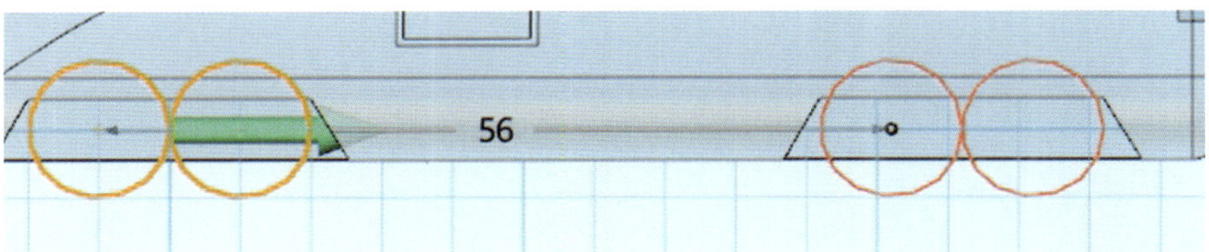

第二次阵列

拉伸草图，距离为 4mm，再将其【镜像】到另一侧，单击【确定】。

至此高铁车头制作完成。

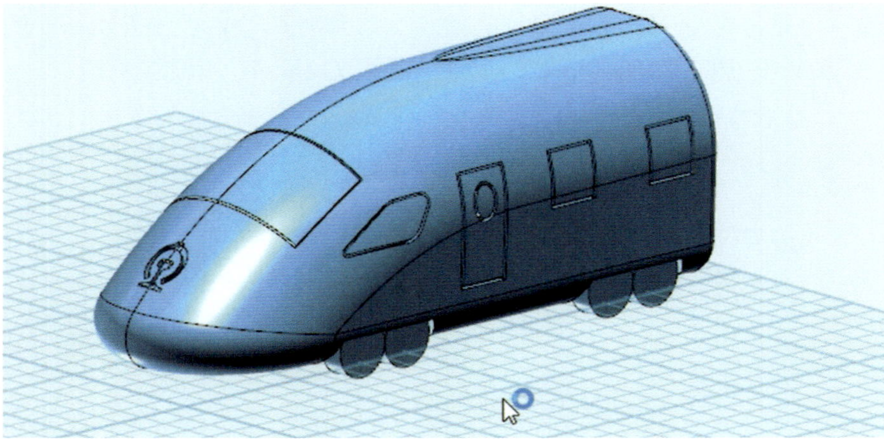

B. 高铁车厢

选择任意草图编辑命令，在高铁右侧平面进入草图绘制界面，选择【渲染模式】中的【显示图片】命令（针对下一步操作更改，其他地方可以再次选择关闭）。

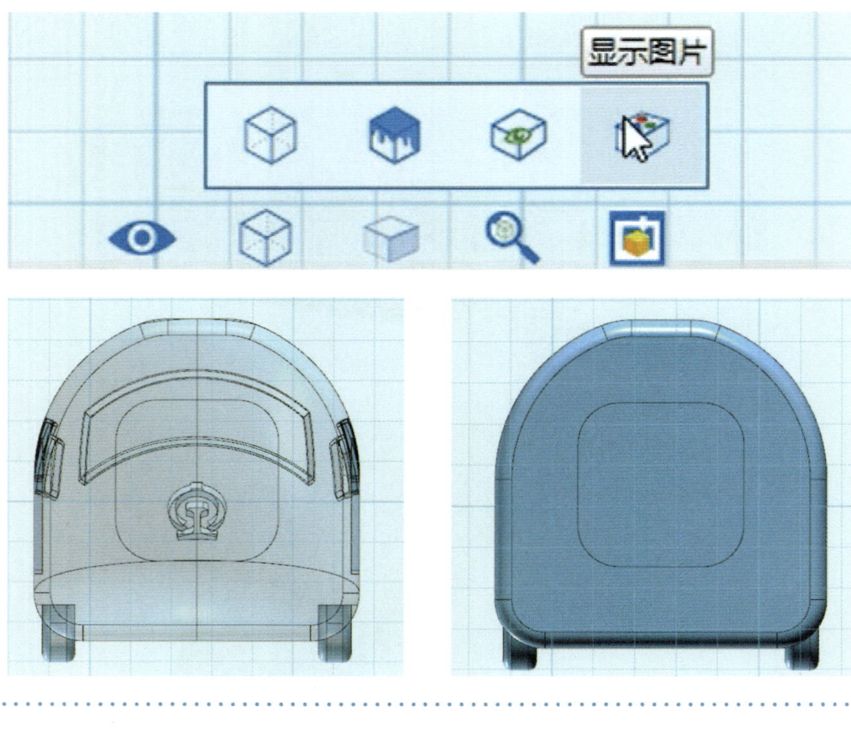

运用【偏移曲线】命令，左键分别选择外轮廓，距离为 0mm，单击【完成】。

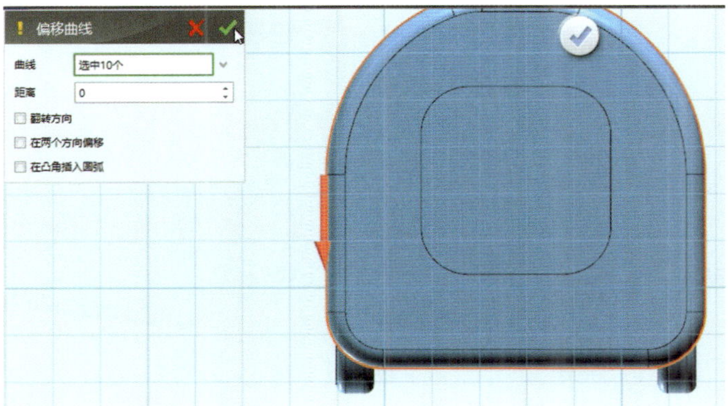

【拉伸】草图，拉伸距离为 120rnm。

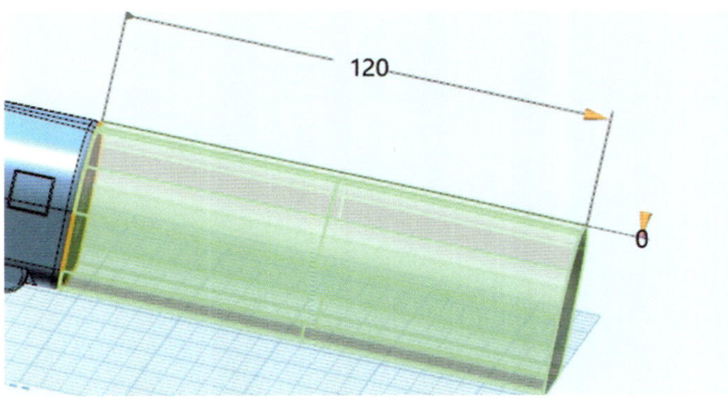

运用【移动】命令，将实体向石移动 -10mm。

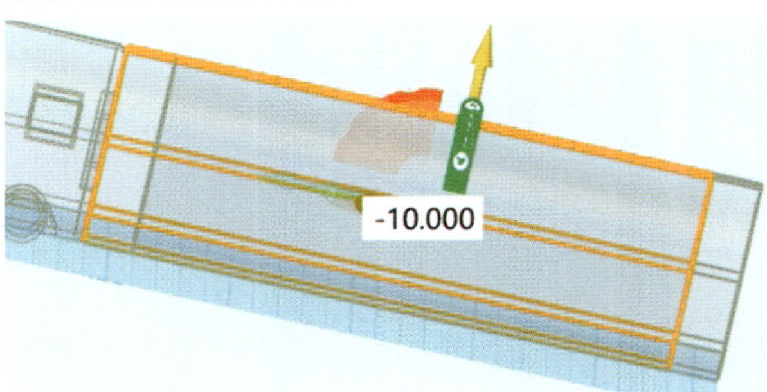

使用【圆角】命令，分别将左右两端锐边圆化，半径为 2mm。

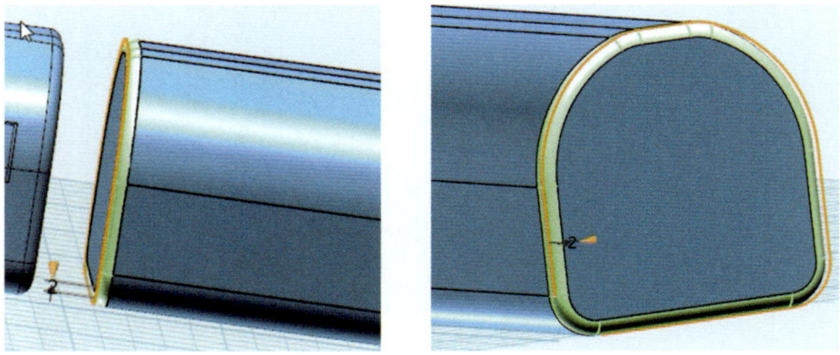

进入草图绘制界面，在火车正面使用【偏移曲线】命令，距离为 0mm。

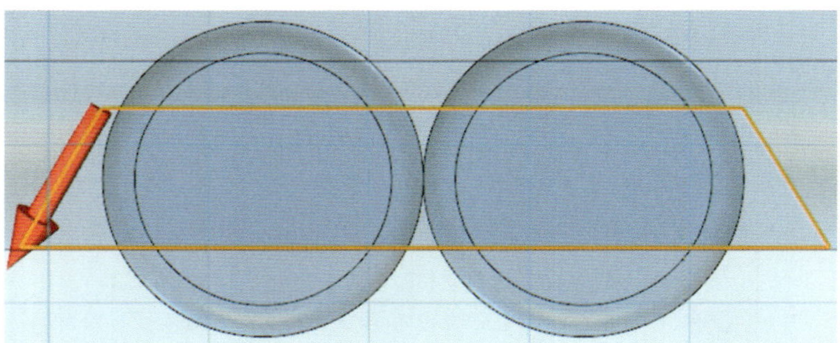

选择【基本编辑】中【移动】命令，将偏移出来的图形移动到车厢位置，实体为全部曲线，起始点选择梯形左下角顶点，目标点选择车厢需要轮子的位置（位置合理即可）。

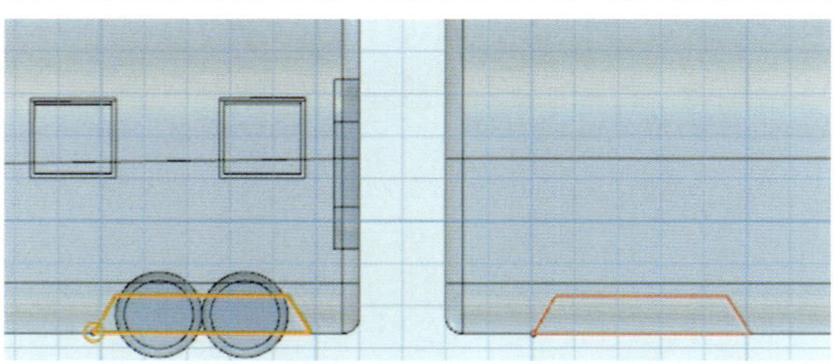

运用【阵列】命令，将其均匀分布在车厢下方位置（位置合理即可），单击【完成】。

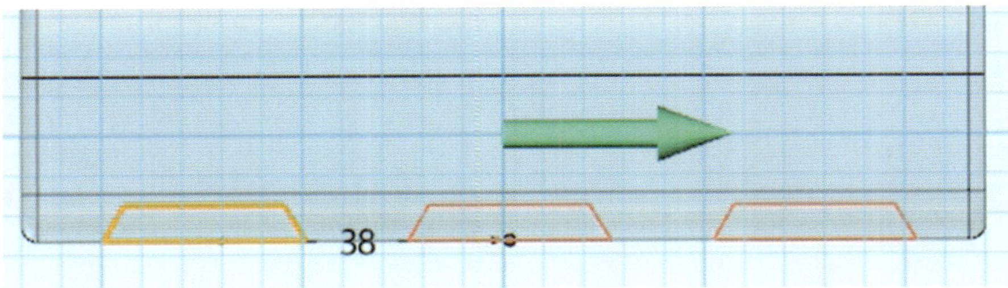

对草图进行【拉伸】，拉伸距离为 −5mm。

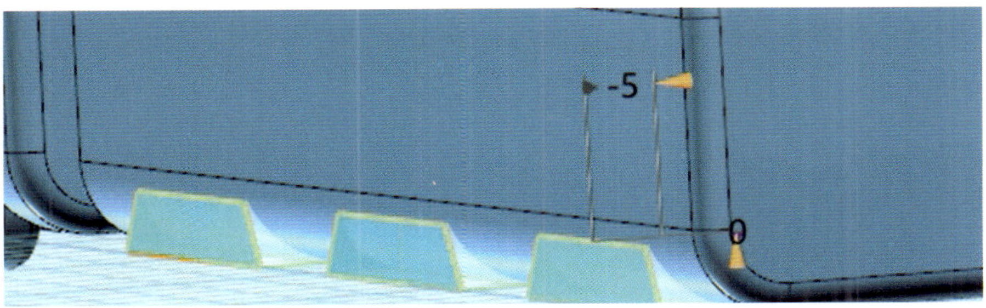

运用【镜像】命令，将实体镜像到另一侧，选择【减运算】，单击【确定】。

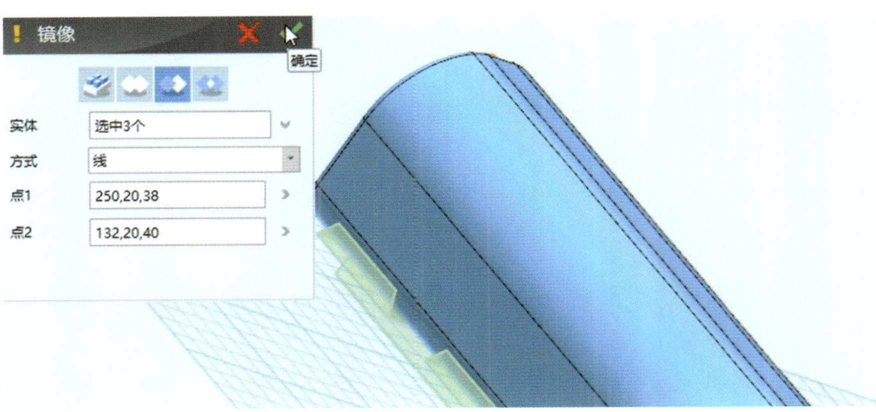

运用【阵列】命令，将车头的车轮阵列到车厢位置，继续通过阵列将车厢的轮子进行阵列（位置根据槽的位置确定，合理即可）。

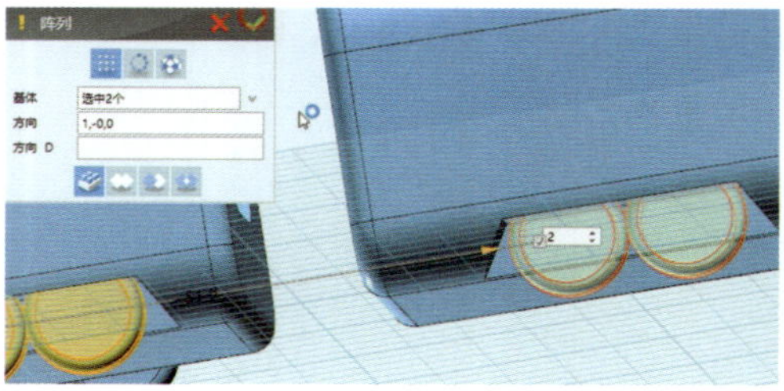

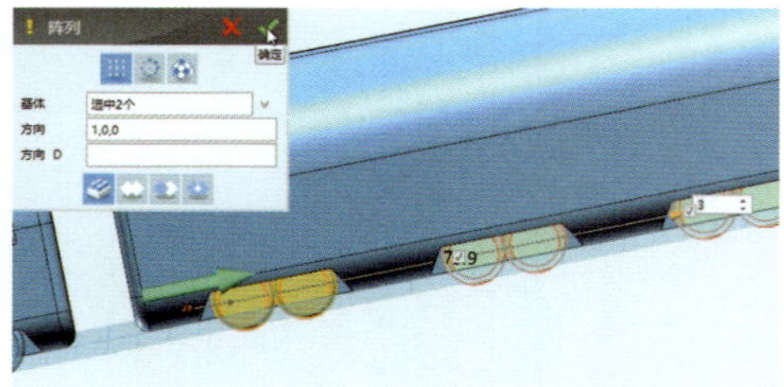

运用【镜像】命令，将轮子镜像到另一侧。

运用【矩形】【偏移曲线】【椭圆形】及【阵列】命令，绘制车门和窗户（车门尺寸为10mm×20mm，车窗尺寸为10mm×10mm），分别完成后，单击【完成】。

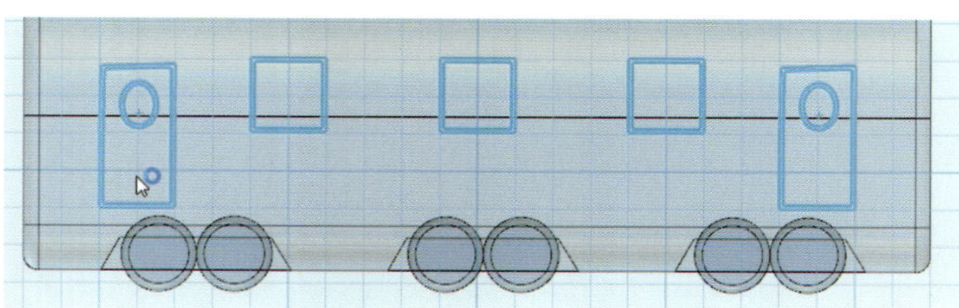

【镜像】草图到另一侧。

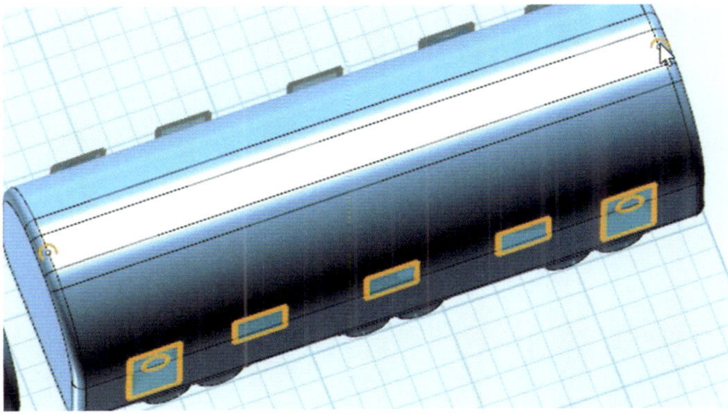

运用【投影曲线】【镶嵌曲线】命令，将两侧门与窗户制作出来（框选曲线的时候注意不要选中另一侧的曲线），镶嵌偏移为 -1mm。

连续左键单击车厢左端平面两侧，出现对话框，选择【拉伸】命令，数值为 -2。

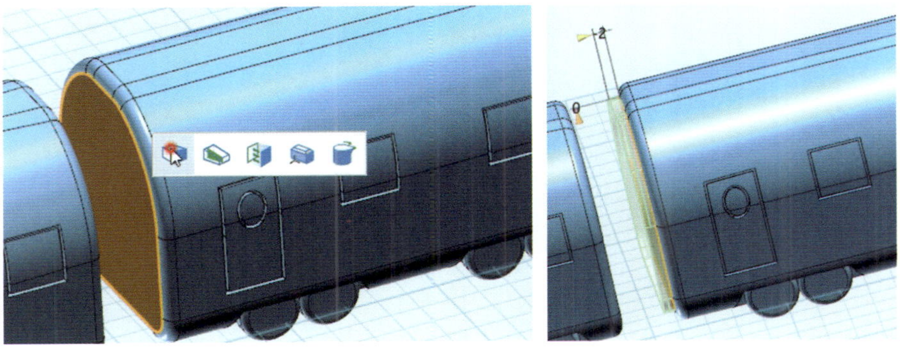

同样操作对拉伸起来的台子进行再次拉伸，距离为 -1mm。

左键单击 1mm 的实体，选择【缩放】命令，方法选择非均匀，X、Y、Z 比例分别为 1、0.9、0.9。

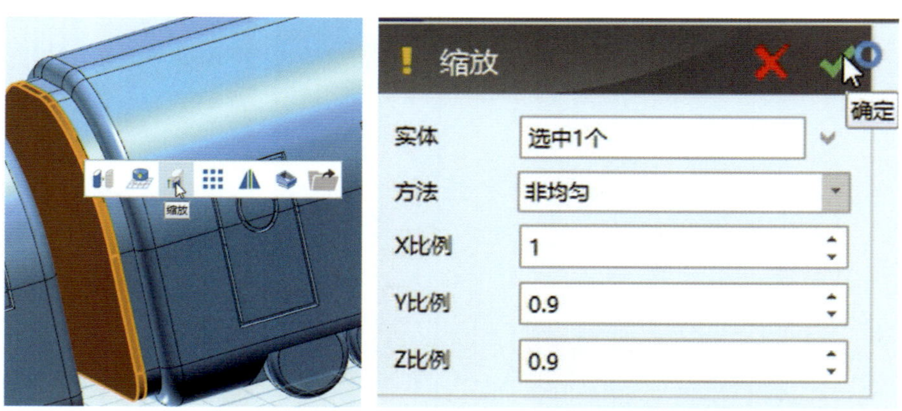

选中这两个拉伸实体，进行【阵列】，数量为3，距离为6mm。

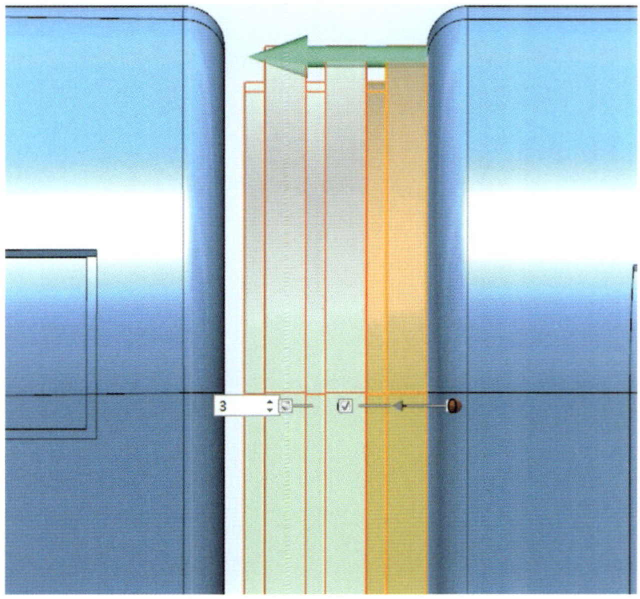

选择【组合编辑】命令，基体选择车厢，合并体框选整个车厢，选择【加运算】。

通过【移动】命令，将车厢向右移动-10mm。

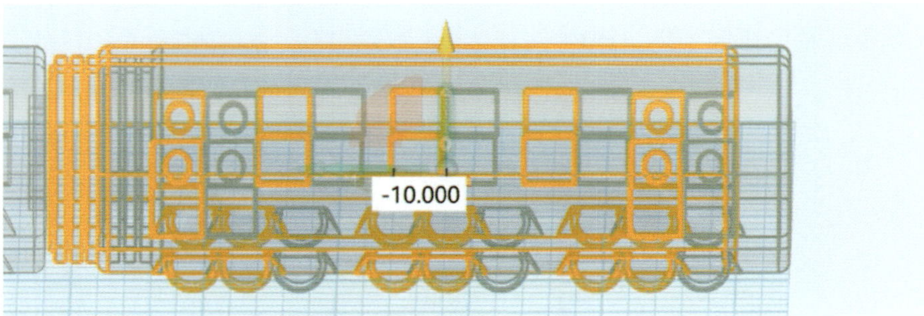

选择【六面体】命令，在车厢左端平面中央放置，参数为19.9mm×19.9mm×3mm，选择【加运算】。

运用【圆角】命令，圆化锐边，半径为5mm。

在车厢右端平面放置【六面体】，参数为 20mm×20mm× -3mm，选择【减运算】。

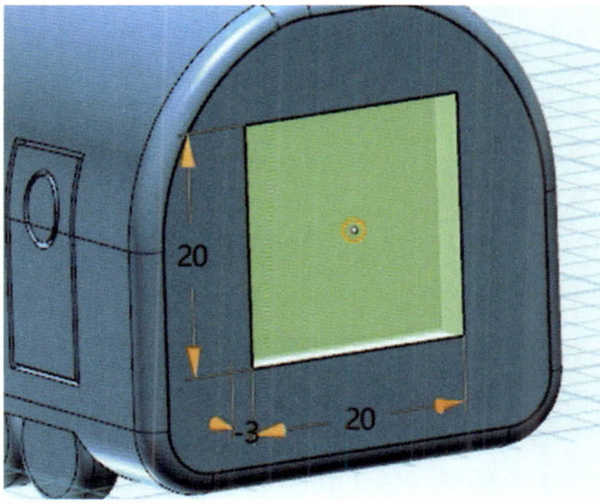

运用【圆角】命令，圆化锐边，半径为 5mm。

至此高铁车厢制作完成。

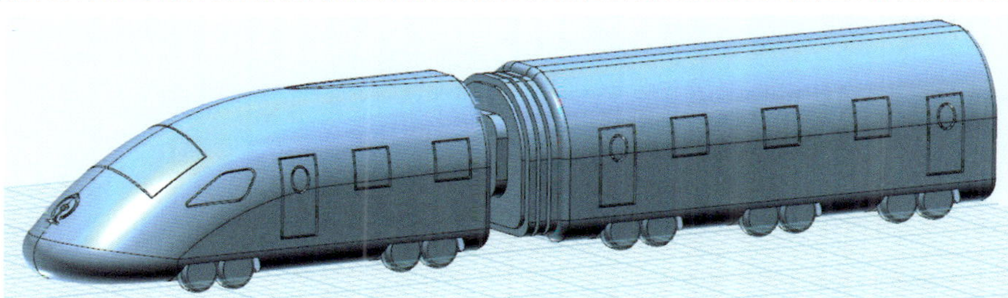

将高铁的车头和车厢模型导入 UP Studio 切片软件中，准备打印，如下图所示。

思考与练习

运用上述所学知识，自行设计一辆老式火车。

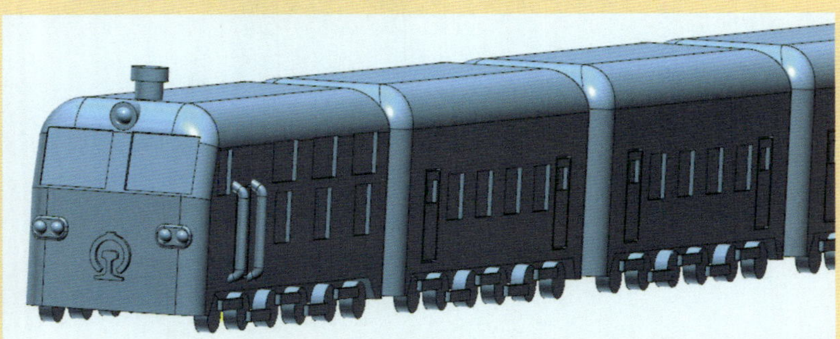

二、车站设施设计

1. 检票口

检票口作为乘车凭证的一道关卡，对乘车秩序的维护起着重要作用，接下来，尝试设计一道用于检票的闸机。

选择【六面体】，放置在网格中央位置，数值为 20mm×4mm×15mm。

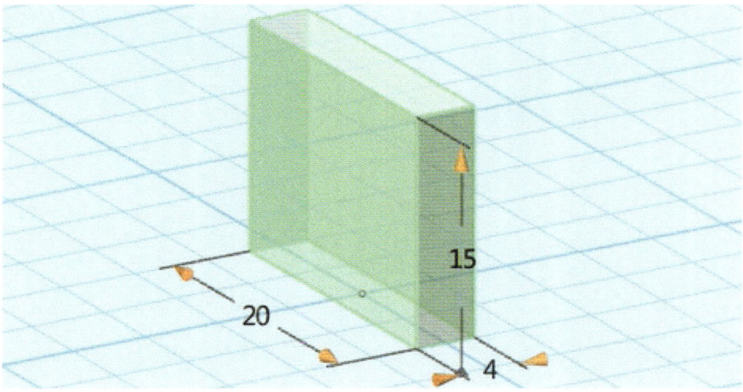

运用【倒角】命令，将前端顶端边界倒角，更改数值为 3mm，在该倒角部分的上部继续倒角，数值为 1mm。

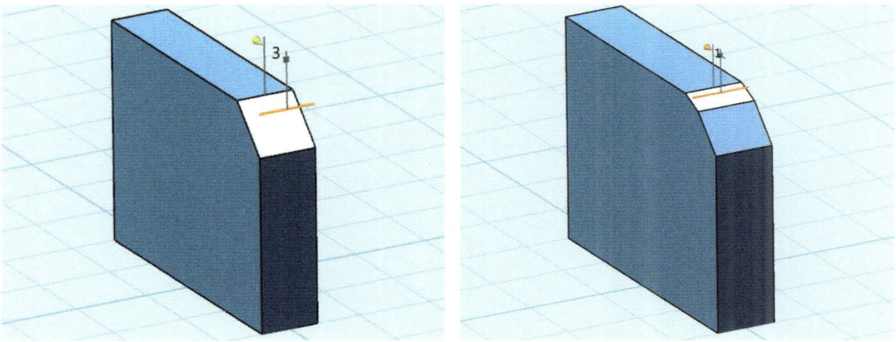

鼠标左键连续单击两次数值为 1mm 的倒角面，选择【DE 移动】命令，从右到左旋转 20°，从前到后旋转 −10°。

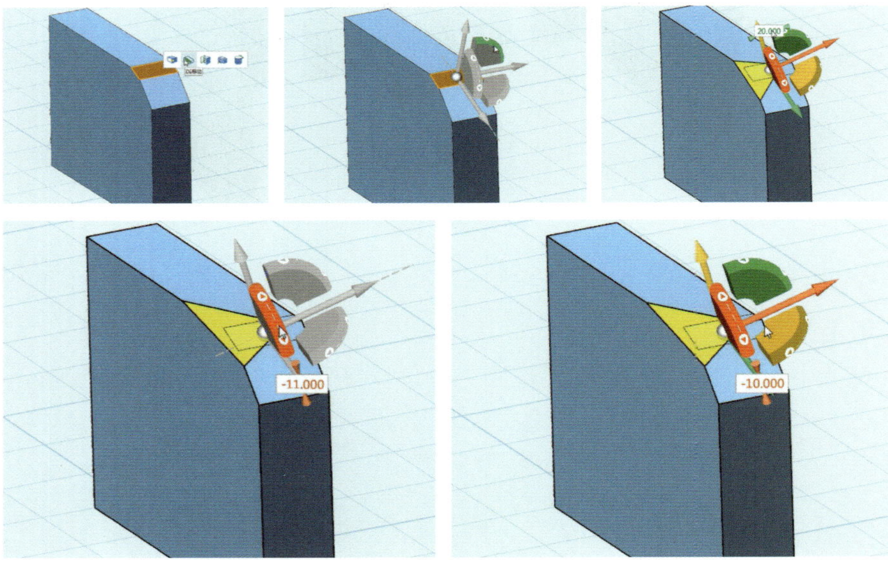

运用【矩形】命令，在正面中央位置进入草图绘制界面，绘制矩形（位置与图中相似即可，数值无实际意义），单击【完成】。

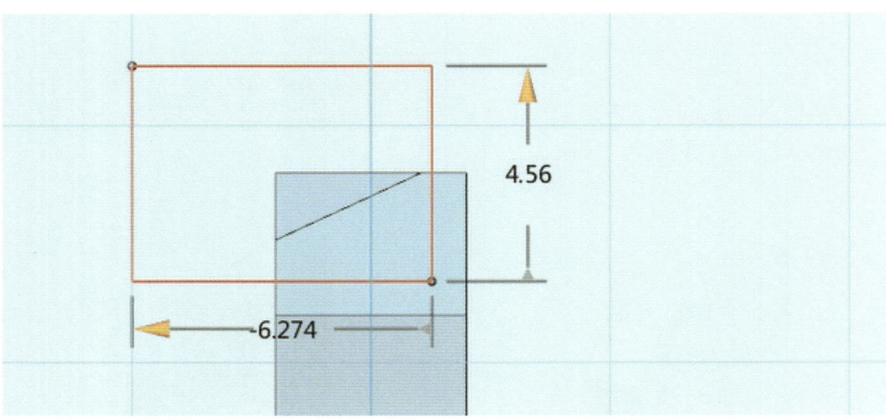

对草图进行【拉伸】，数值为 3.5，选择【减运算】，单击【确定】。

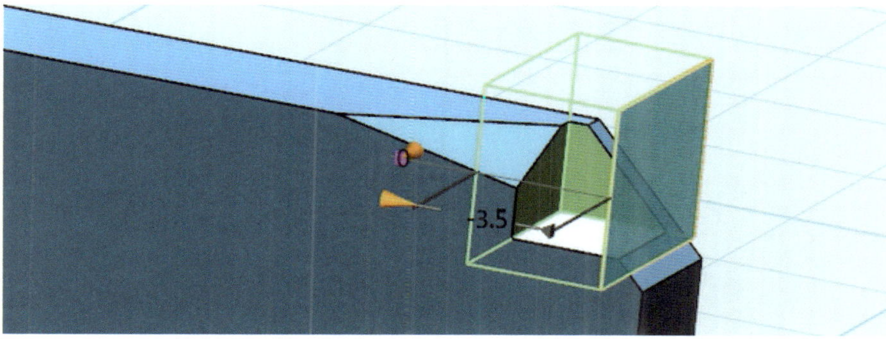

运用【六面体】命令，放置在减运算后的缺口位置中央，参数为 0.5mm×3mm× −0.5mm，选择【减运算】，制作检票入卡口。

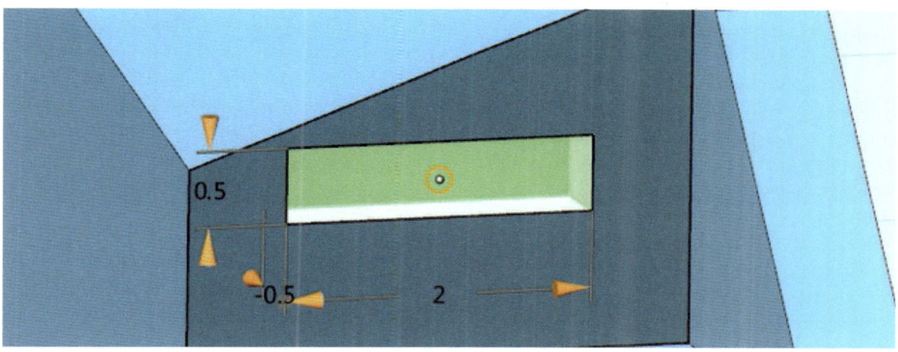

在下图上方位置放置同样的【六面体】，并进行【减运算】，制作出卡口。

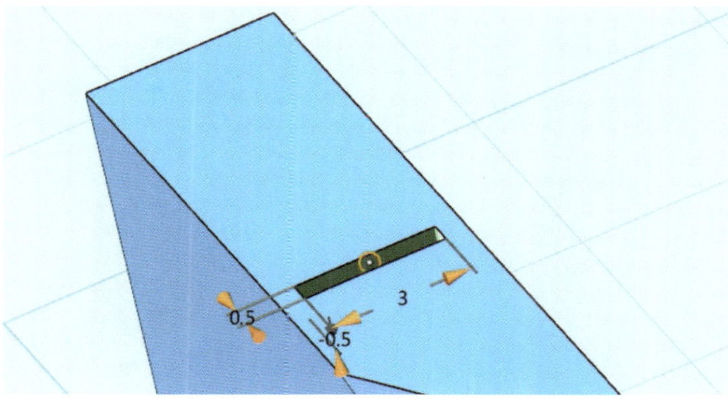

运用【圆角】命令，圆弧锐边。

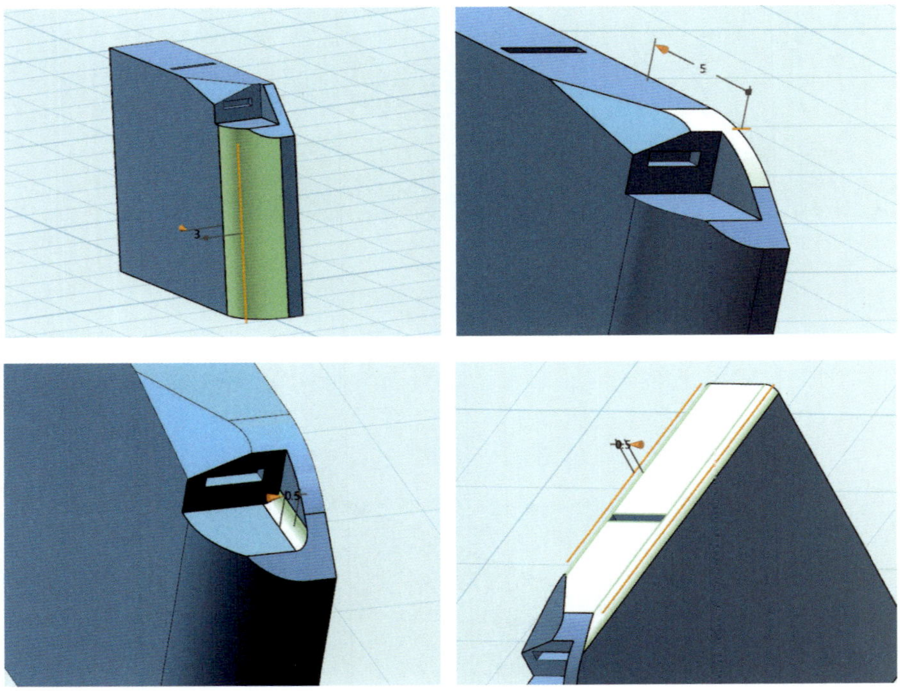

运用【阵列】命令，阵列整个实体，距离为 20mm，数量为 2 个。

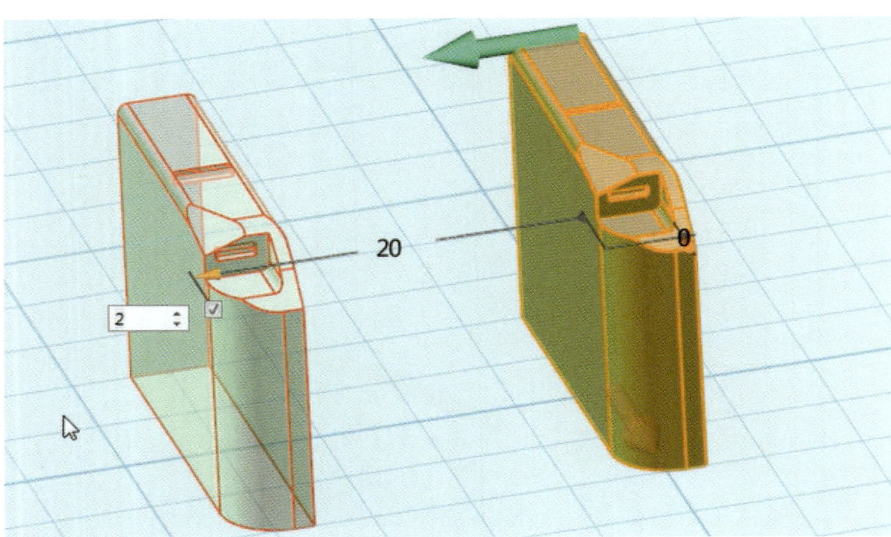

运用【多段线】命令，在实体后方中央位置进入草图绘制界面，绘制活动门的轮廓（根据网格位置绘制近似轮廓即可）。

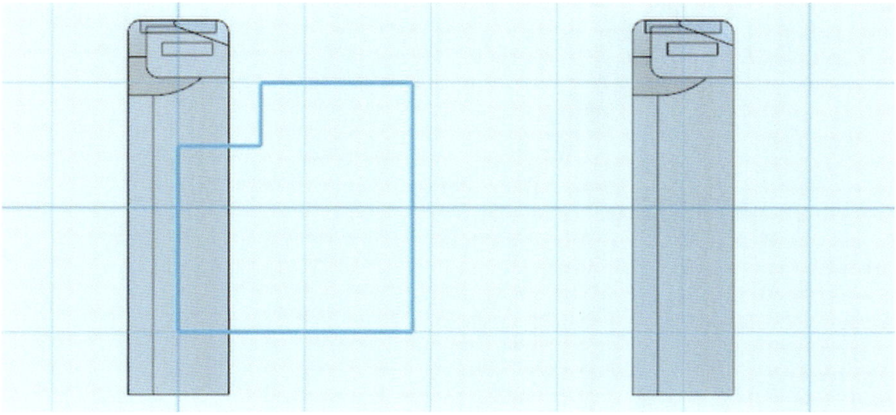

拉伸草图，拉伸数值为 -1。

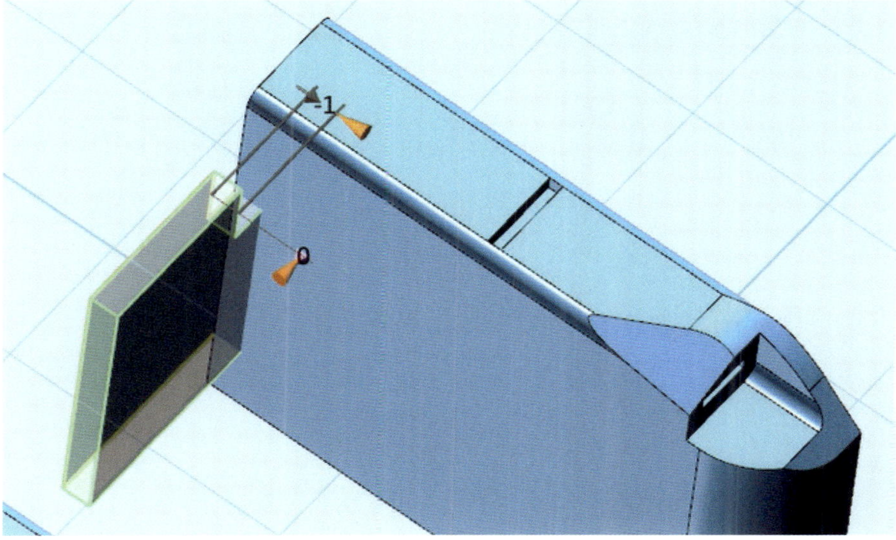

运用【移动】命令，将活动门向前移动 2mm。

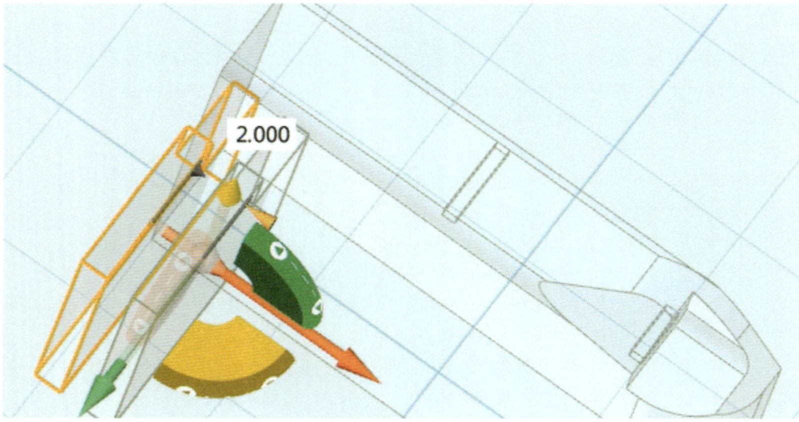

运用【阵列】命令，对门进行阵列。

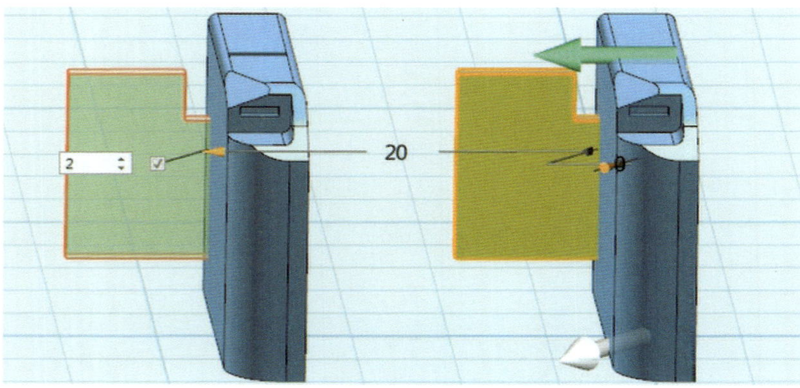

使用【镜像】命令，将阵列出来的门进行镜像。

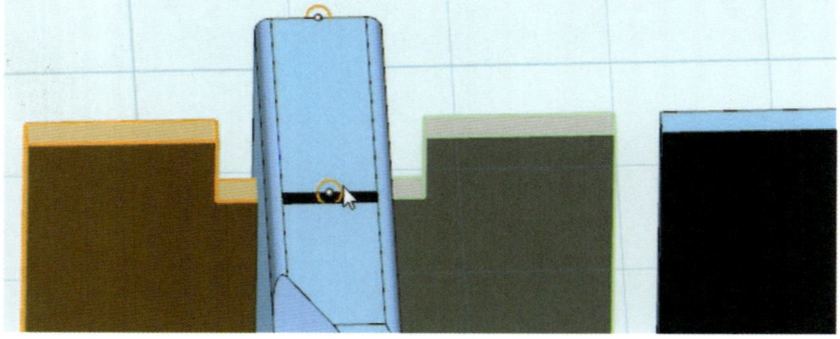

选择【六面体】命令，放置在距离第二个闸机向左 20mm 的位置（可以根据网格判断距离，每一个小格为 5mm）。

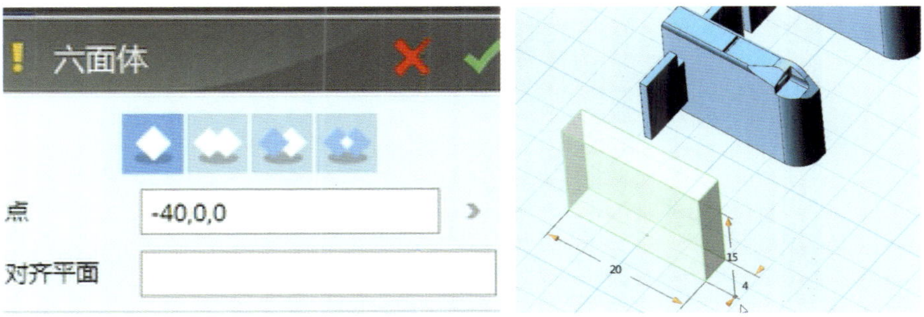

运用【圆角】命令，圆化锐边美化模型。

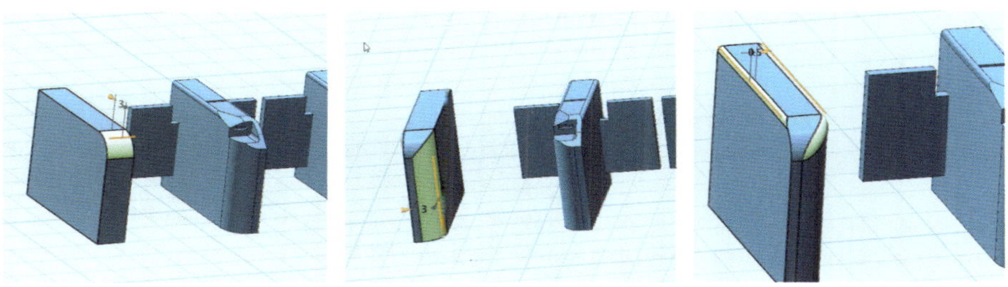

运用【阵列】命令，将活动门阵列出来。

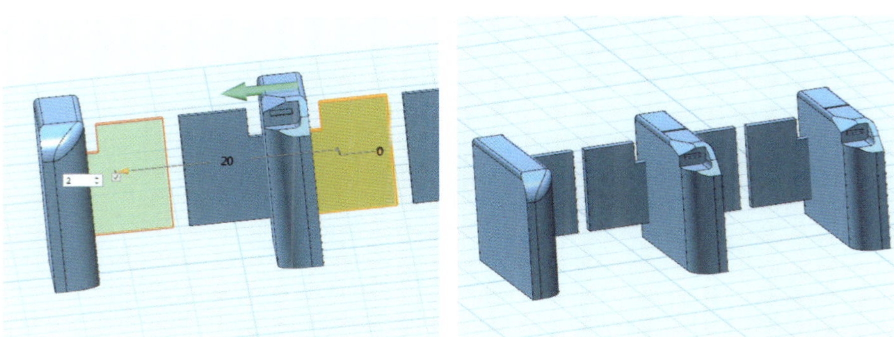

将设计好的 STL 格式模型导入 UP Studio 切片软件中，准备打印，如下图所示。

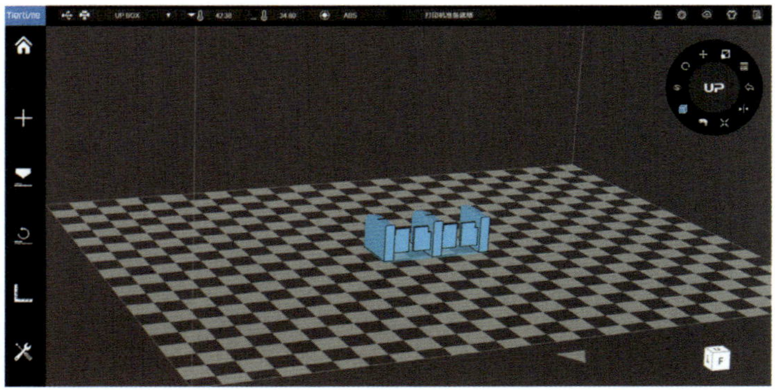

2. 候车室座椅

检票结束进入候车室，等待列车到达，准备上车。为方便乘客，候车室里设置了排排座椅，下面运用草图绘制、拉伸等基本命令完成座椅的制作。

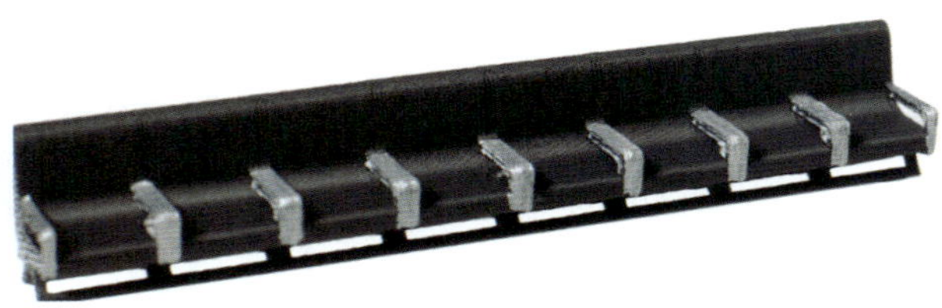

选择【直线】命令，绘制一根起始点为原点，长度为 7mm 的直线，在结束点继续绘制一根斜线长度为 8mm（两根线段整体不超过 4 小格，斜线倾斜程度合理即可）。

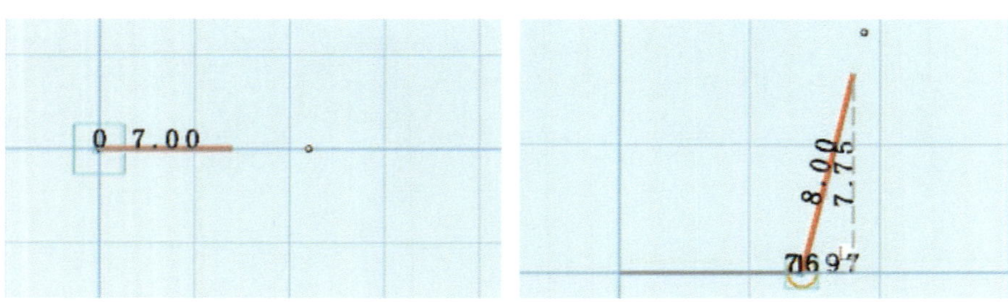

框选线段，选择【偏移曲线】命令，偏移距离为 2mm。

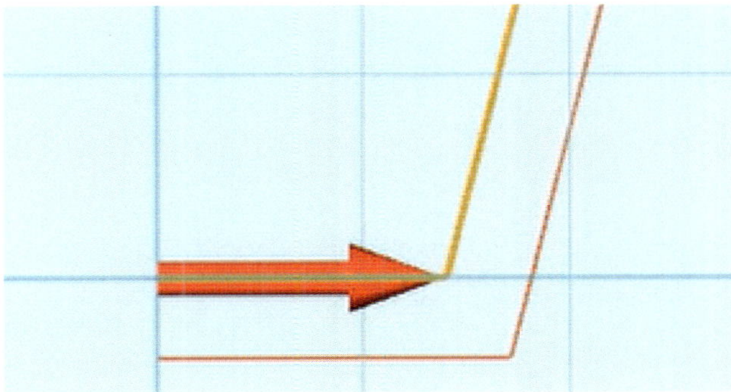

用【直线】命令将线段进行封闭，单击【完成】。

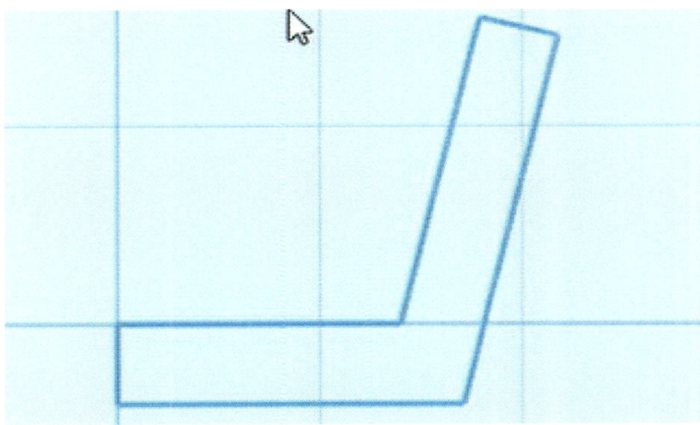

对草图进行【拉伸】，距离为 10mm。

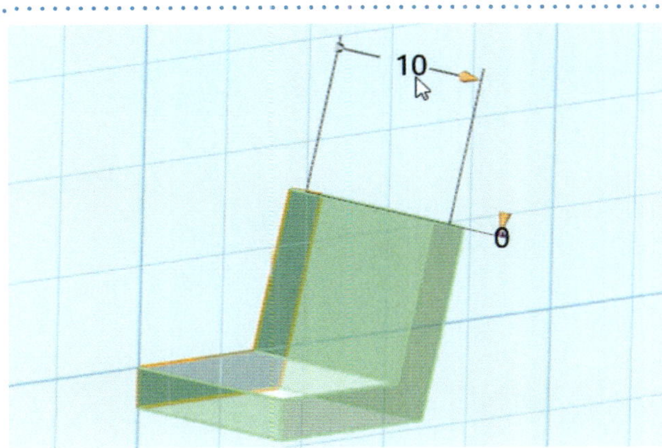

选择【多段线】命令，在初始网格上方绘制一个开口梯形（位置相对居中，且不超过实体长度，合理即可）。

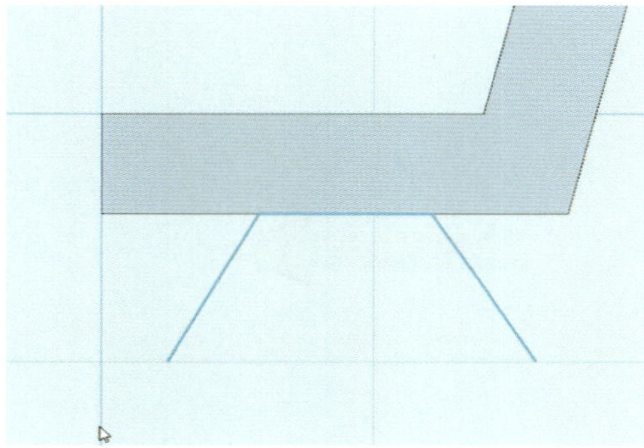

运用【偏移曲线】命令，偏移距离为 1mm，再用【直线】将开口封闭，运用【单击修剪】减掉多余线段，单击【完成】。

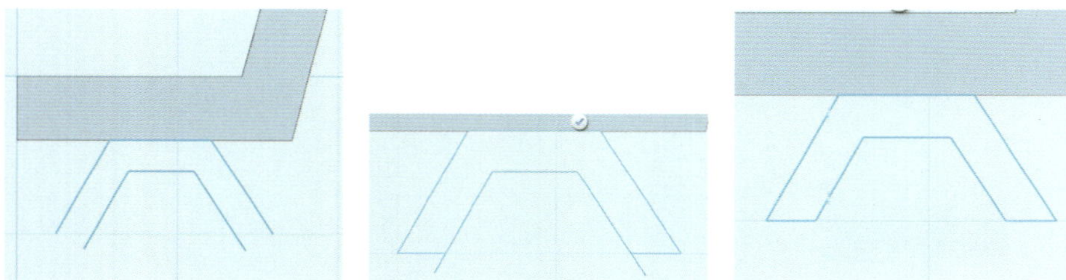

将草图【拉伸】，数值为 1。

运用【阵列】命令阵列实体，距离为 9mm，数量为 2 个。

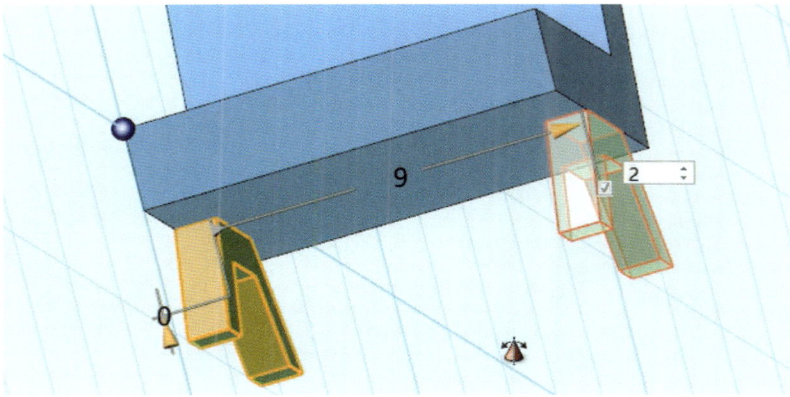

运用【矩形】命令，在梯形实体开口平面进入草图绘制界面，点 1、点 2 如下图所示（分别为梯形实体的顶点），用同样方法制作另一个。

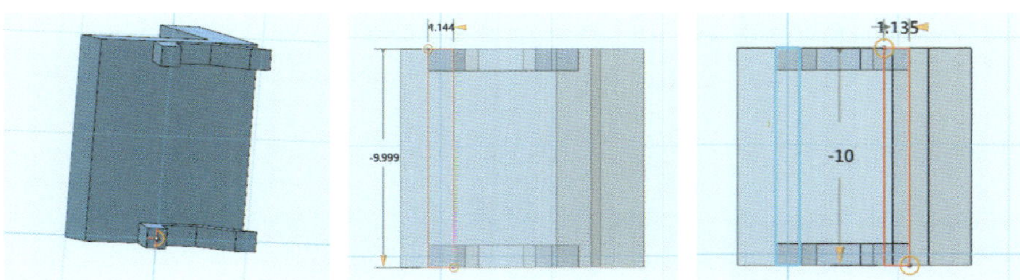

对草图进行【拉伸】，更改数值为 1，选择【加运算】。

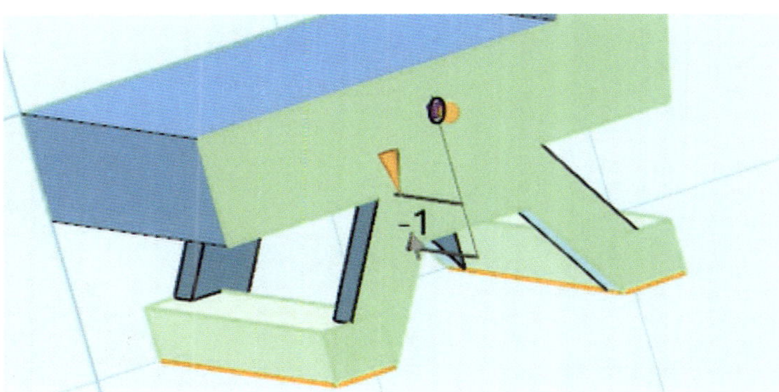

运用【圆角】命令，将锐边圆化。

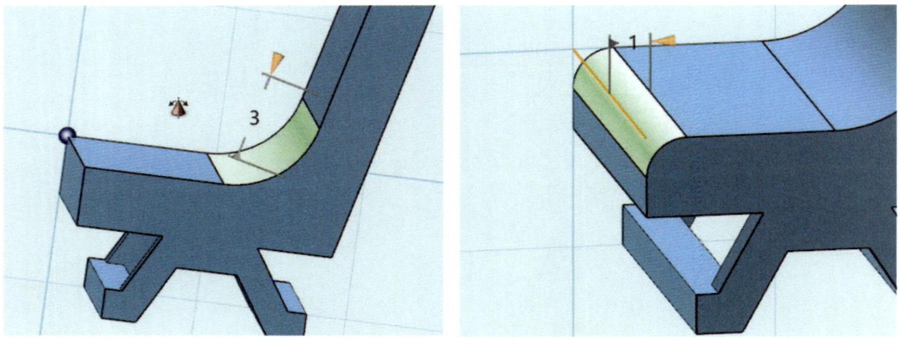

运用【多段线】【偏移曲线】命令，绘制扶手轮廓（偏移曲线距离为 1mm）。

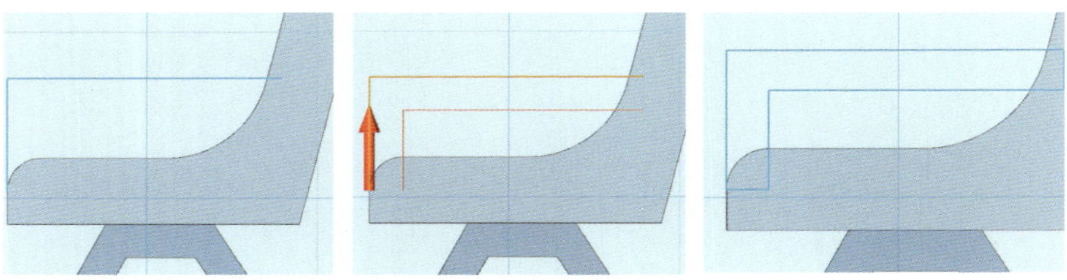

对草图进行【拉伸】，拉伸数值为 -1。

运用【圆角】圆化锐边，使用【阵列】命令，阵列到另一侧扶手（阵列选择加运算）。

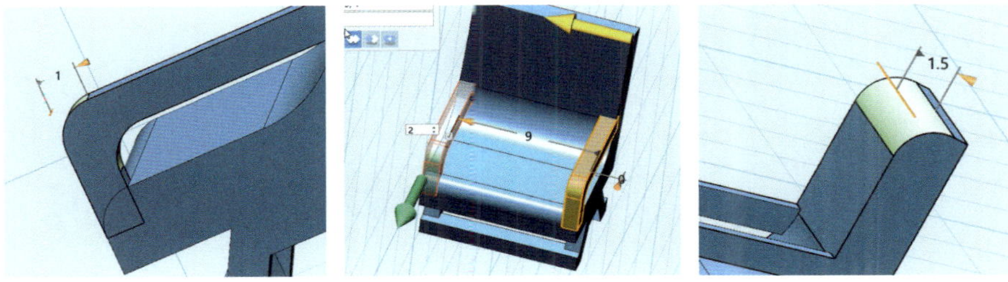

运用【移动】命令，将椅子旋转正放在网格上。

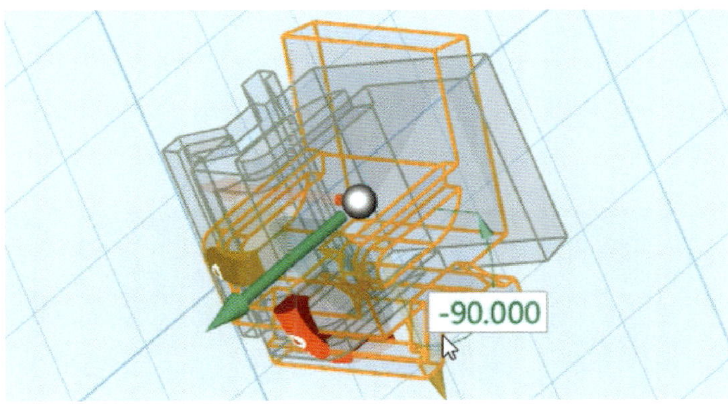

运用【阵列】命令，阵列出一排椅子，数量为8，距离为70mm，选择【加运算】。

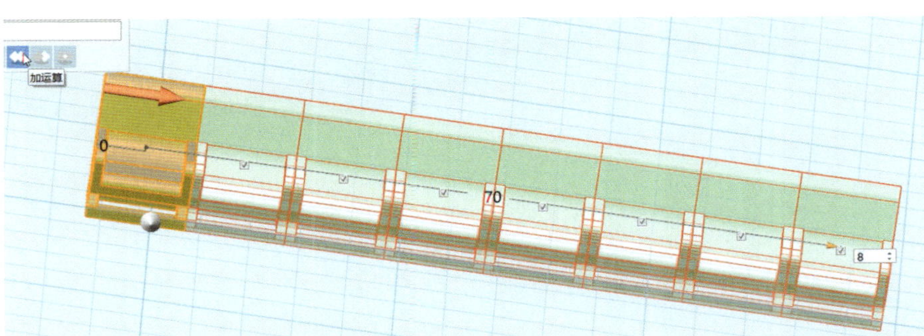

座椅完成如下图所示。

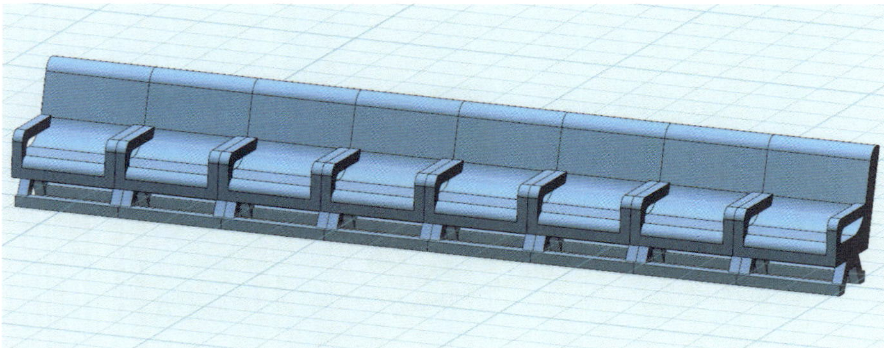

3. 站台指示牌

进入站台后，根据站台指示牌到相应站台乘车，运用基本实体及字体制作站台指示牌。

选择【圆柱体】命令，放置在网格中央位置，参数为 10mm×2mm。

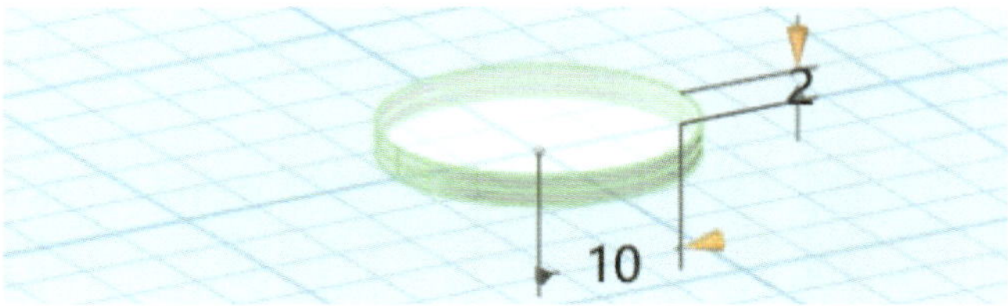

再次选择【圆柱体】，放置在上一个圆柱体中央位置，更改参数为 2mm×60mm，选择【加运算】。

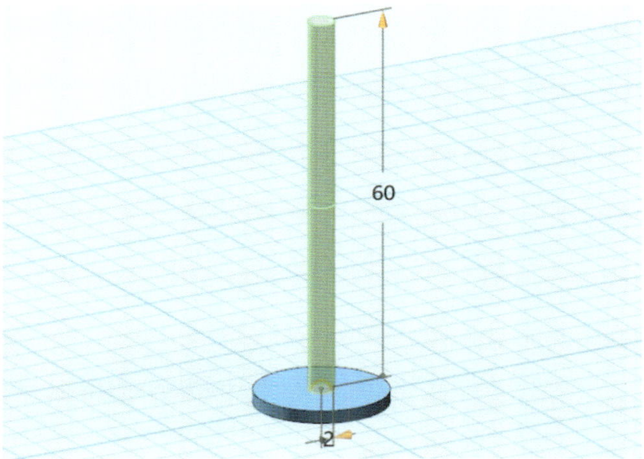

选择【六面体】命令，放置在圆柱体上面中央位置，更改参数为 4mm×15mm×60mm，选择【加运算】。

运用【圆角】命令，将锐边进行圆化。

选择【草图编辑】中的【预置文字】命令，在六面体前面中央位置进入草图编辑界面，原点为控制文字的位置，文字输入想写的字或数字，字体选择需要的字体，样式可以将字体加粗，大小是控制文字大小（箭头也是设置出来的，输入法输入zuo，向后翻几页可以找到箭头），单击【完成】。

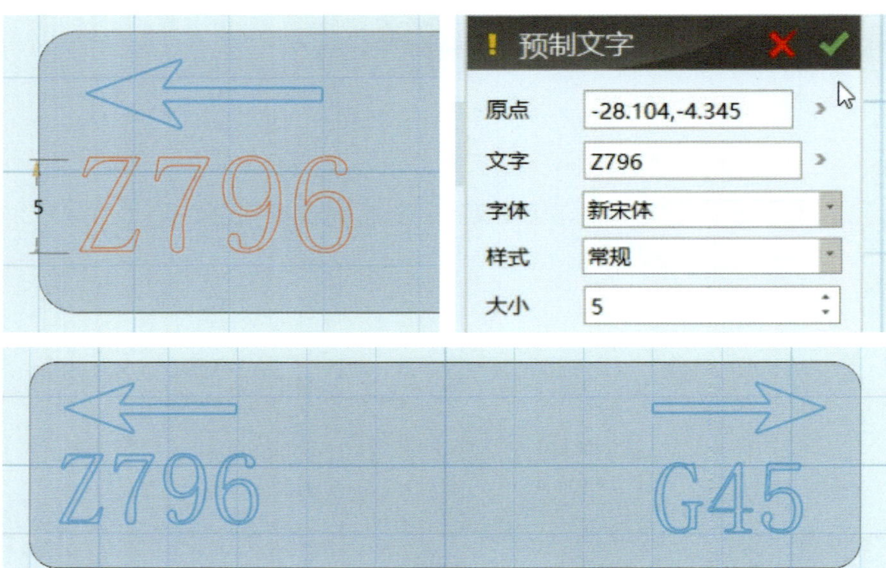

拉伸草图，数值为 1，选择【加运算】。

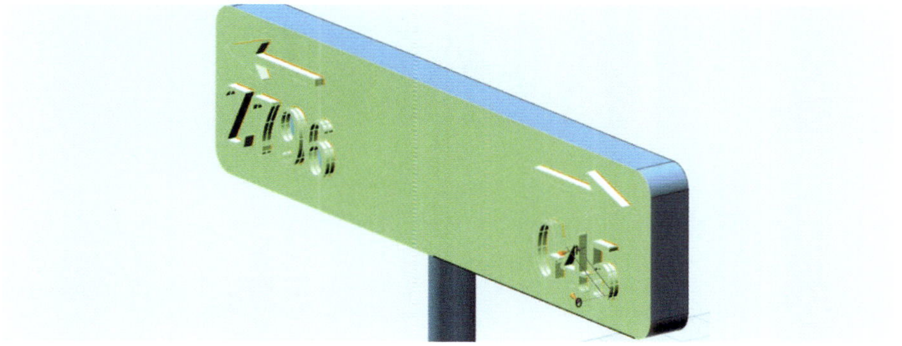

运用【预置文字】【拉伸】命令，制作站牌名称。

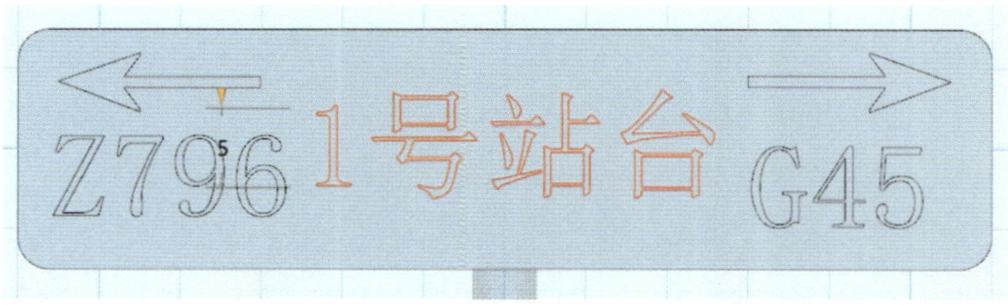

站牌制作完成，如下图所示。

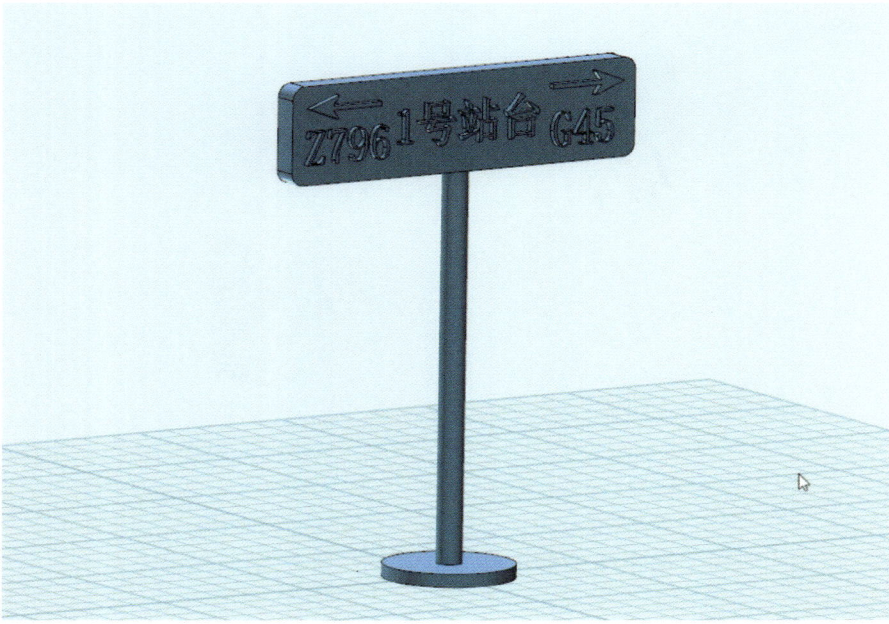

将设计好的模型导入 UP Studio 软件中，准备打印，如下图所示。

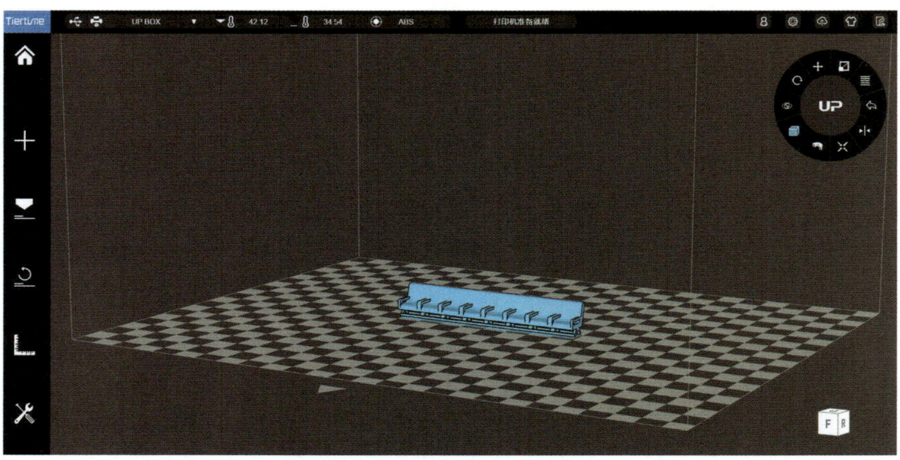

其余设施可以运用上述所提到的基本技能进行制作。

PART 2
第二节

3D 打印制作

在 3D 打印过程中，需要根据模型情况，更改参数设置，以实现在最短时间内，使用较少的材料达到最佳效果。此部分内容主要看一下【填充方式】和【质量】两个参数是如何设置的。

一、填充方式

UP Studio 软件中共有 8 种不同的填充密度选项，从疏到密，代表模型内部结构的疏密程度。

下面，以货运火车为例，将模型导入软件，单击【打印预览】。

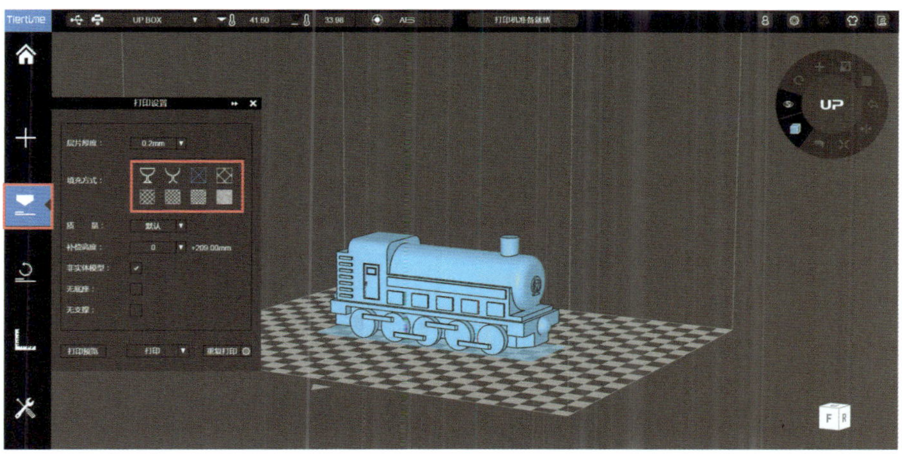

选择填充方式中的 13% 与 99% 两种类型，比较一下填充方式对于打印时间和耗材的影响。

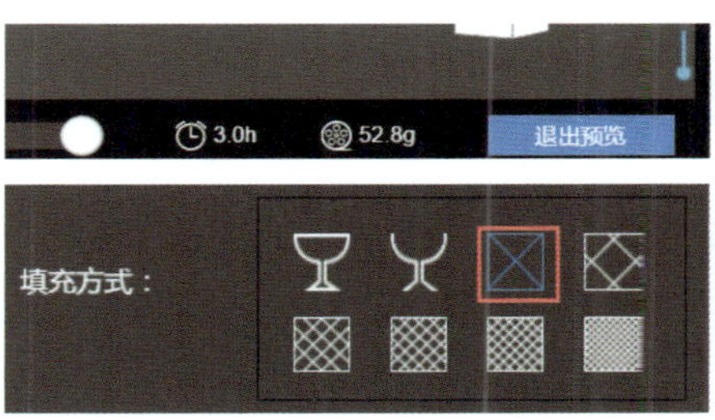

填充密度 13%

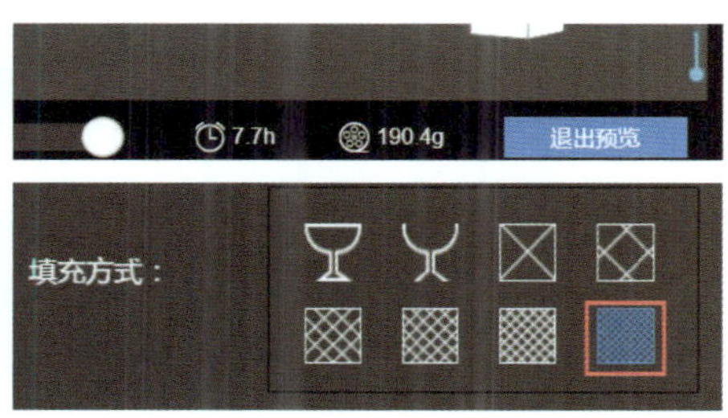

填充密度 99%

从上图对比可以看出，13%的填充密度打印时长和耗材都要比99%的少很多，根据上述方式，尝试其他几种填充密度对于时间和耗材的影响，并比较它们之间的区别，完成下表。

填充方式	打印时间/mins	耗费材料/g	备注

小贴士

1. 填充方式越稀疏，打印时间越短，耗材使用越少。在一般模型中，使用13%的填充方式即可，如遇到模型结构较细，需要增加强度或重量，可根据具体情况，选择其他较密的支承选项。

2. 前文中，我们只比较了后面6种填充密度的区别，那么前面两种分别代表什么？

：该填充方式多用于“壳体”模型，比较适用于曲面模型。如一只小熊，为节省时间，减少支撑，可以选择该模式，模型内部可以做到无支撑，但如果选择后面6种中任意一种，内部会呈现网格状支撑。

：该填充方式多用于“表面”模型。如一个无底面无顶面的正六面体，打印出来，只有四个表面，就如同图标所示，只有四周的面。

简而言之，“壳”模式有顶有底，“表面”模式无顶无底。

二、质量

质量，如同字面意思，代表的是打印的精细程度，选择【质量】，你会发现，有不同的参数选择，那么，这些不同的设置有什么区别？下面，分别选择不同的参数，观察打印时喷头的状态有何不同。

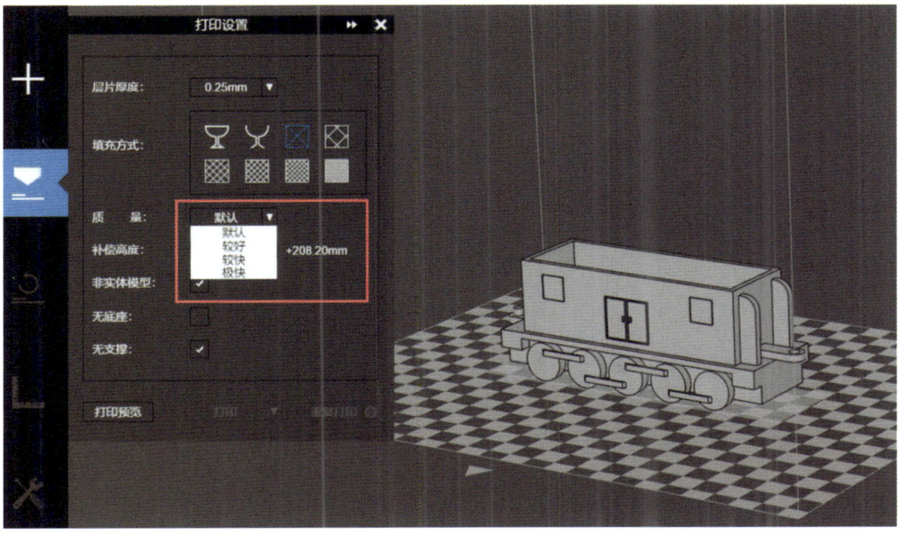

通过观察，你是否发现，不同的选项设置，喷头在打印时的移动速度不同，图标中 4 类速度模式，相互间各差 20%，那么，速度快慢除直接影响打印时间外，对打印质量有何影响？

下面，分别对【默认】和【较好】这两种选择进行测试，观察在打印方面有什么区别。

“默认”模式

“较好”模式

（1）丝材通过喷头的高温熔融完成挤出，挤出的丝材遇空气瞬间凝结，当喷头的移动速度过快，丝材未达到充分的冷凝效果时，容易变形，溢出原本的打印轨迹，造成丝材表面的不平滑，从而影响打印质量，如下图蓝色和红色区域部分。

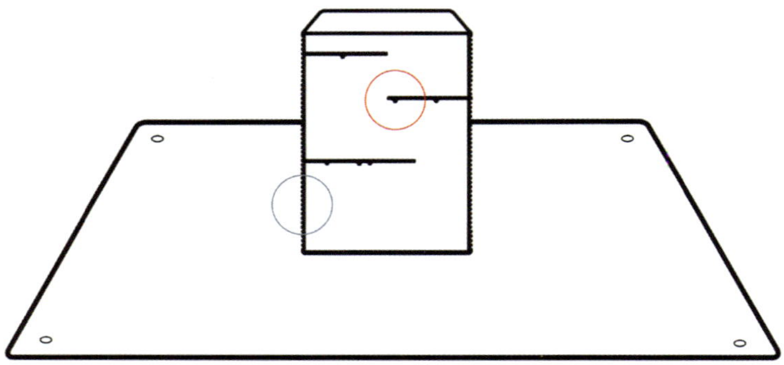

打印溢出

（2）如果喷头移动速度较快，两个模型间易出现拉丝的状况，从而影响表面质量，如右图红色区域部分。

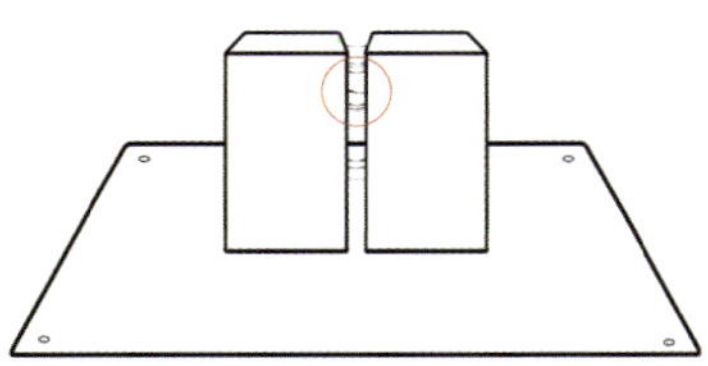

打印拉丝

（3）喷头移动时，打印到模型边缘位置，需要放慢速度，尤其是棱角部位，如果喷头移动速度过快，以至于喷头速度不能很好地慢下来，棱角就不能很好地完成塑形，如右图 A 的棱角塑性完好，B 的效果不好。

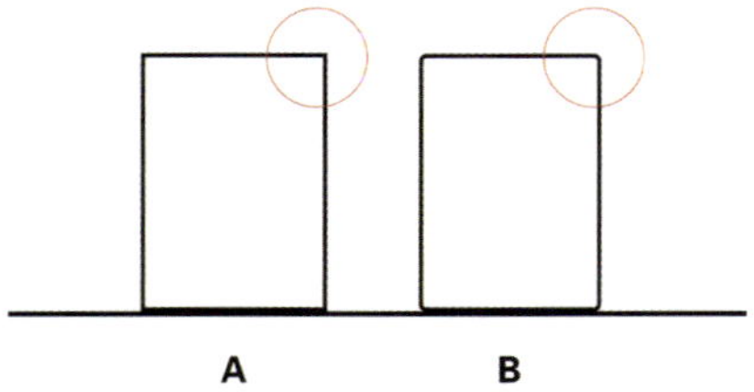

因此，打印速度越慢，质量越高，物品表面越精细。但在日常选择中，如果对于模型没有特殊的质量要求，直接选择【默认】状态即可。

PART 3
第三节

场景设计制作

准备物品：场景木质底板、泡沫板、白胶、打印完成的所有模型、丙烯颜料（钛白、银色、黑色、军绿色、浅蓝、柠檬黄等，颜色选择仅做参考）。

一、场景底板

（1）准备 60cm × 60cm 的木板作为场景底板，如下图所示。

（2）考虑到车站站台和轨道之间的高低差异，在平板上加部分塑料底板作为站台，根据沙盘的平面所示，按需要加高站台及轨道各部分的尺寸（尺寸如下图所示）进行切割，并使用白胶将加高部分与底板粘贴在一起，如下图所示。

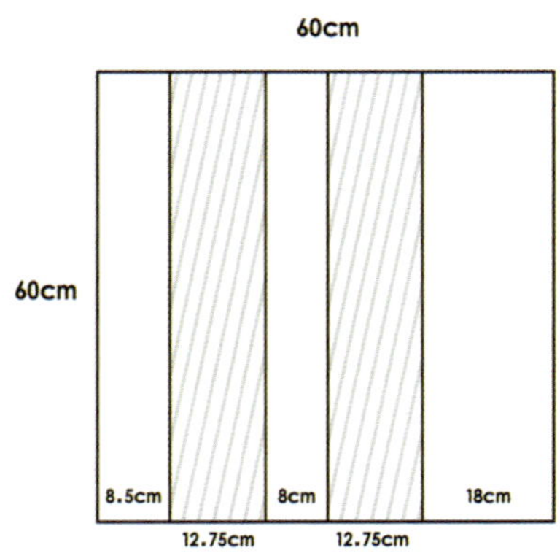

（3）使用丙烯颜料涂色，轨道部分为暖灰色，站台为中灰色，并在上面绘制出黄色警戒线。

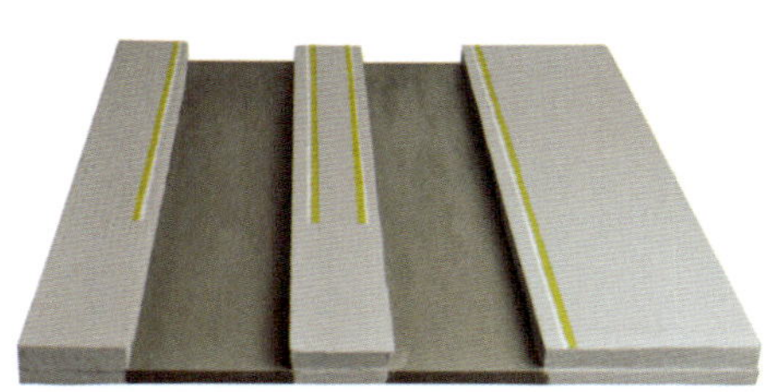

二、火车模型

1. 货运火车

货运火车车身以黑色为主，使用红白色，用线条勾勒车轮和车身部分细节，最后可以使用画笔蘸着一点点银色，做车身的做旧处理，如下图所示。

2. 高铁

高铁使用白色 ABS 丝材，使用黑色绘制窗户和标志，用天蓝色勾勒车身线条即可，如下图所示。

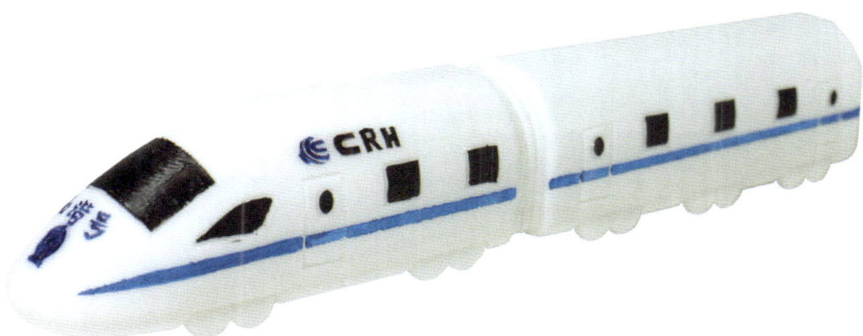

3. 老式火车

以霍克绿为车身底色，为凸显颜色色泽，可以在第一遍涂抹之后，颜料晾干的情况下，进行二次涂抹，再使用黑色绘制窗户及车轮，最后使用柠檬黄色和白色勾勒车身线条和车标，如下图所示。

三、设施模型

1. 轨道

由于货运火车、老式火车、高铁的高度不统一，为保证站台与车门的高度合适，我们选择3种不同高度的轨道，分别为：货运火车2mm，老式火车8mm，高铁10mm。为方便打印，每条轨道共分4部分，中间设计出连接部位，如下图所示。

轨道打印完成

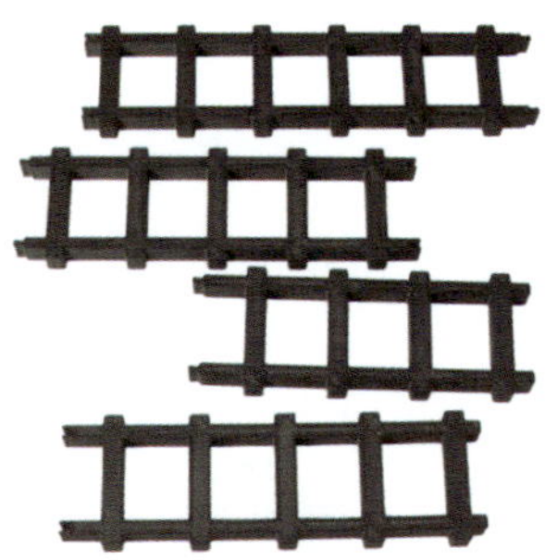

轨道四部分

轨道拼接部位

轨道呈现效果

2. 候车室

候车室各部分同样采用部位拼接方式，如下图所示。

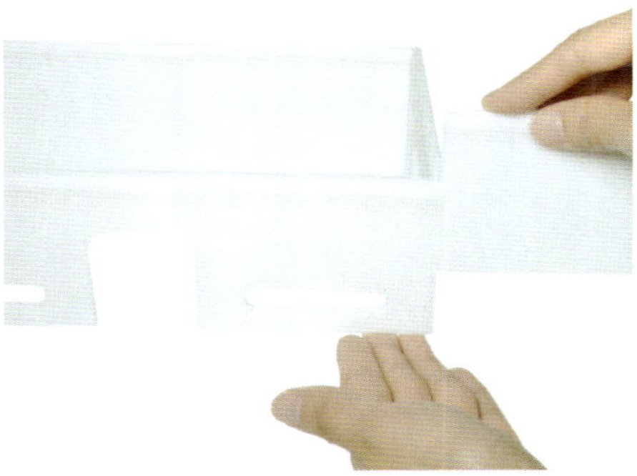

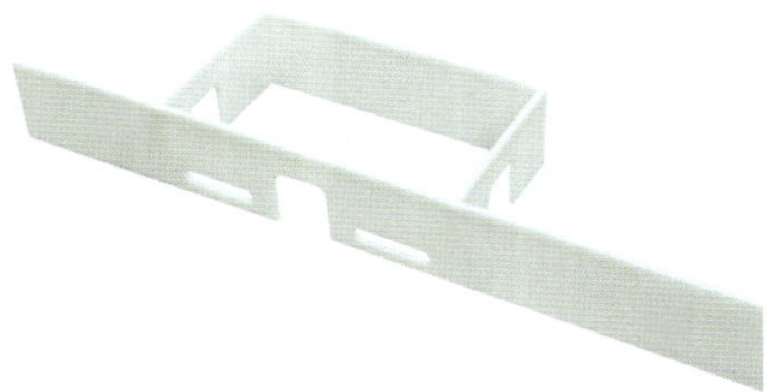

选取丙烯钛黄色作为主色调，以黄色做细节勾勒，如下图所示。

3. 站台指示牌、闸机

站台指示牌和闸机可使用 ABS 丝材打印，站台指示牌使用白色勾描字体，闸机使用银色勾描边部细节，如下图所示。

站台指示牌

闸机

4. 候车室座椅、天桥

候车室座椅使用 ABS 黑丝打印，座椅边缘使用银色勾勒。天桥桥面及桥柱使用银色涂画，楼梯及天桥边缘用黑色做细节处理，如下图所示。

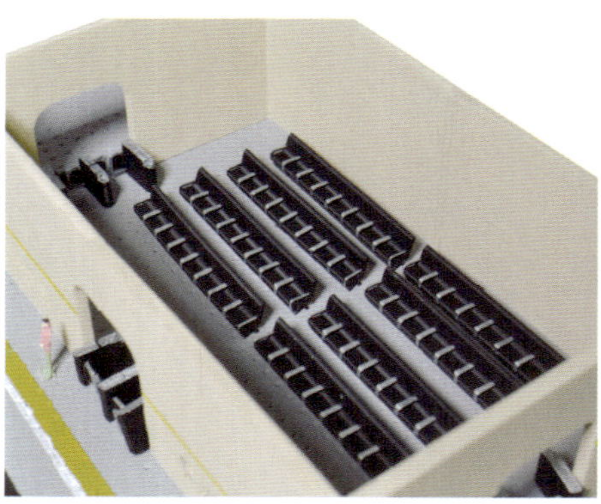

候车室座椅

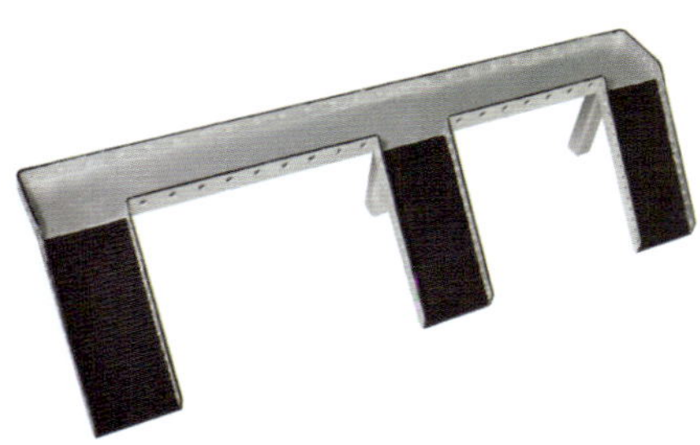

天桥

成品展示

思考与练习

1. 火车站的建造需要考虑城市的哪些因素？影响它的地理因素又有哪些？

2. 运用所学知识，尝试设计车站中涉及的其他设施元素。

chapter 04

第四章

疯狂造物之游乐园

学习目标

1. 了解游乐园的设施及功能。
2. 学习三维建模软件的基本功能。
3. 掌握 3D 打印机打印修复及丝材更换功能。
4. 利用丙烯等材料完成游乐园场景设计与绘制。

情景引入

游乐园作为各项游乐设施聚集的场所，深受小朋友的喜爱，在这里，除了能满足孩子玩耍的愿望，还可以培养他们的好奇心和探索精神，增强家长和孩子之间的互动交流，提升朋友间团结协作的能力。那么，你见过的、玩过的游乐设施有哪些？试着列举出来吧。

游乐园设施众多，根据自己的喜好，建立一座游乐园，你想如何设计布局？请在下页的空白处绘制出来吧。

请在空白处设计一座游乐园

以下面的平面示意图为例，设计一座游乐园。

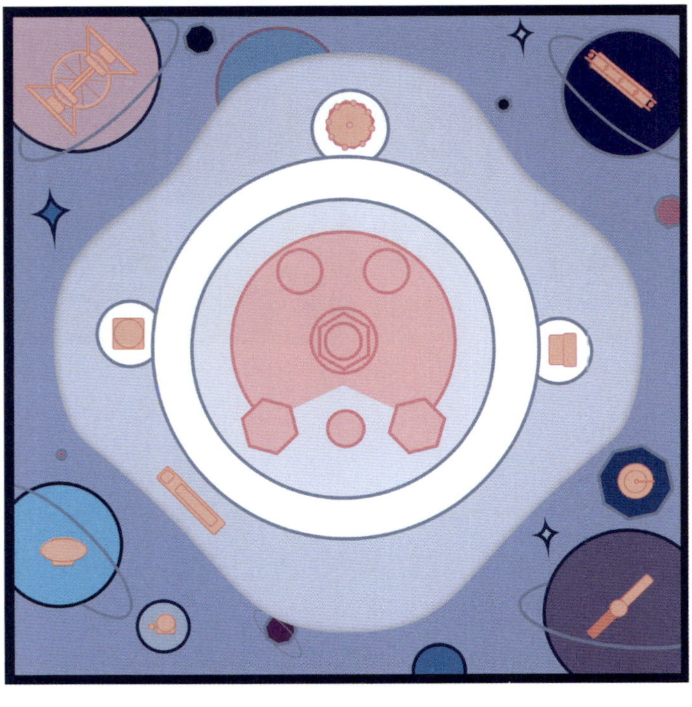

PART 1 第一节 三维建模设计

游乐设施种类繁多，按空间可分为地面设施、高空设施、水上设施，如地面的旋转木马，高空的摩天轮、大摆锤，水上的游船。随着声光电的发展，也出现了鬼屋等主题的游乐设施，满足青少年和儿童的不同需求，以下图为样例，完成游乐园的三维设计。

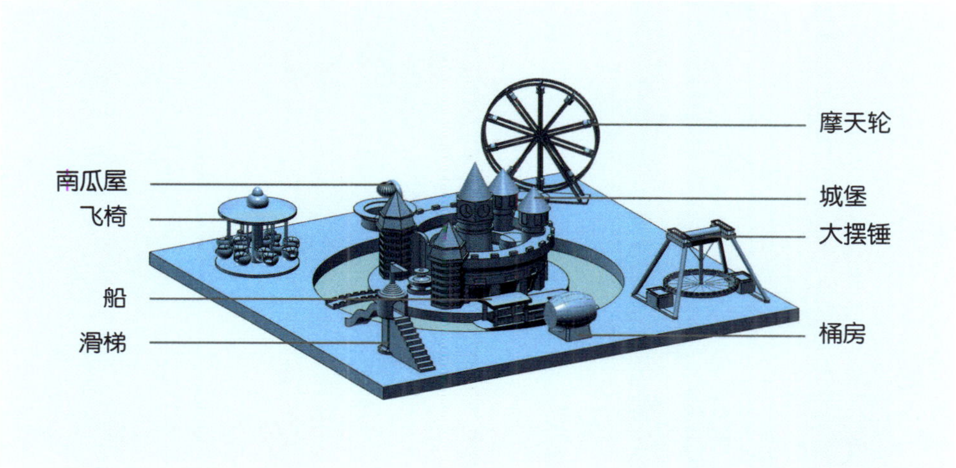

一、城堡外观设计

1. 城堡主体

选择【基本实体】中的【六面体】命令，摆放六面体，拉伸合并作为基准。

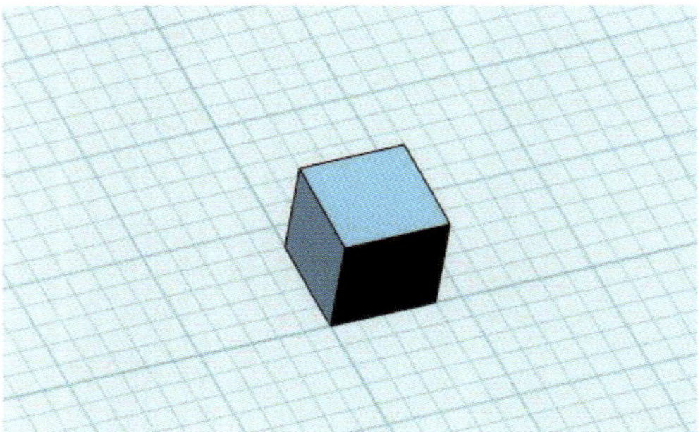

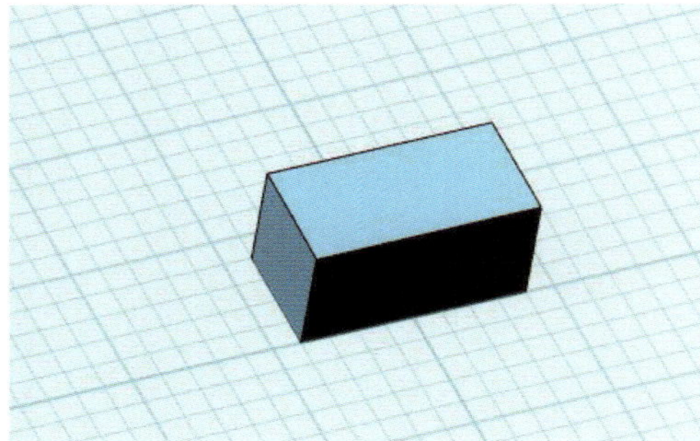

使用【草图绘制】中的【直线】命令，从正面平面进入草绘，并依次绘出图形。

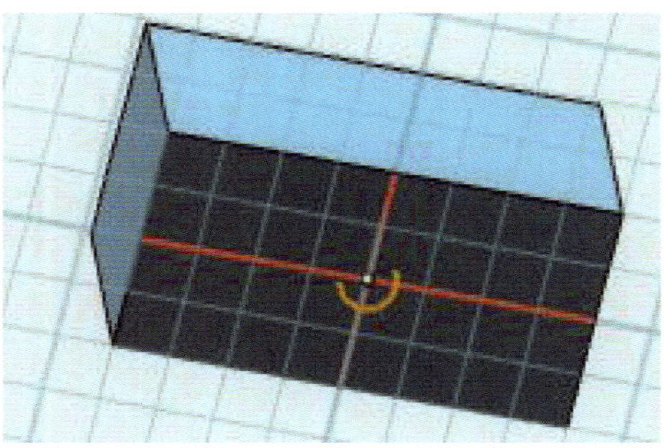

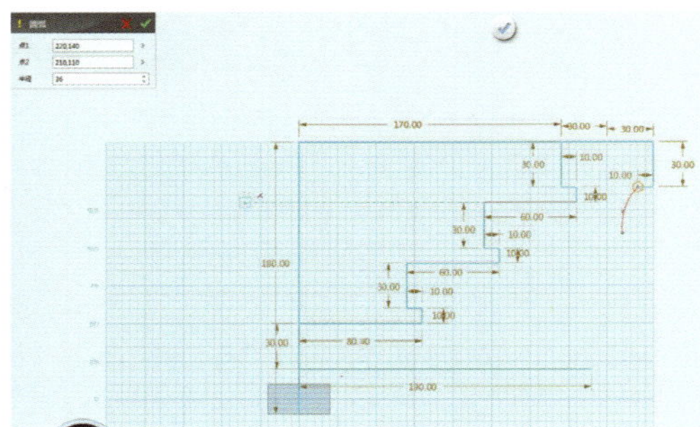

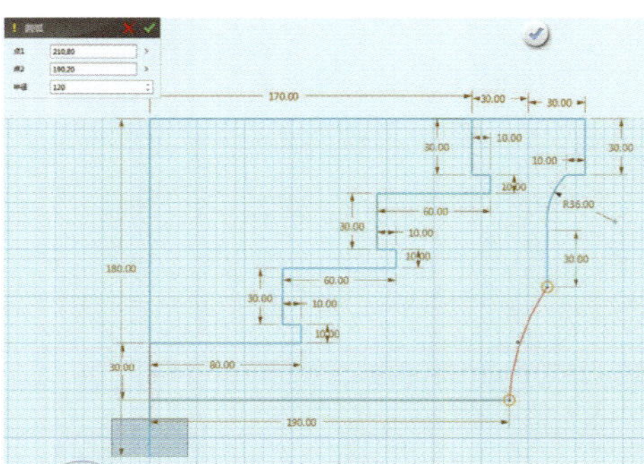

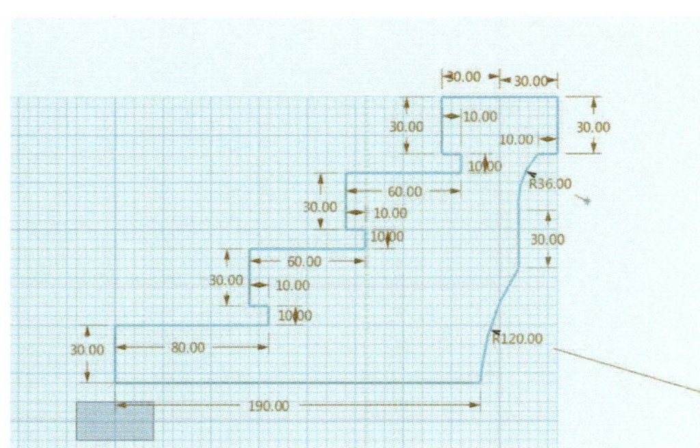

退出草图，使用【旋转】命令旋转草图，旋转角度 180° 。

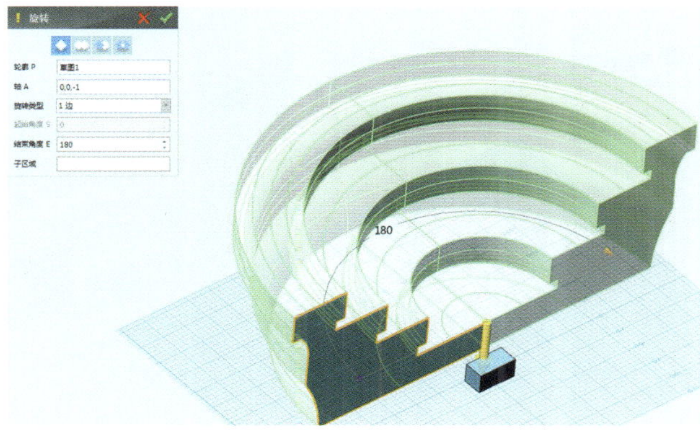

使用【草图绘制】中的【圆弧】命令，进入基准平面绘制草图。

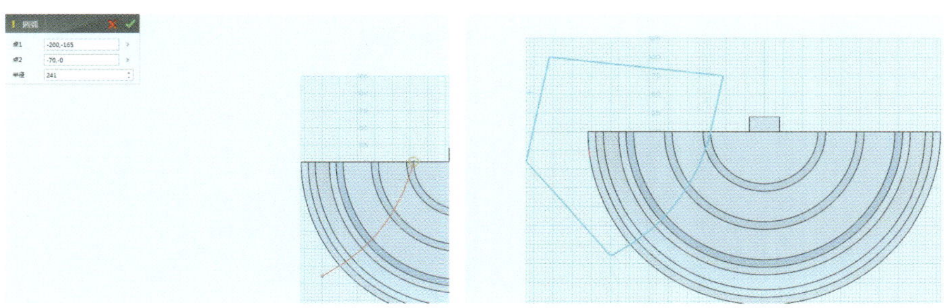

使用【拉伸】命令，方式选择【减运算】。

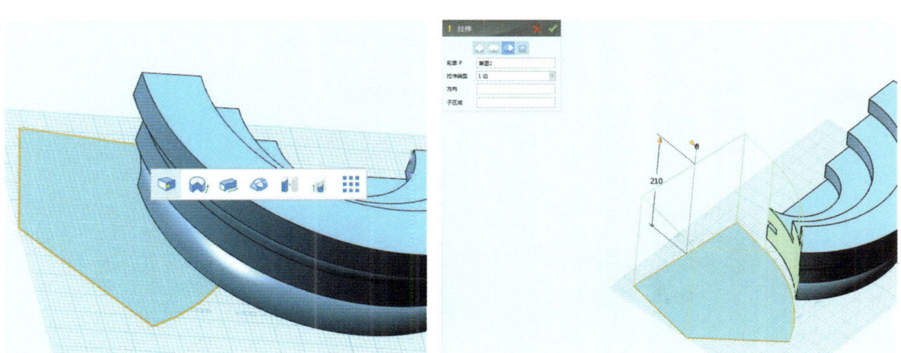

使用【对齐到网格】命令，将模型放在基准平面上。

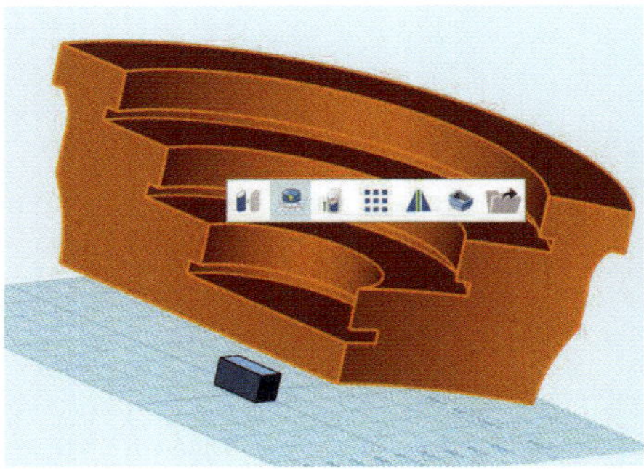

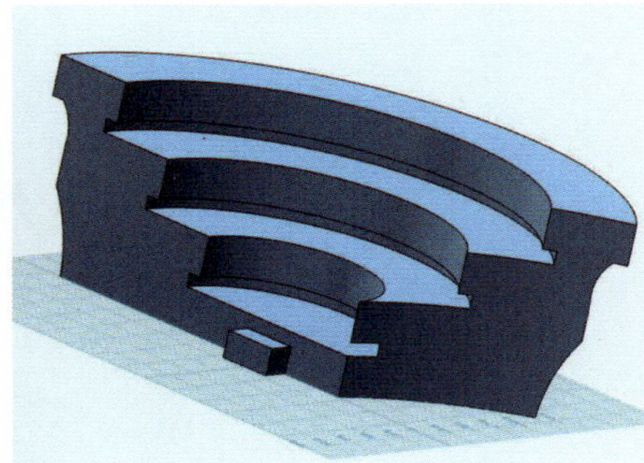

使用【草图绘制】中的【多边形】命令绘制六边形。

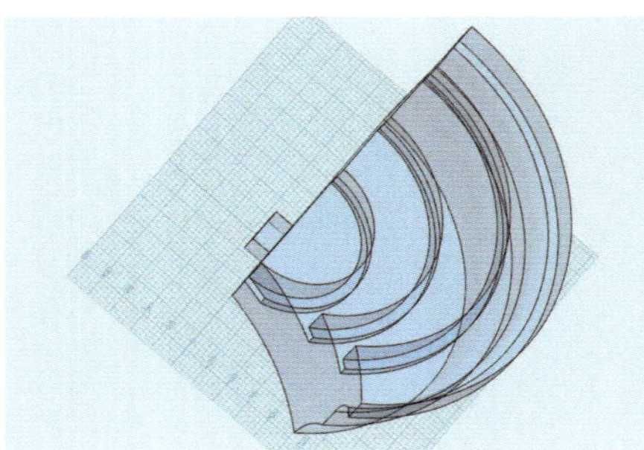

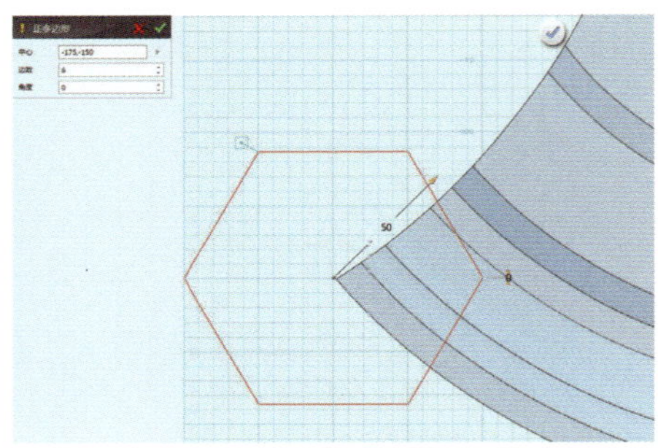

使用【拉伸】命令和【动态移动】命令，将实体放到指定位置。

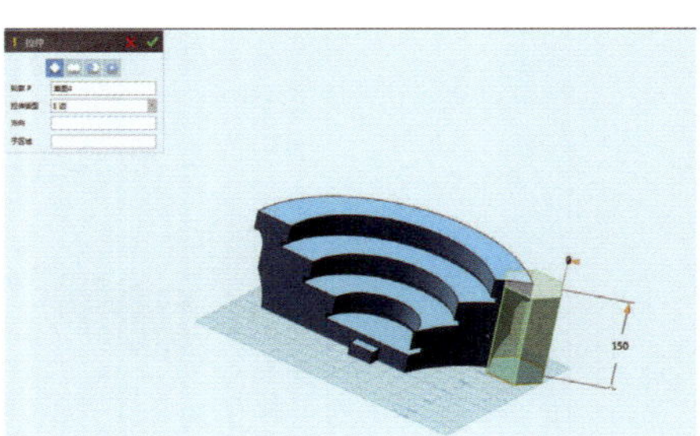

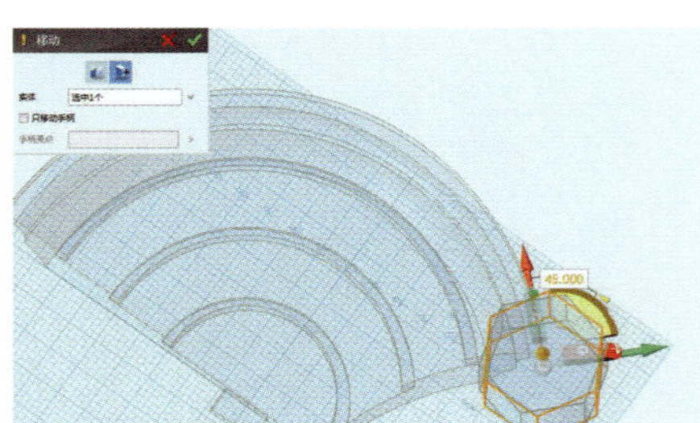

使用【显示 / 隐藏】中的【隐藏】命令，将主体隐藏，使用【草图绘制】任意命令进入八面体上平面进行草图绘制，单击【草图编辑】中的【偏移曲线】命令，偏移曲线，然后使用【拉伸】命令拉伸偏移出的草图。

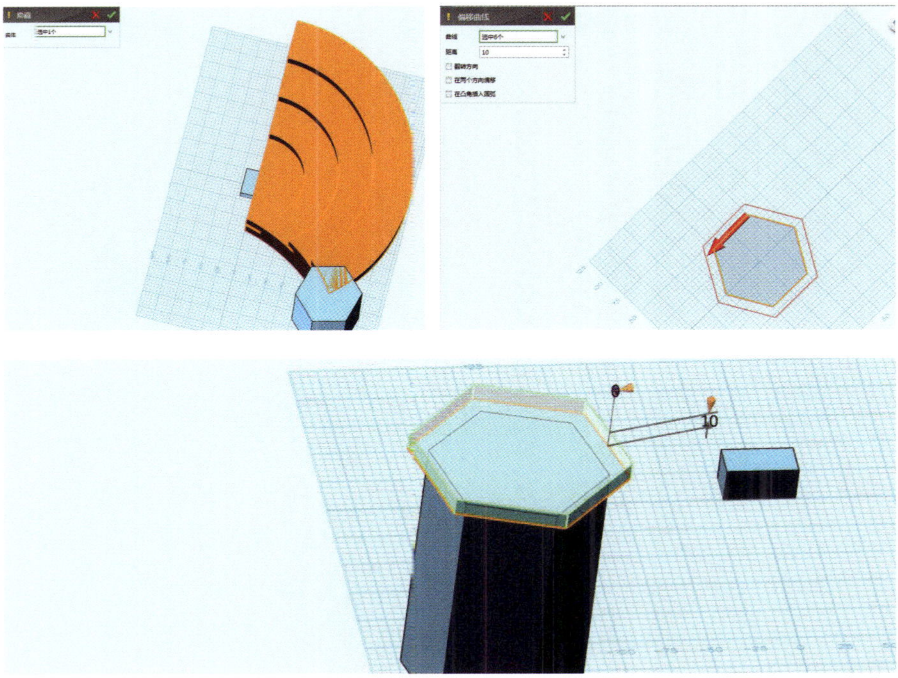

使用【草图绘制】任意命令进入新拉伸的八面体上方平面进行草图绘制，单击【草图编辑】中的【偏移曲线】命令，偏移曲线，然后使用【拉伸】命令拉伸偏移出来的草图，更改拉伸角度为 −15° ，高度为 30mm。

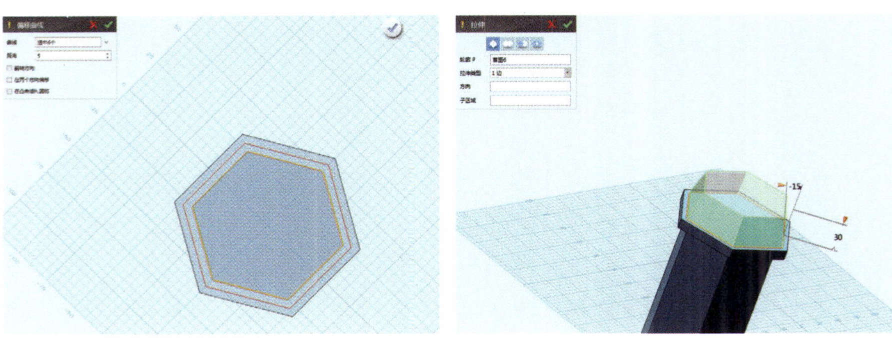

使用【草图绘制】任意命令进入上一步拉伸完成的八面体上方平面位置，进行草图绘制，单击【草图编辑】中的【偏移曲线】命令偏移曲线，然后使用【拉伸】命令拉伸偏移出来的草图，更改的高度为 5mm。

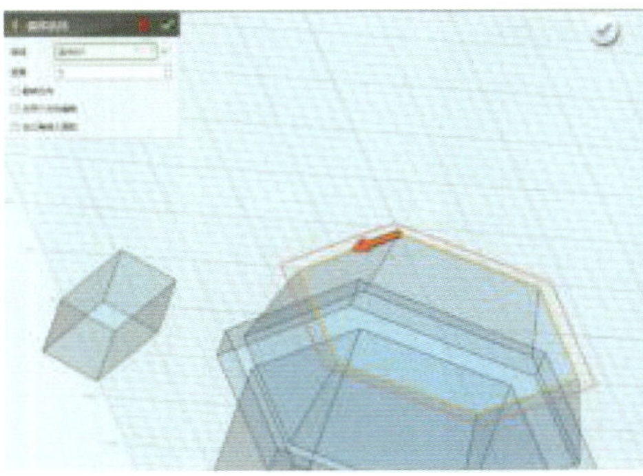

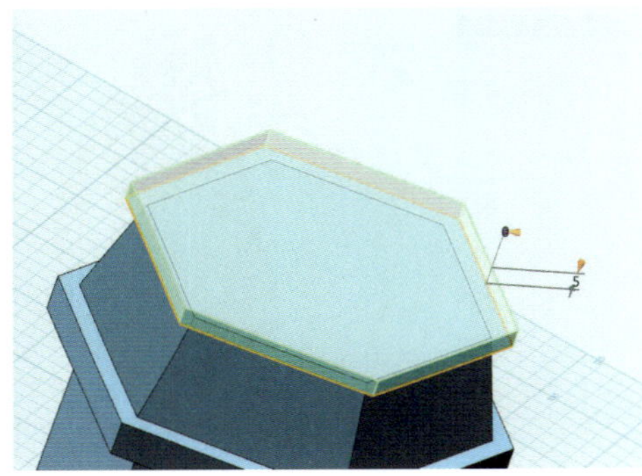

继续在新平面上进行草图绘制，单击【草图编辑】中的【偏移曲线】命令偏移曲线，然后使用【拉伸】命令拉伸偏移出的草图，更改偏移角度为 −29°，高度为 70mm。

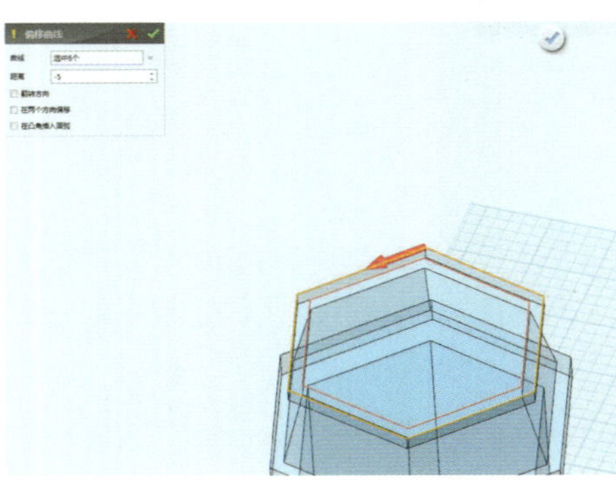

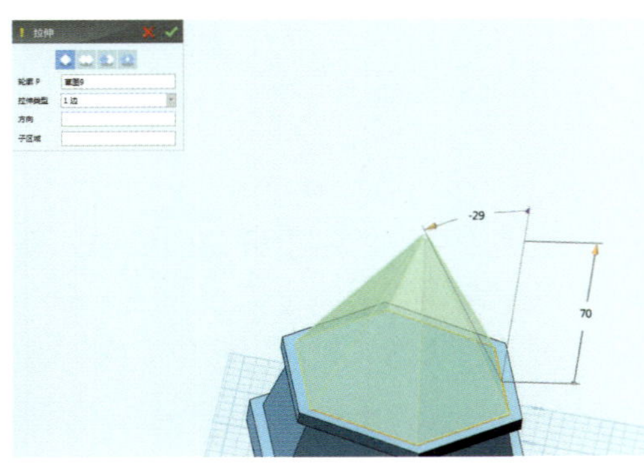

使用【显示 / 隐藏】中的【显示全部】命令，将隐藏的模型全部显示出来，之后使用【草图绘制】中的【矩形】命令，进入主体侧面平面绘制草图，完成草图后选择【拉伸】命令，拉伸类型选择【对称】。

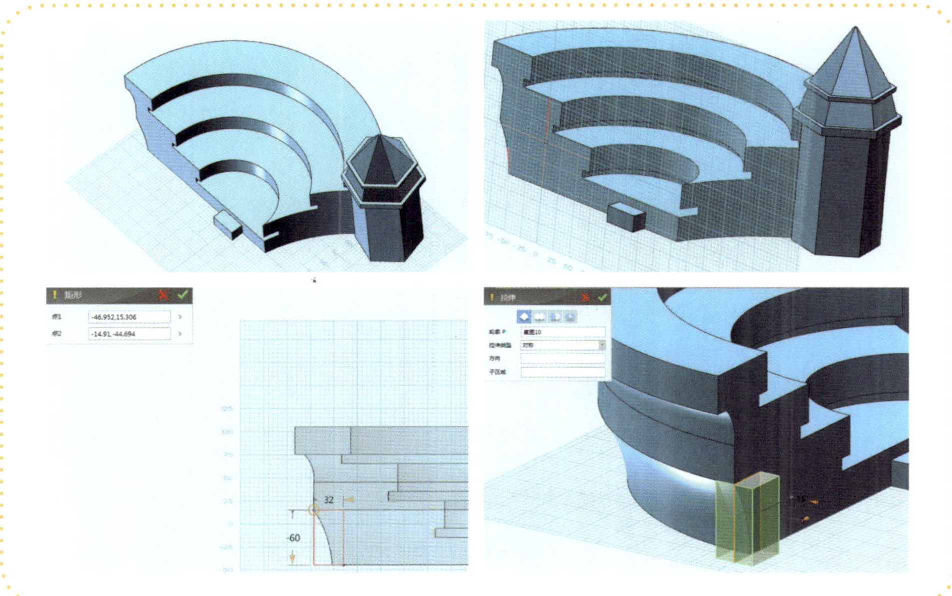

使用【阵列】命令阵列绘制的实体，阵列方式选择圆形。

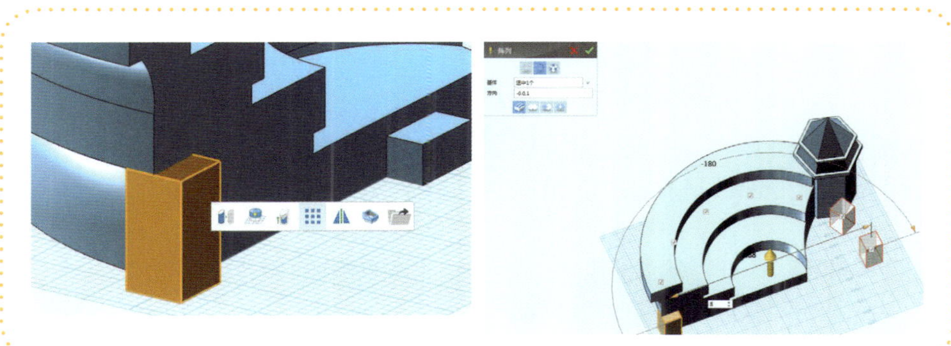

使用【草图绘制】中的【直线】命令，在基准平面上绘制一条直线，并拉伸作为下一步的基准。

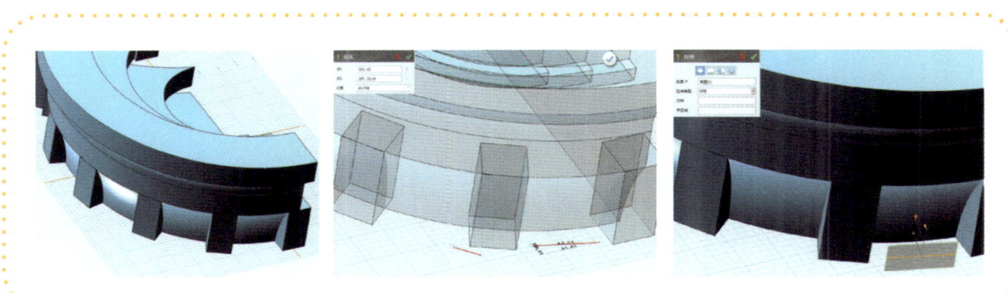

使用【草图绘制】中的【矩形】命令，进入拉伸出的平面进行草图绘制，然后选择【拉伸】，类型选择【两边】，随后进行【阵列】，方式选择圆形。

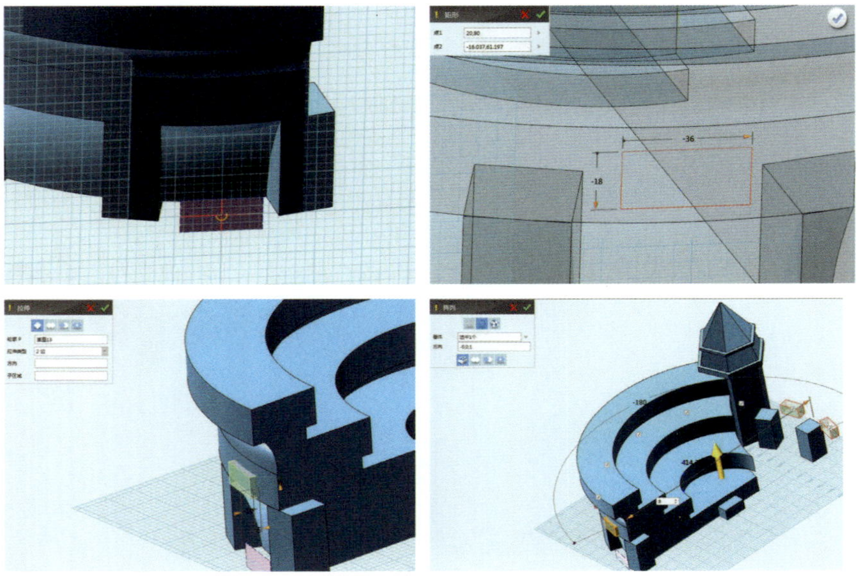

使用【基本实体】中的【六面体】命令，放置后进行主体一侧拉伸，选择【加运算】，然后选择【阵列】，方式为圆形。

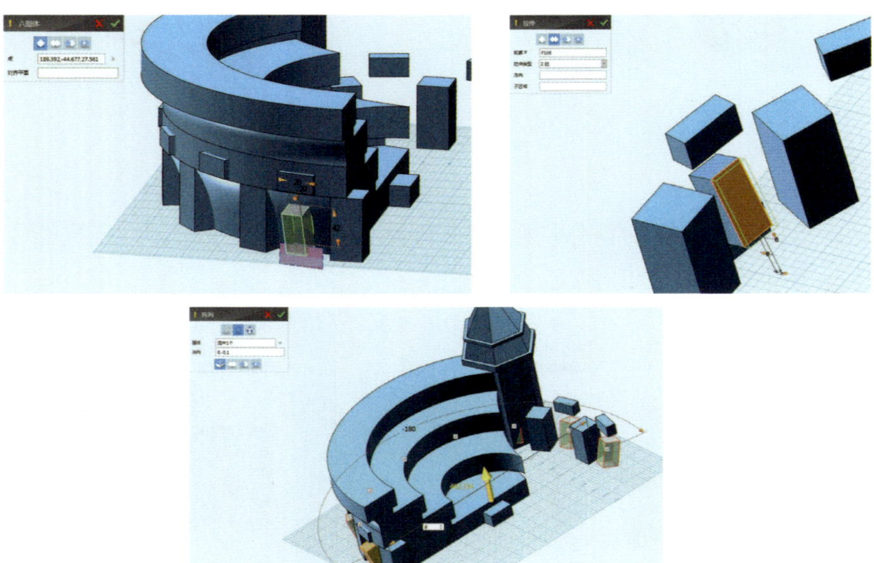

删除不需要的实体和平面，使用【组合编辑】命令，再使用【减运算】完成实体上的门窗。

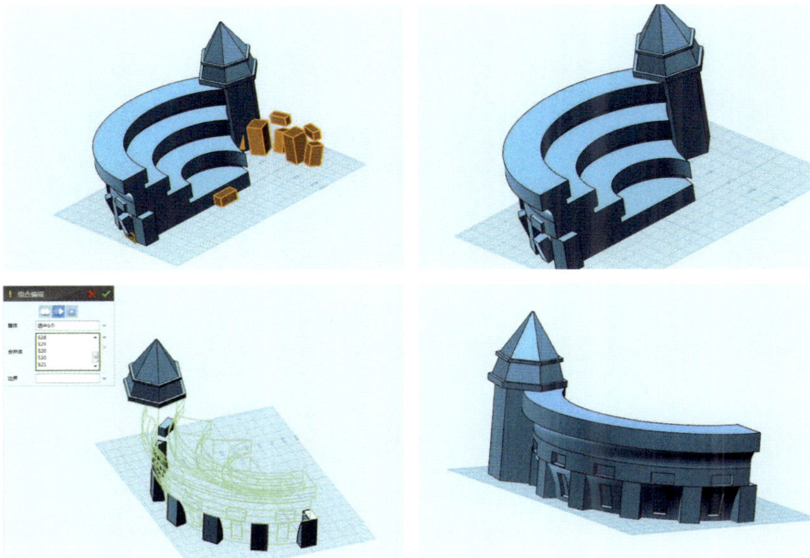

使用【草图绘制】中的【矩形】命令，进入六面体平面绘制草图后【拉伸】，【阵列】拉伸实体，类型为线性。

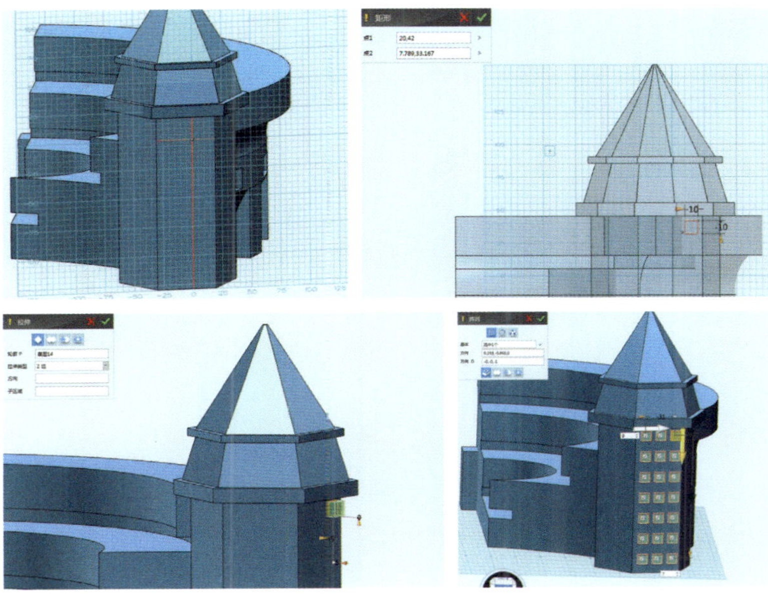

将阵列出的所有小六面体选中后完成圆形阵列，选择【减运算】。

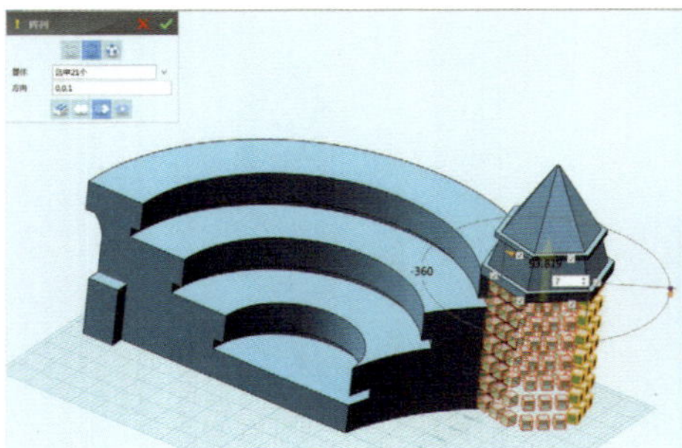

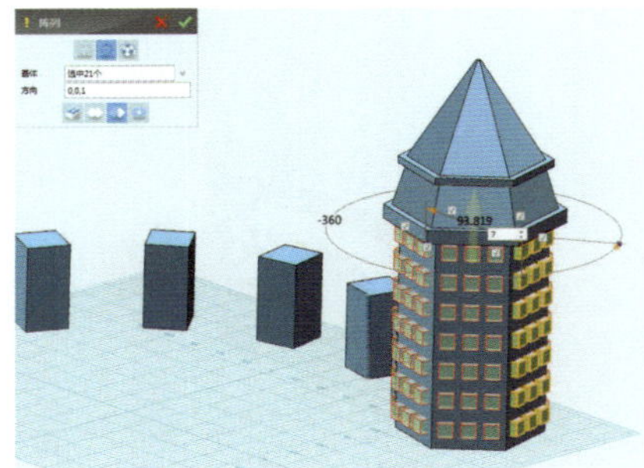

使用【草图编辑】中任意命令进入草绘平面，使用【偏移曲线】偏移圆弧，并使用【直线】命令连接，之后使用【单击修剪】命令删除多余曲线。

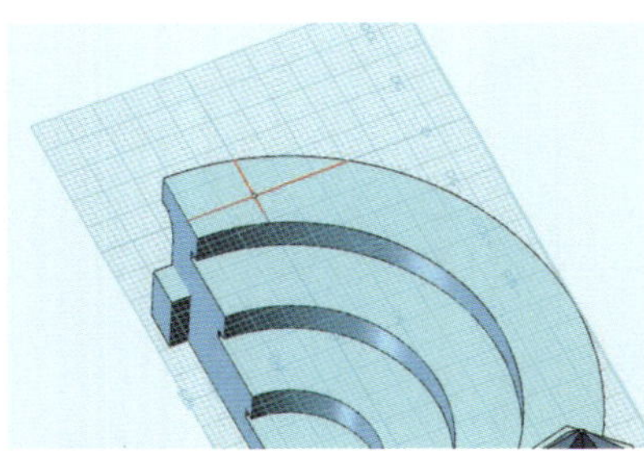

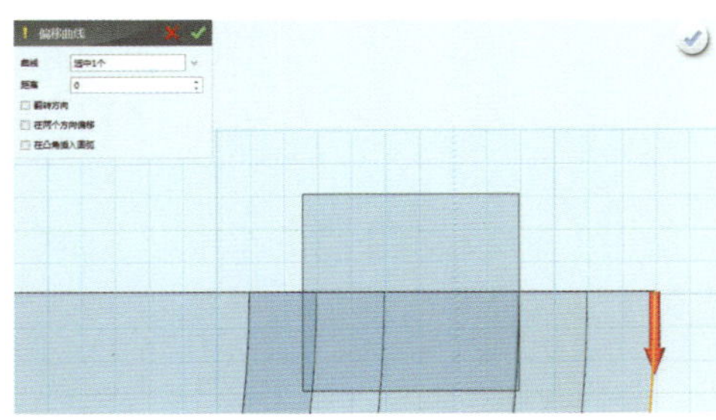

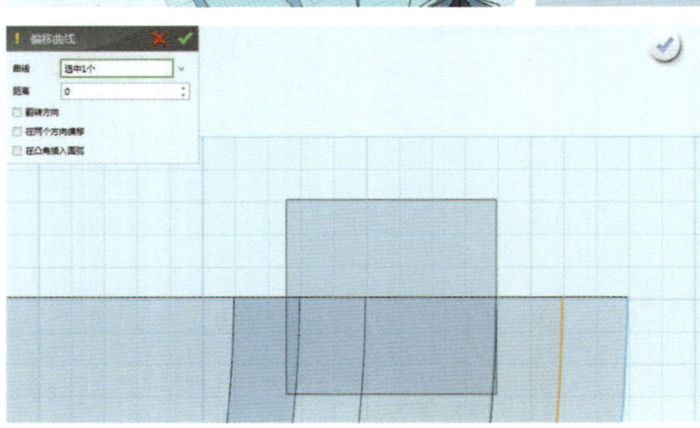

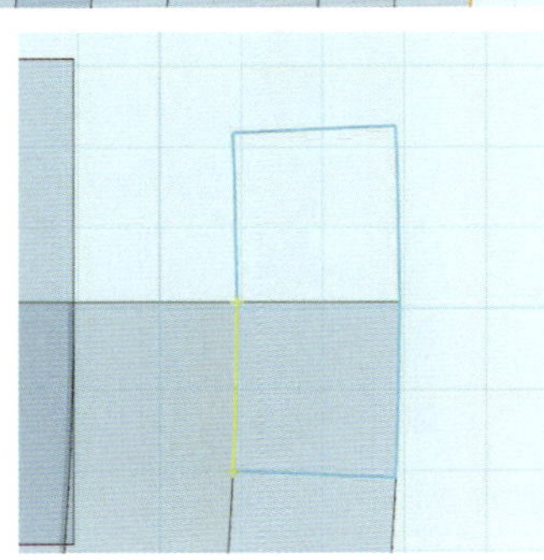

退出草图，选择【拉伸】命令，然后选择【阵列】命令，并删除多余实体。

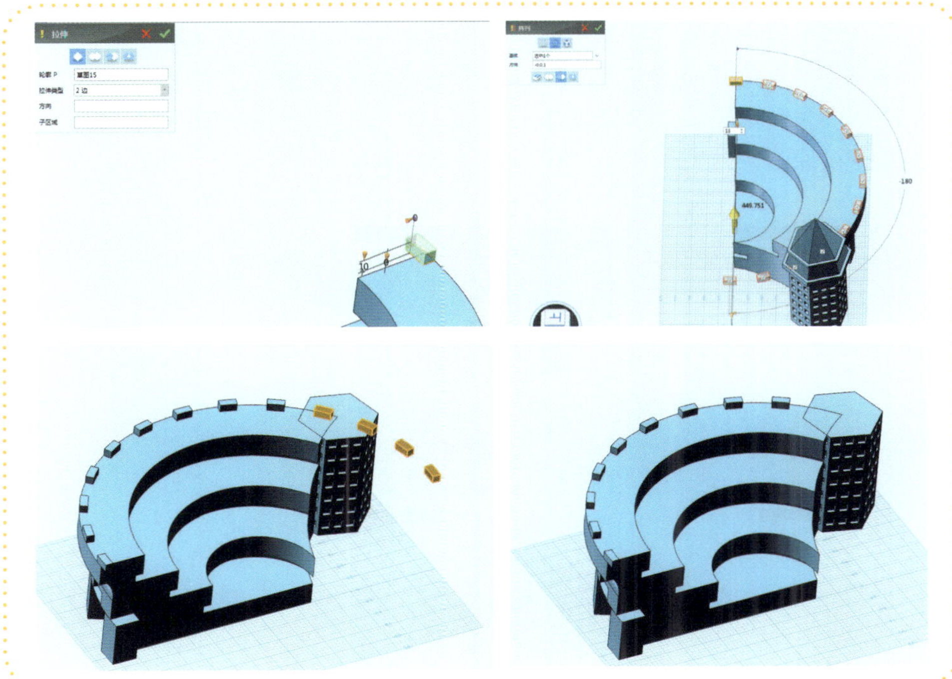

使用【草图编辑】进入工作平面，并用【偏移曲线】命令偏移圆弧，之后使用【直线】命令连接，再使用【单击修剪】命令删除多余线段，退出草图并拉伸草图。

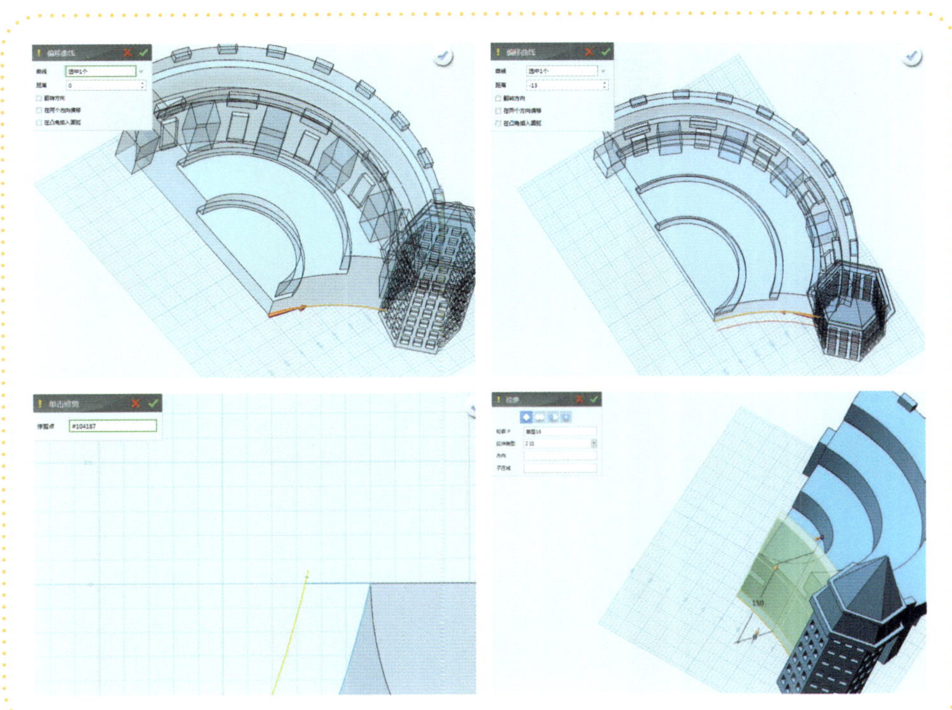

使用【六面体】命令放置参考平面，使用【草图绘制】中的【圆形】命令，绘制草图，之后用直线命令完成其他草图绘制，之后【单击修剪】命令修剪草图，完成草图拉伸。

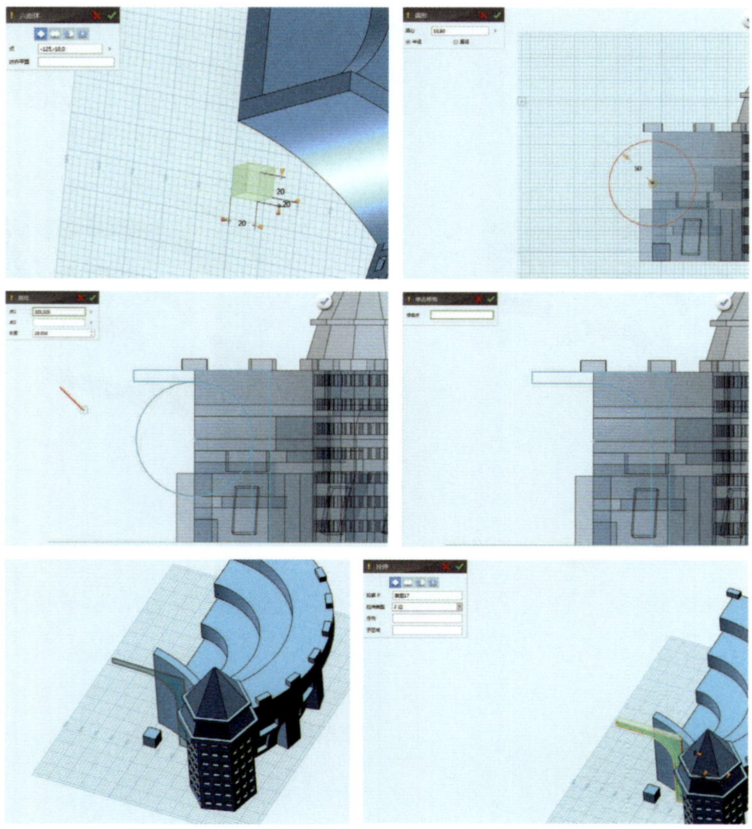

使用【动态移动】命令旋转 –21°，移动 –21mm 使拉伸实体与主体相连接。

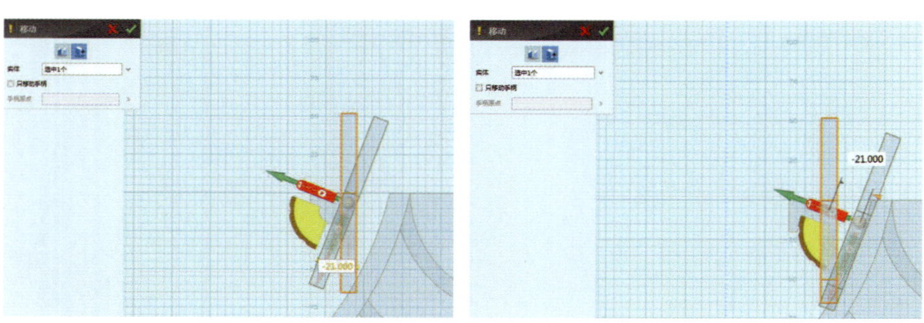

使用【草图编辑】中的【直线】命令绘制直线，使用【特殊功能】中的【实体分割】命令切割实体，删除不需要的实体。

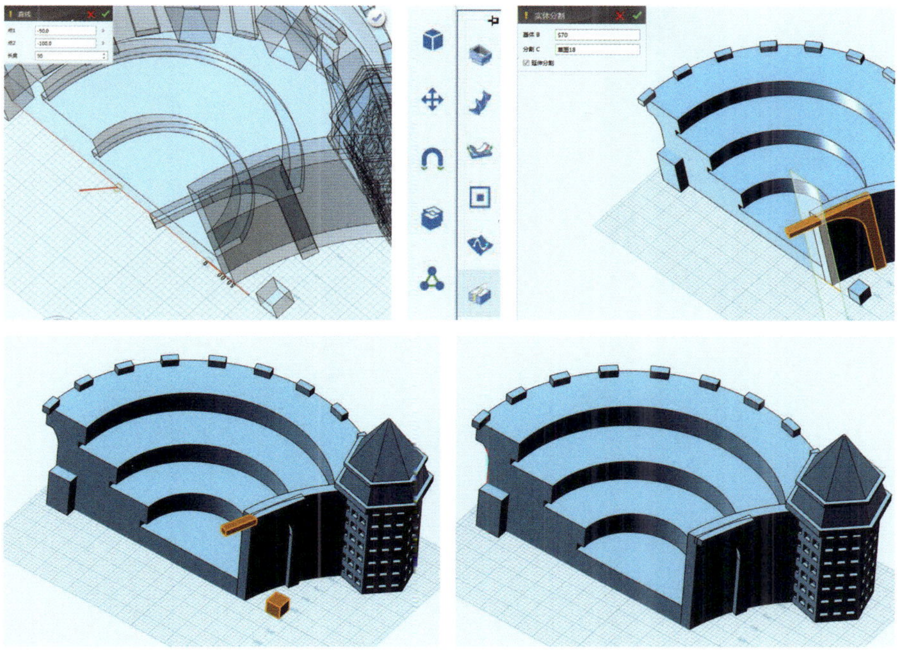

使用【组合编辑】组合两部分实体，并【拉伸】。

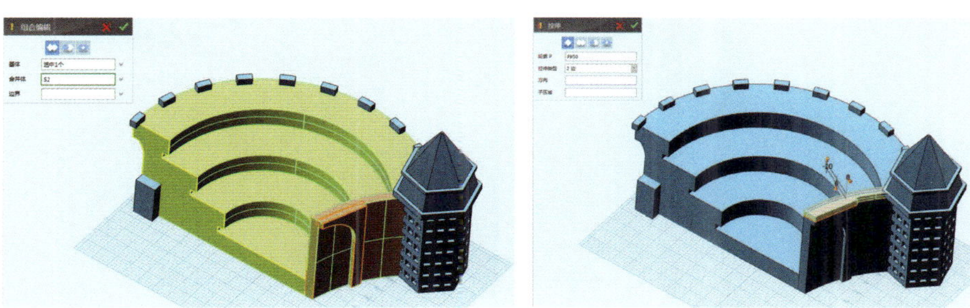

使用【显示/隐藏】命令隐藏不编辑的实体，【组合编辑】命令组合两部分实体，选择【拉伸】中的【加运算】方式，最后使用【特征造型】中的【圆角】命令使主体更平滑。

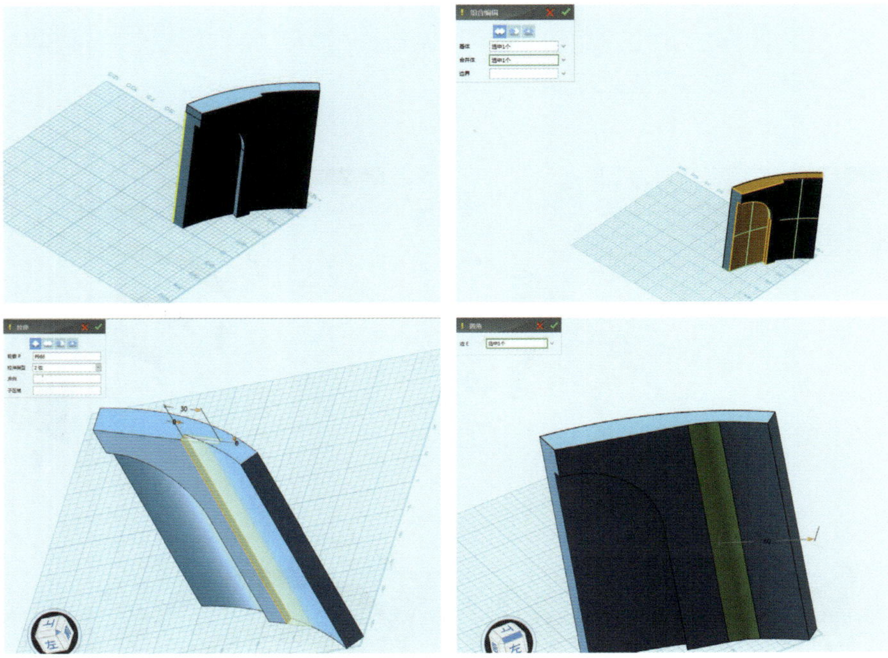

放置六面体作为参考，使用【草图编辑】中的【圆形】命令进入草图，之后【单击修剪】命令修剪草图并完成草绘。

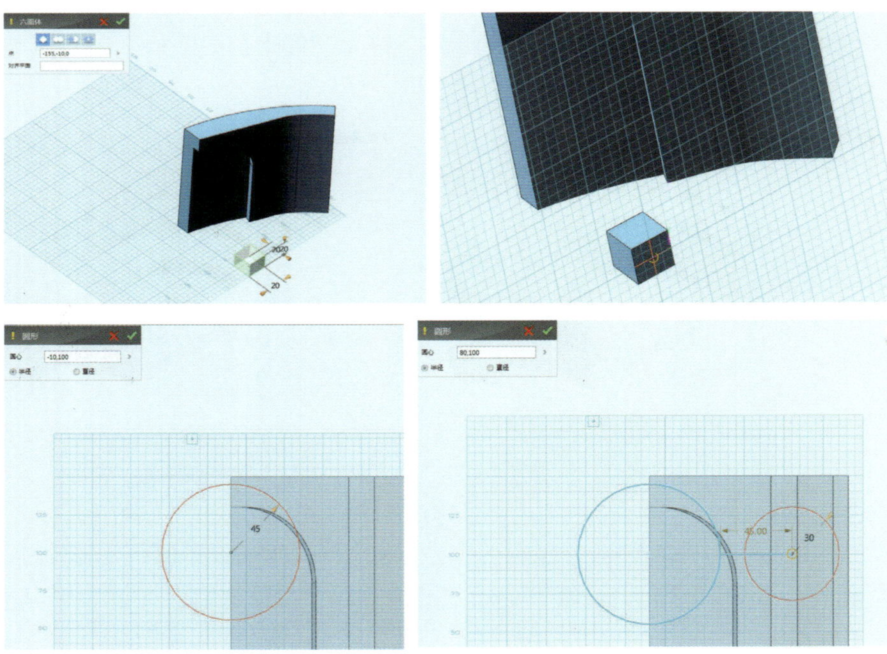

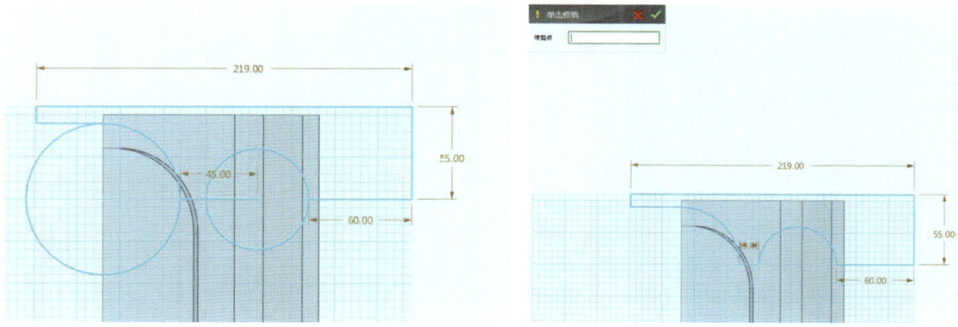

使用【动态移动】命令旋转 -21°，之后使用【拉伸】中的【减运算】，单击完成。

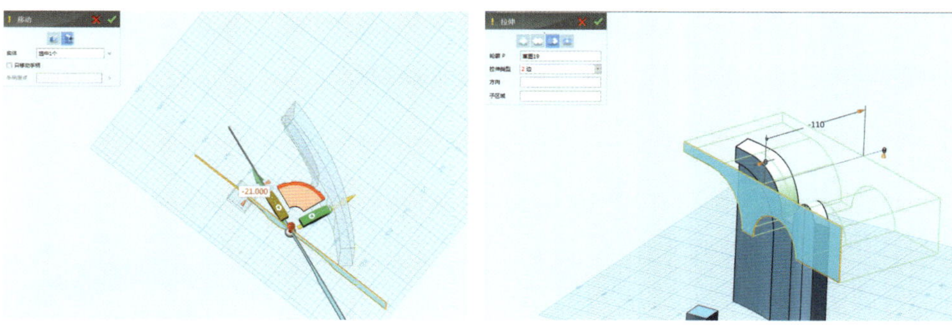

使用【草图绘制】中的【圆形】命令进入草绘平面，绘制圆形后退出草图，选择【拉伸】命令。

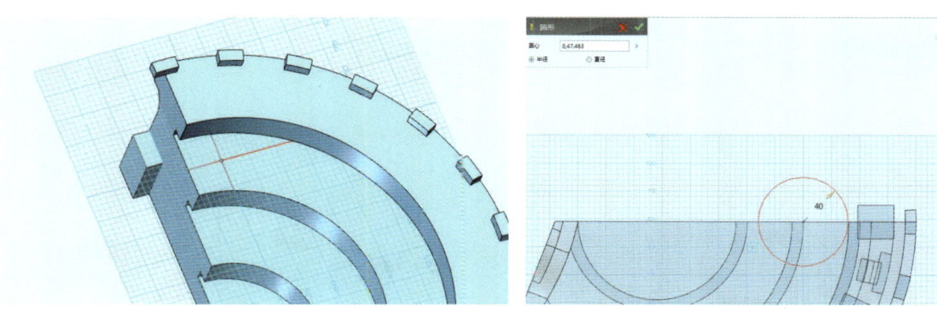

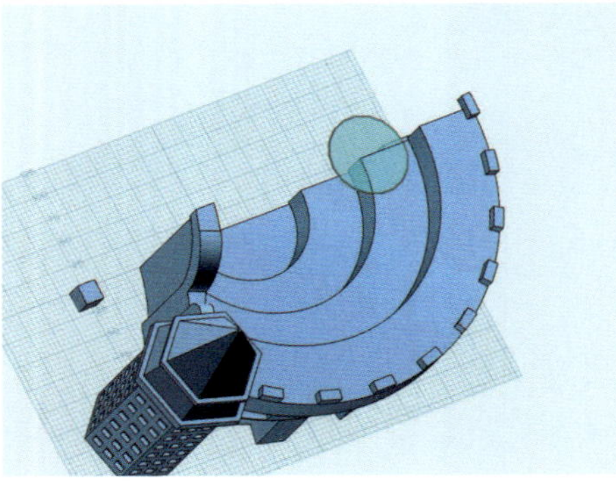

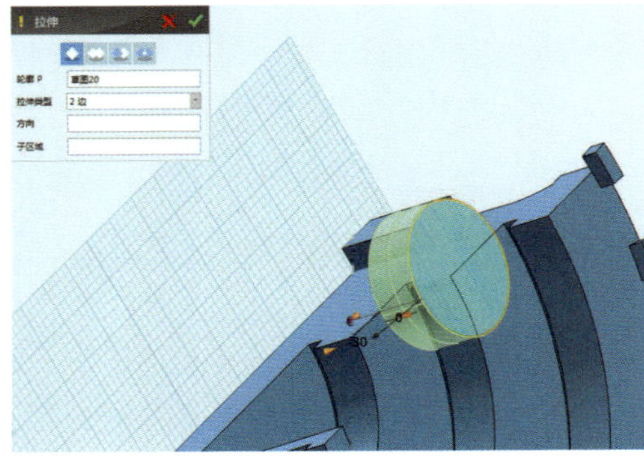

使用【草图绘制】中的【圆形】命令，进入草绘平面绘制圆形后退出草图，选择【拉伸】命令。

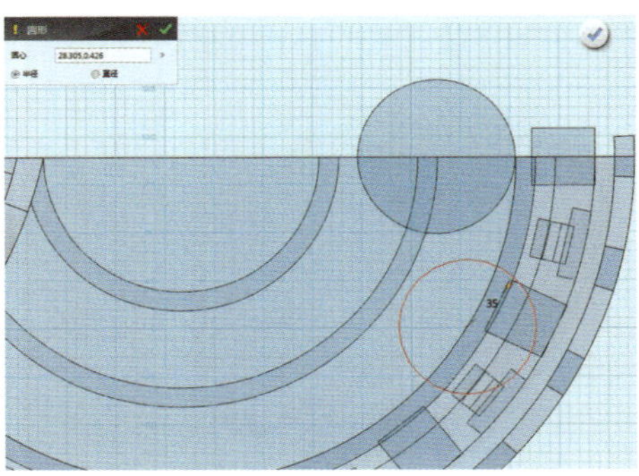

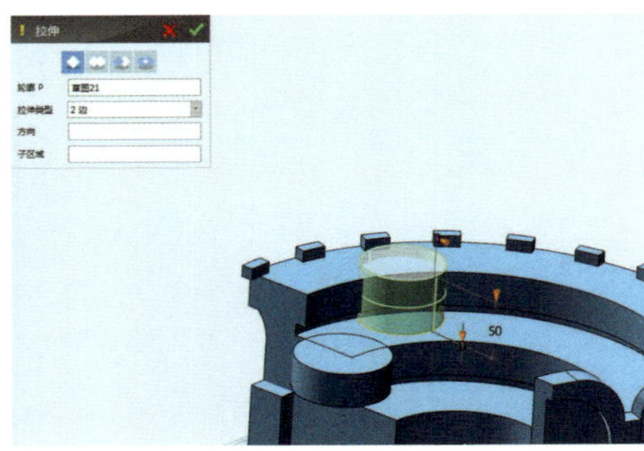

使用【基本实体】中的【圆柱体】命令，依次绘制半径分别为30mm、42mm，高分别为20mm、46mm的圆柱体。

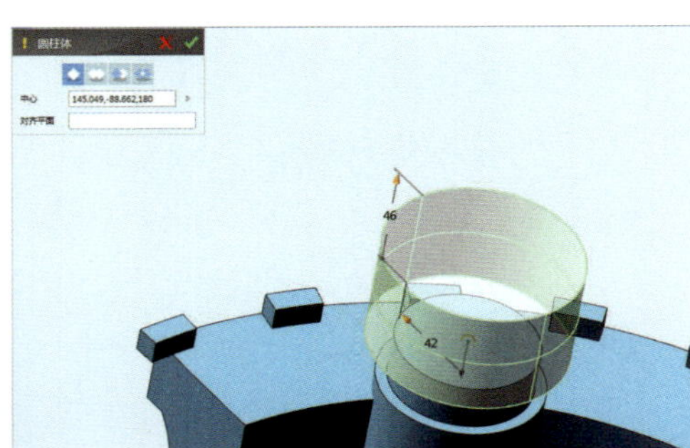

使用【基本实体】中的【圆锥体】命令绘制图形，单击【完成】。

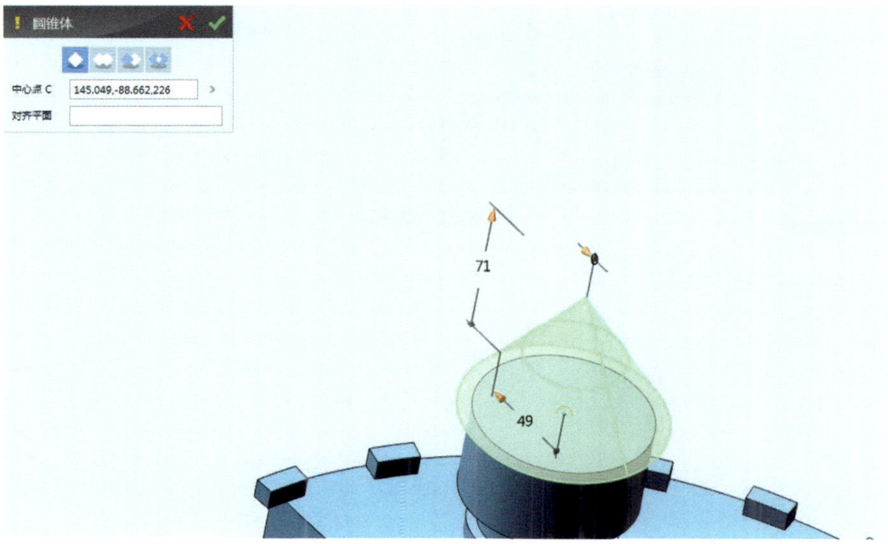

使用【六面体】命令先放置一个，然后使用【阵列】命令，【阵列方式】选择圆形，之后【减运算】，单击【完成】。

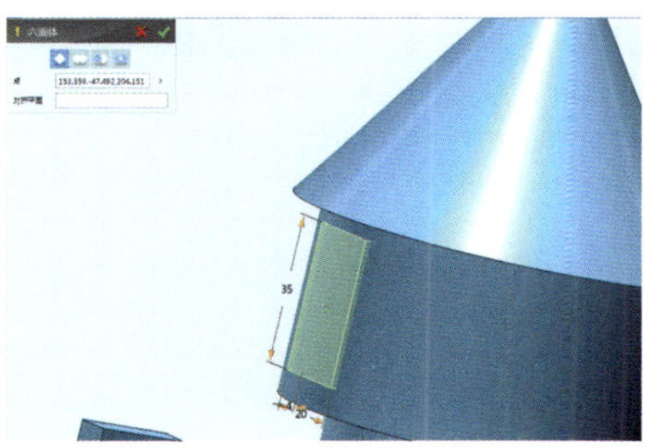

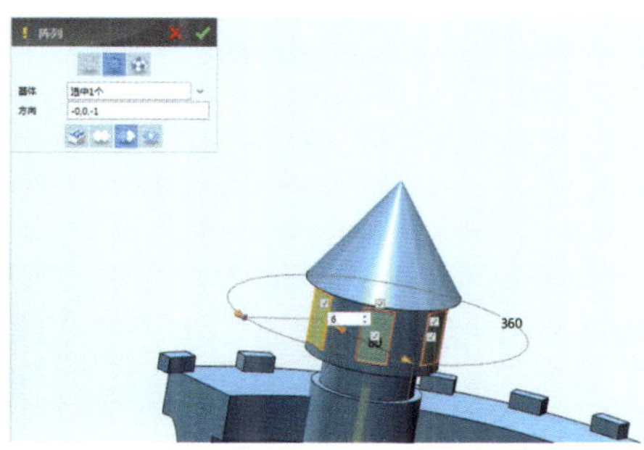

使用【草图绘制】任意命令进入草绘平面，【偏移曲线】命令偏移圆弧，再分别用【圆弧】【直线】命令进行连接，最后使用【单击修剪】命令修剪草图并完成，选择【拉伸】命令完成草图拉伸。

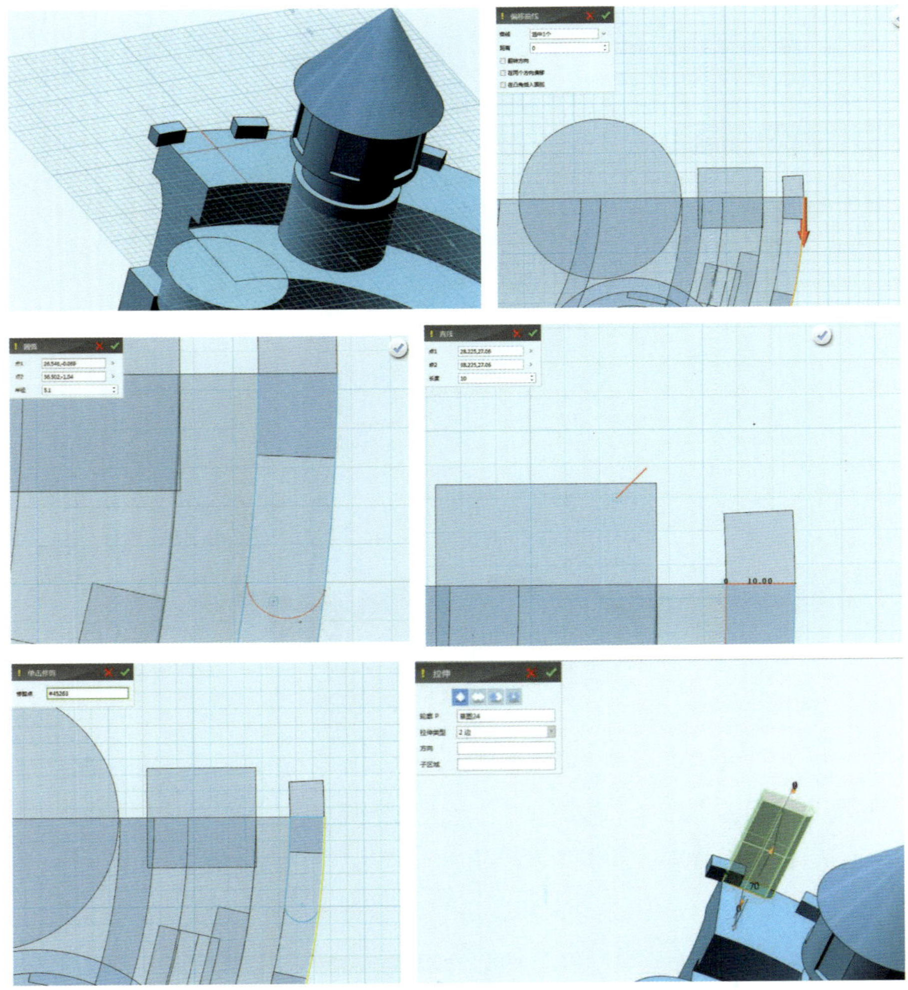

使用【草图绘制】任意命令进入草绘平面，【偏移曲线】命令偏移圆弧，使用【直线】命令连接并完成，选择【拉伸】命令进行草图拉伸。

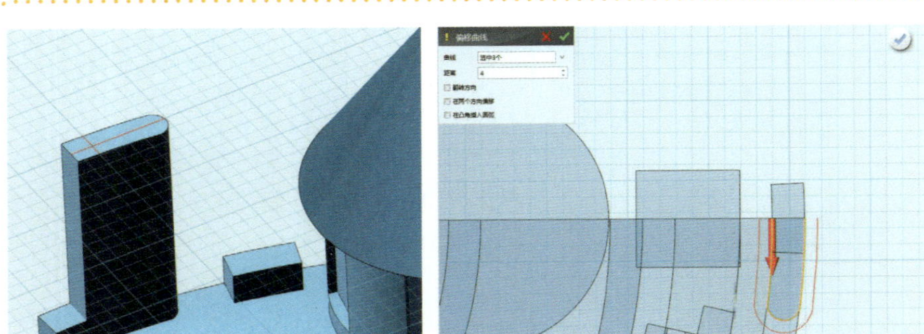

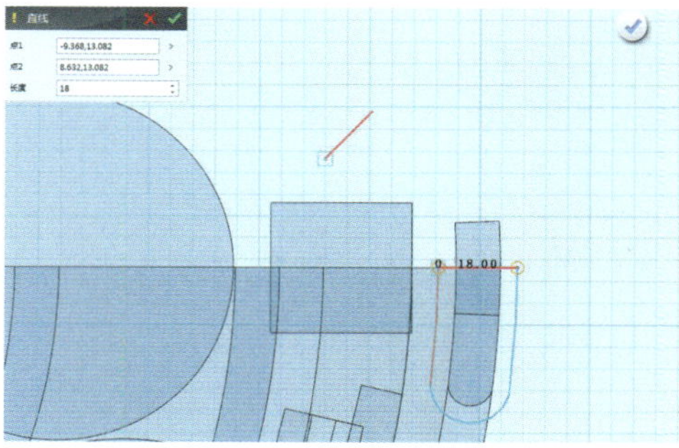

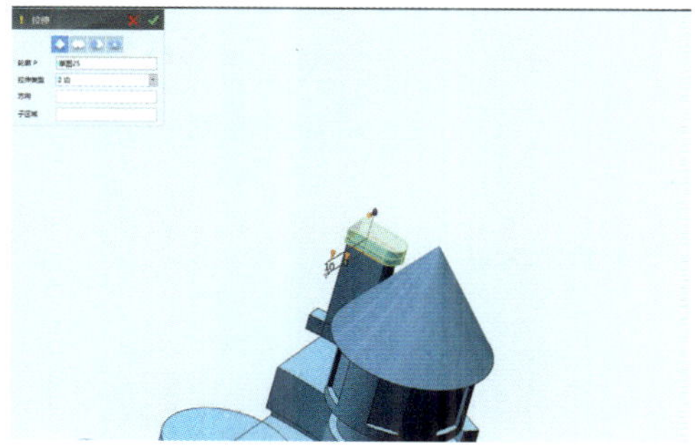

选择需要镜像的实体，使用【镜像】命令将实体镜像，镜像方式选择平面，并使用【组合编辑】合并两边主体。

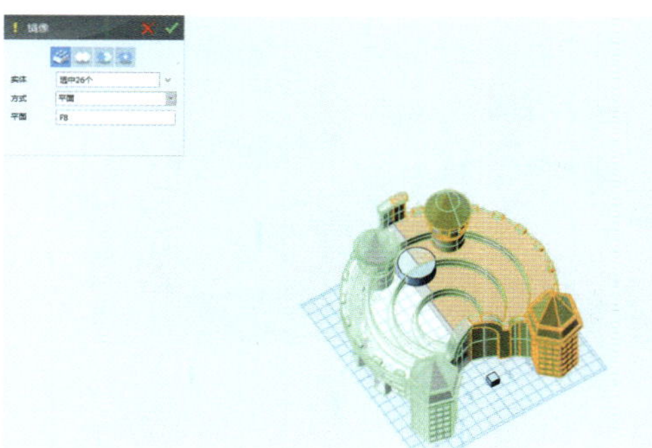

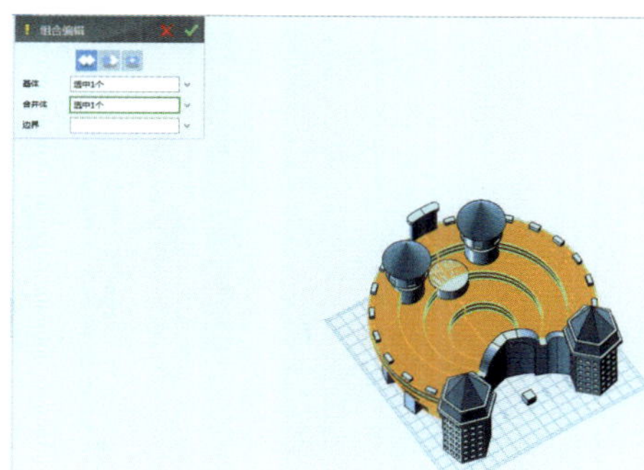

使用【草图绘制】中的【圆形】命令绘制半径为 60mm 的圆，并进行【拉伸】，高度为 132mm，角度为 −6°　。

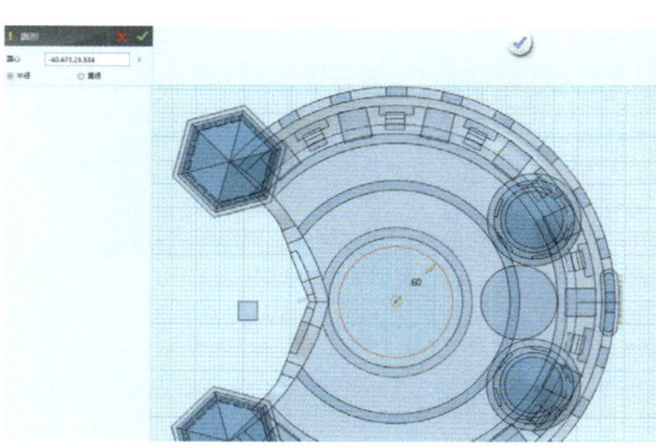

使用【基本实体】中的【圆柱体】命令依次绘制半径为55mm、50mm、55mm，高为10mm、20mm、10mm的圆柱。

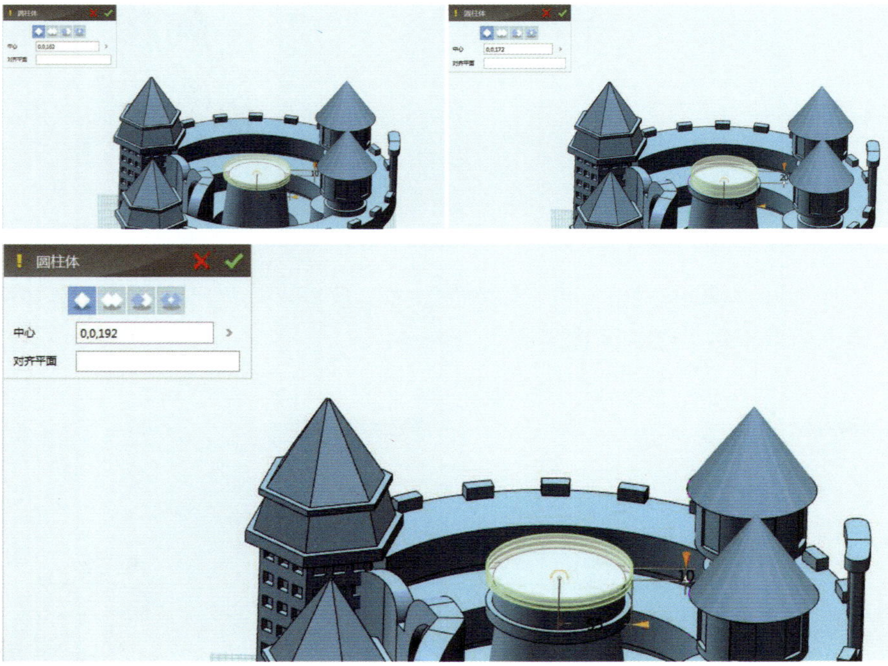

使用【草图编辑】中的【多边形】命令，绘制六边形并拉伸。

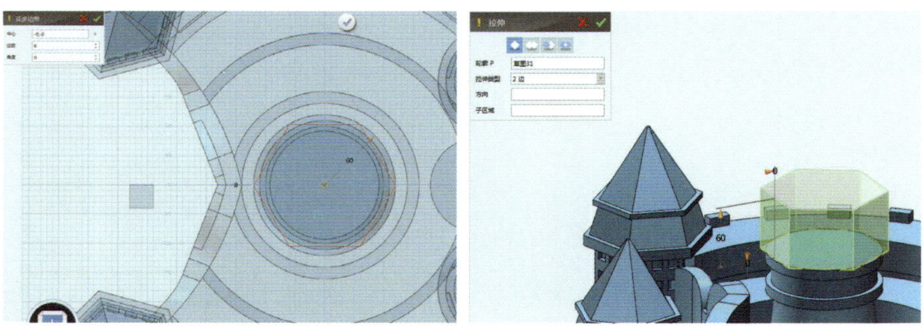

使用【基本实体】中的【圆锥体】命令绘制图形，单击【完成】。

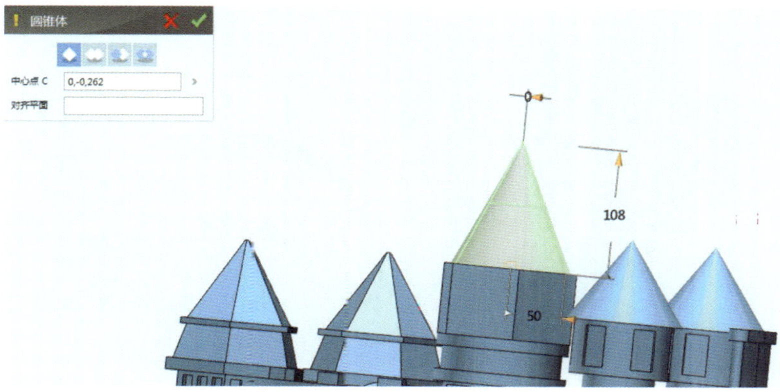

使用【基本实体】中的【圆柱体】命令绘制图形，使用【阵列】命令完成阵列，之后选择【减运算】，单击【完成】。

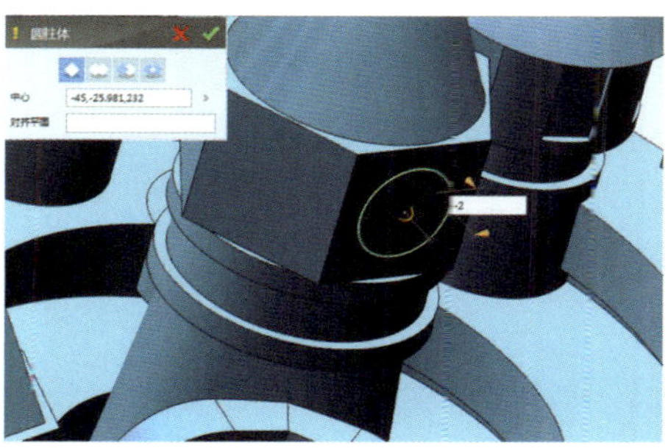

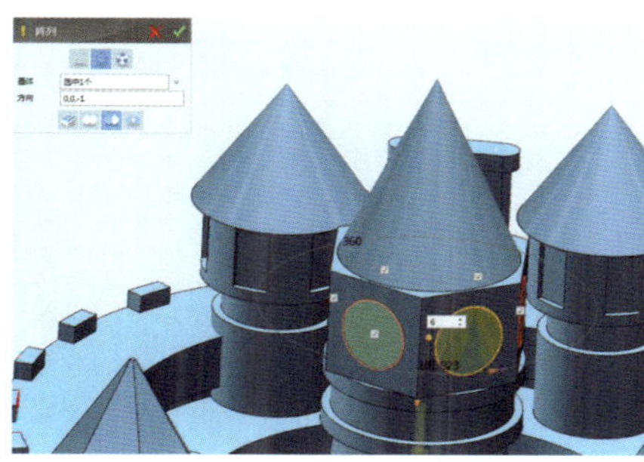

使用【草图绘制】中的【直线】命令绘制图形，并拉伸和阵列。

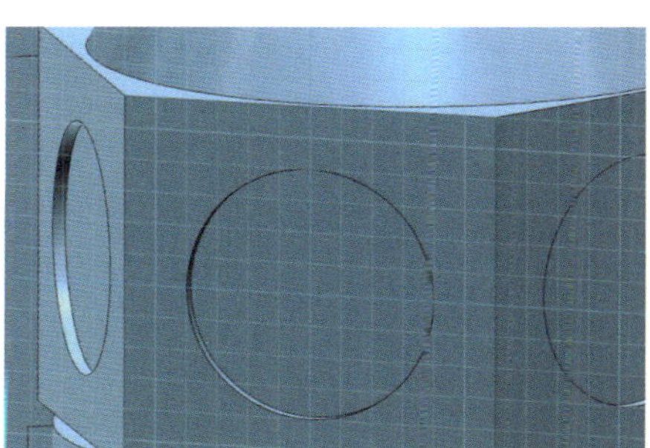

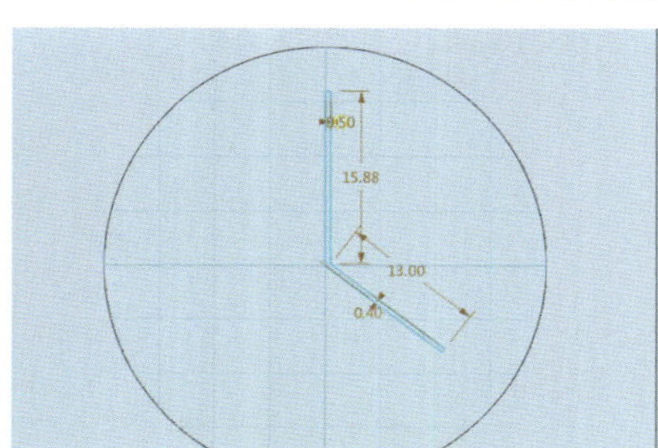

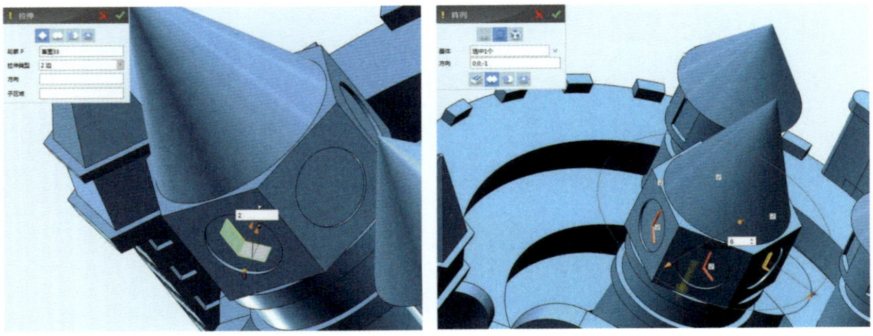

2. 喷泉

使用【基本实体】中的【圆柱体】命令绘制图形，使用【特殊功能】中的【抽壳】命令进行抽壳。

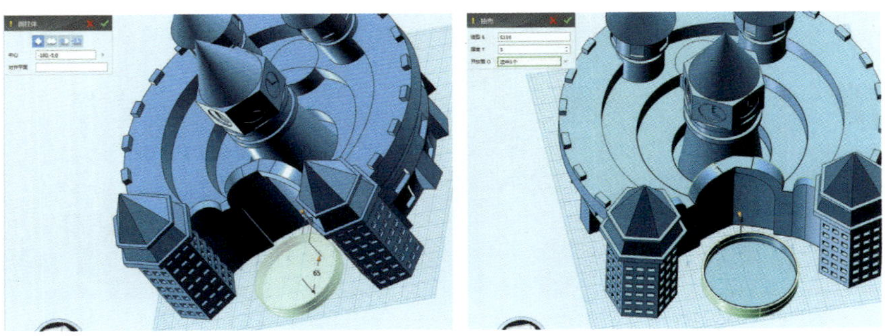

使用【草图绘制】中的【直线】作参考平面。

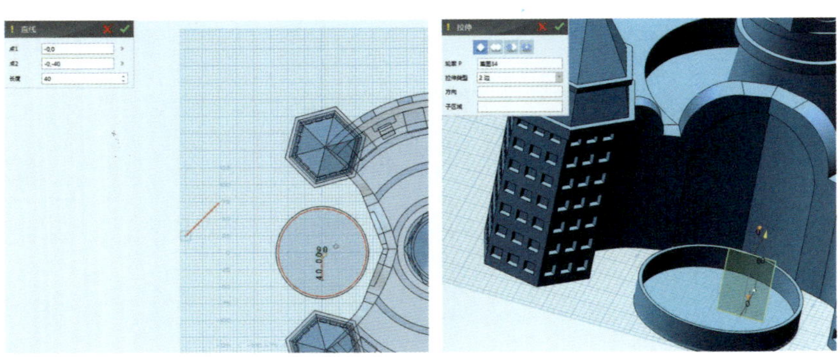

隐藏主体模型，使用【草图绘制】中的【直线】命令进入草绘平面进行草图绘制，【旋转】命令旋转，再用【对齐到平面】命令，之后【组合编辑】合并底座。

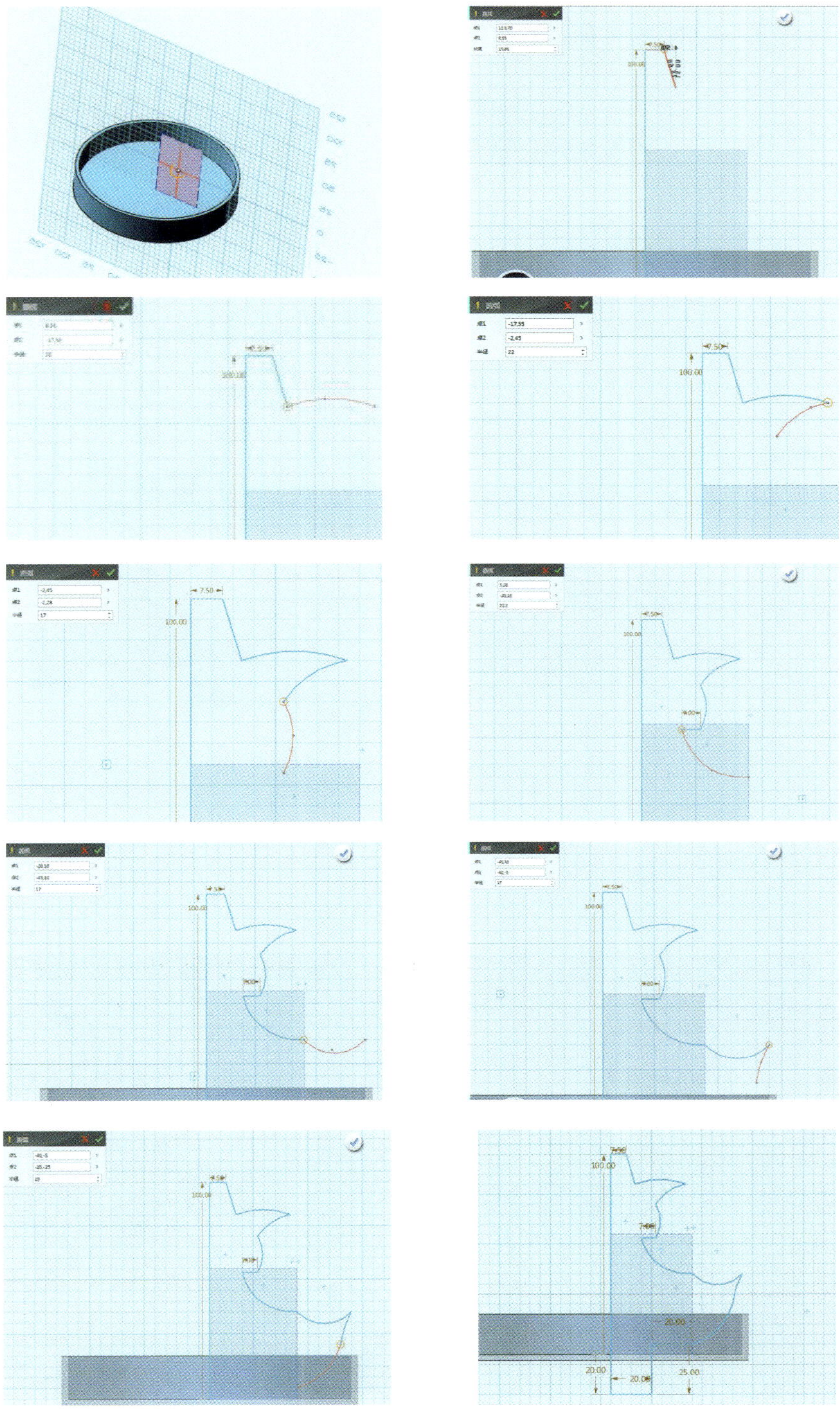

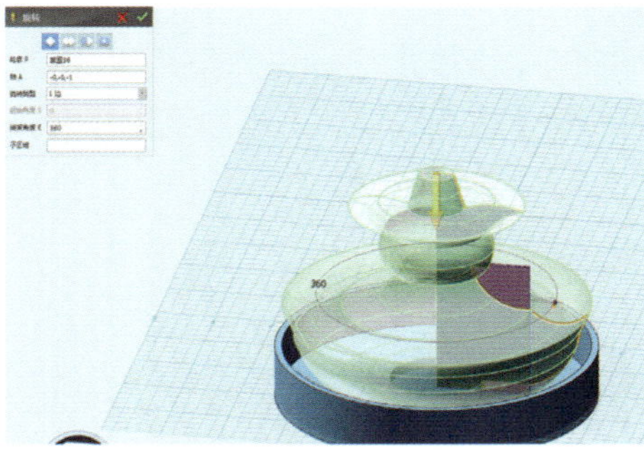

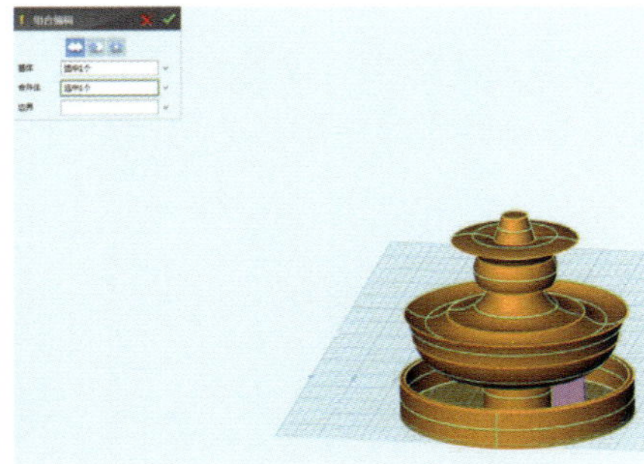

使用【显示 / 隐藏】中的【全部显示】，使用缩放命令缩放喷泉使之更加协调，至此建模完成。

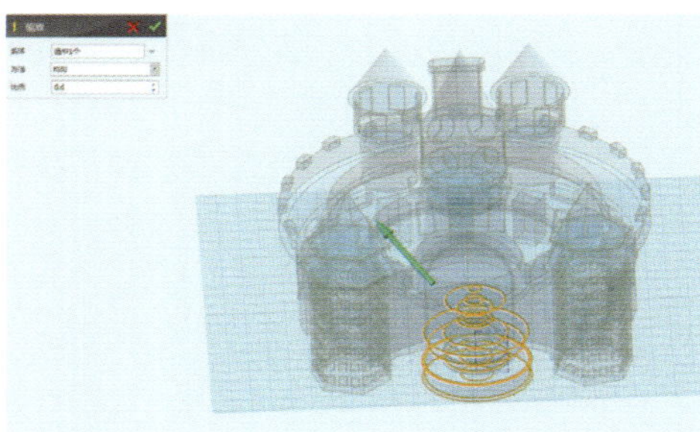

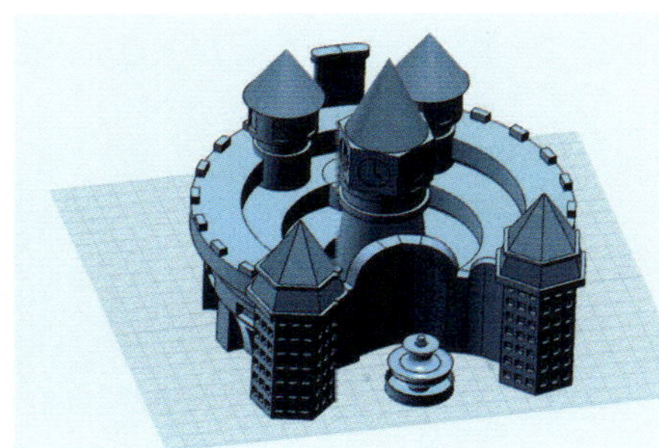

将建好的模型导入 UP Studio 打印切片软件当中，准备打印，如下图所示。

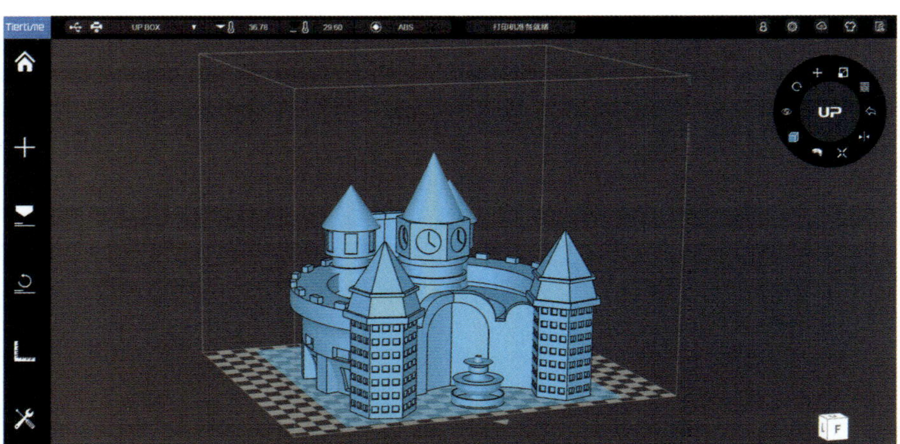

二、游乐设施设计

1. 摩天轮

A. 摩天轮底座

使用【草图绘制】中的【矩形】工具绘制长 -100mm、宽 25mm 的矩形。

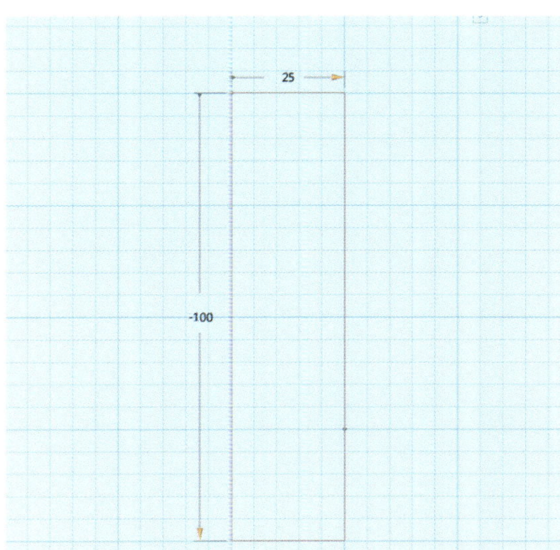

完成草图绘制，单击【特征造型】中的【拉伸】功能拉伸矩形，拉伸厚度为 2mm。

将【视图导航】调至【左视角】，使用【草图绘制】中的【多段线】在模型【左】侧面中心位置为起始线绘制一个等腰三角形。起始点在距离模型左边 5mm 处单击一下，在距离模型中心点垂直上方 75mm 处单击一下，在距离模型右边 5mm 处单击一下，接下来将第一个点与第二个点连接起来成为等腰三角形。

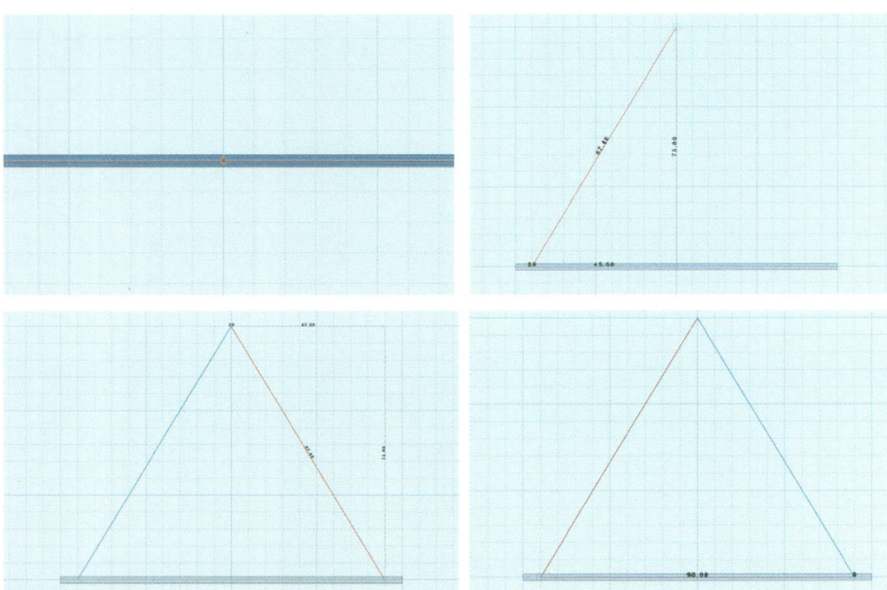

单击【草图编辑】中的【偏移曲线】命令，弹窗中曲线选择两条斜边，距离为2.5mm。点击【草图编辑】中的【单击修剪】，减掉多余线段。

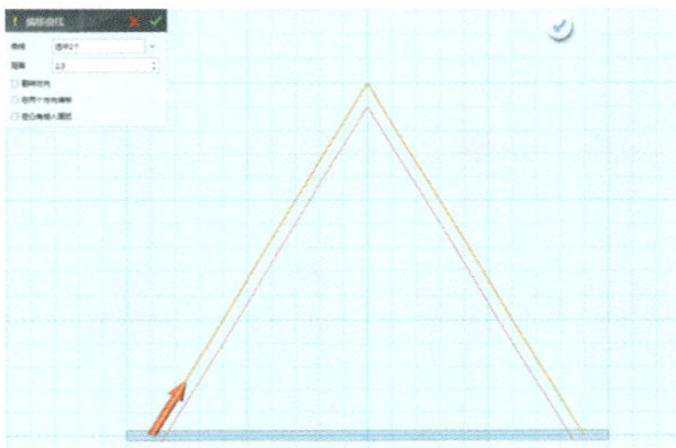

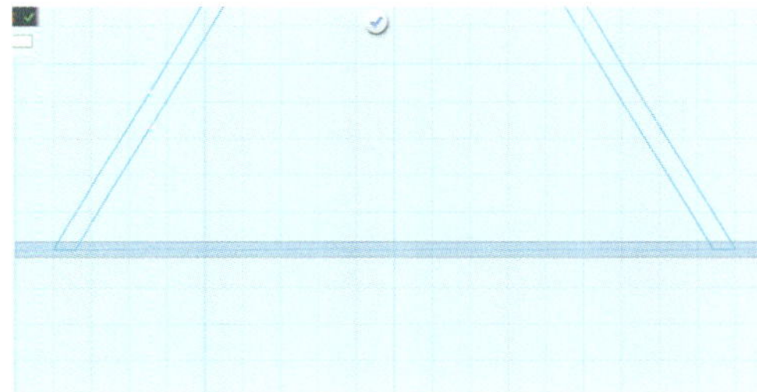

单击图形并【拉伸】，拉伸数值为 -2.5。单击【基本编辑】中的【移动】功能选中三角模型，向内移动 -2mm。

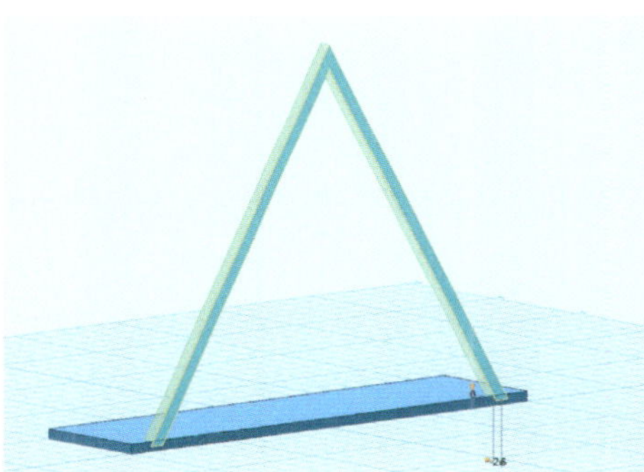

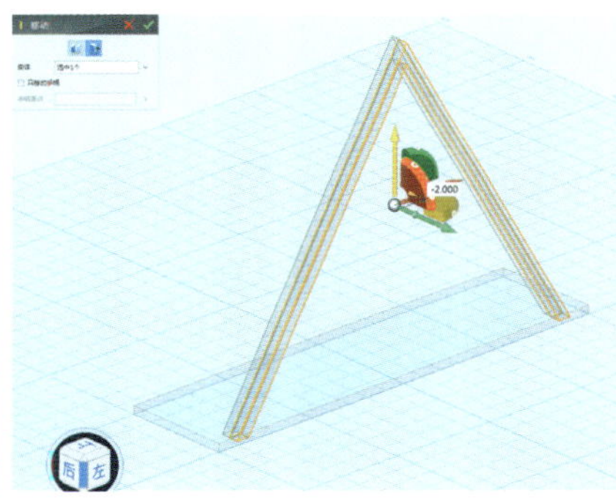

使用【特征造型】中的【圆角】功能，将三角顶端两个角倒圆角，圆角数值为 5。

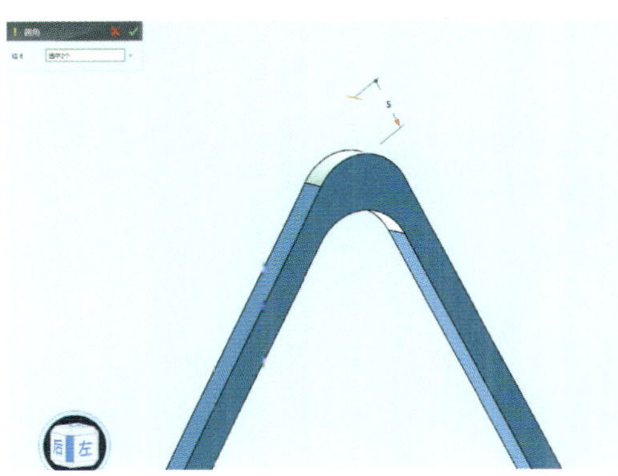

使用【矩形】工具在长方体的左侧面中心单击一下，以中心为起始点绘制长68mm、宽 1mm 的矩形，单击【基本编辑】中的【镜像】命令，实体选择矩形的四条边，镜像线选择矩形的左侧边，使用【单击修剪】减掉镜像线。

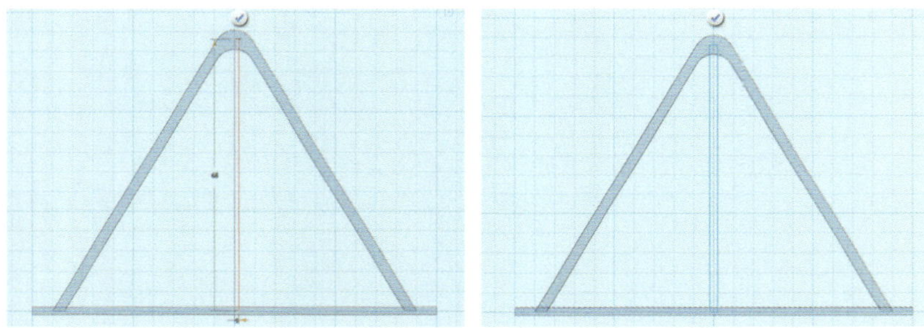

【拉伸】矩形，拉伸数值 −2.5，【移动】拉伸完成的长方体，向内移动 −2mm。

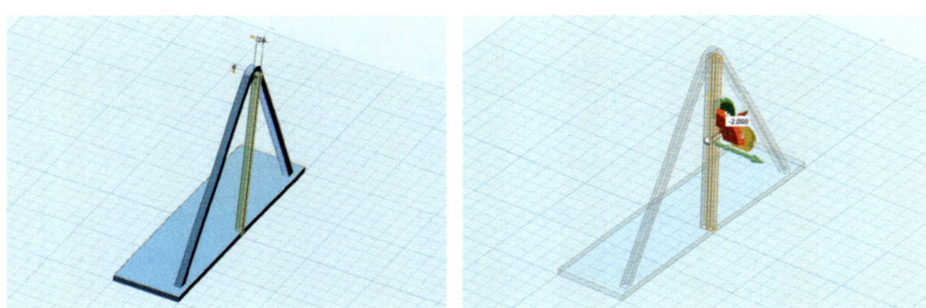

B. 摩天轮主体

使用【草图绘制】中的【圆形】命令，在图中位置为圆心绘制半径为 60mm 的圆形，同一圆心再绘制半径为 58mm 的圆形。

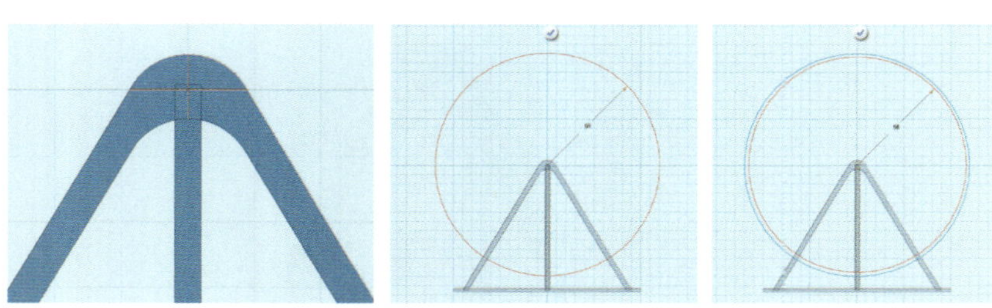

【拉伸】圆形，拉伸数值为 2。

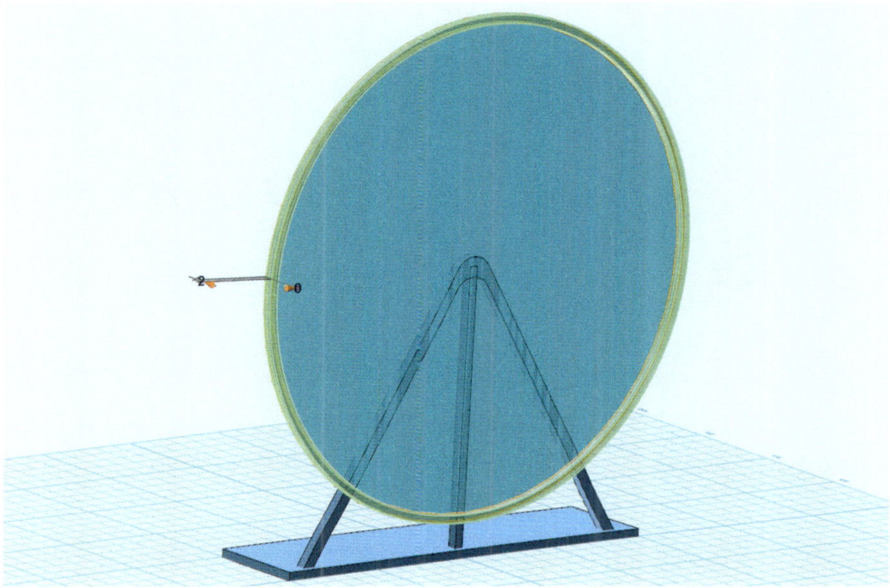

用【矩形】工具在矩形的顶点绘制长 58mm、宽 2mm 的矩形。【拉伸】矩形，拉伸数值为 2。

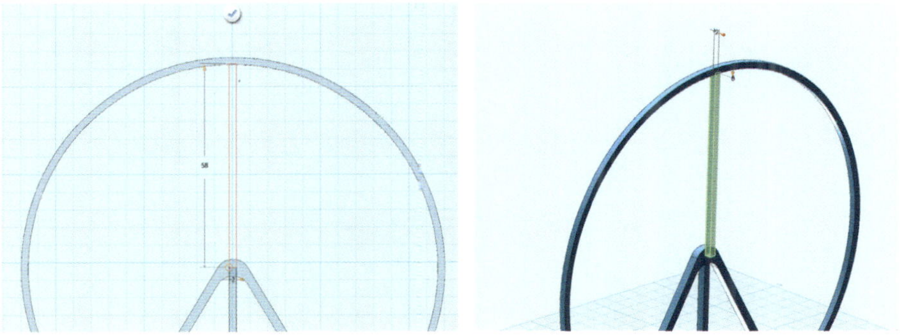

使用【基本编辑】中的【阵列】功能阵列刚拉伸完成的长方体，选择圆形阵列，基体选择长方体，方向选择长方体圆形的圆心，阵列数量为 10。

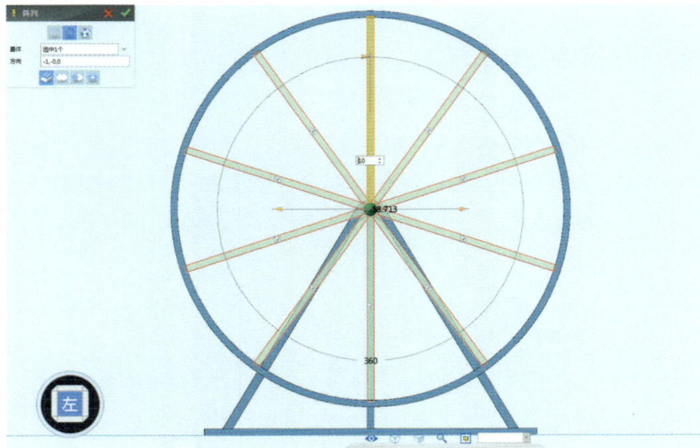

单击【组合编辑】，基体选择圆形模型，合并体选择 10 个长方体。再将三角模型与垂直的长方体合并为一体。

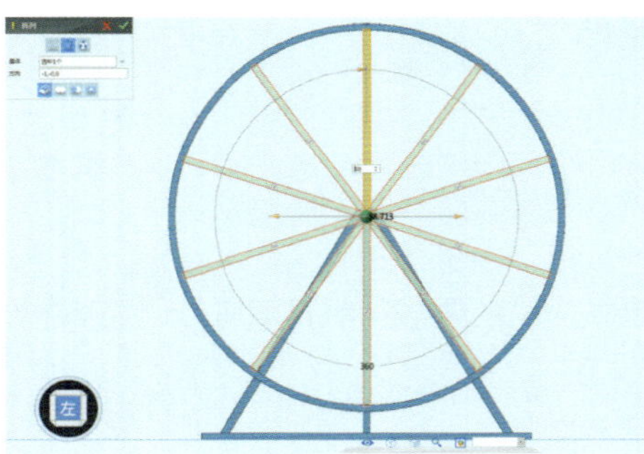

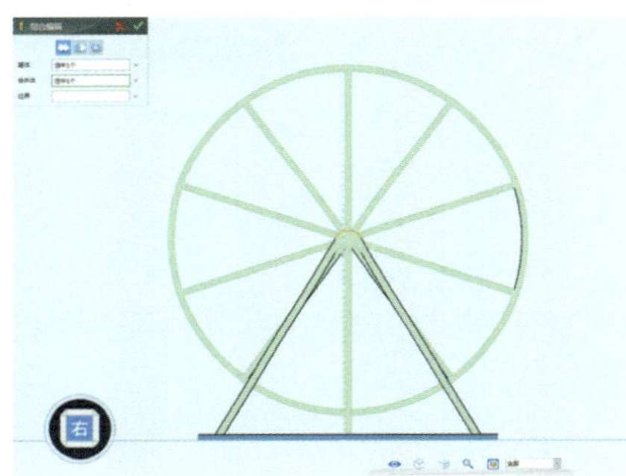

使用【直线】工具在底座长方体的中心创建长 100mm 的直线。

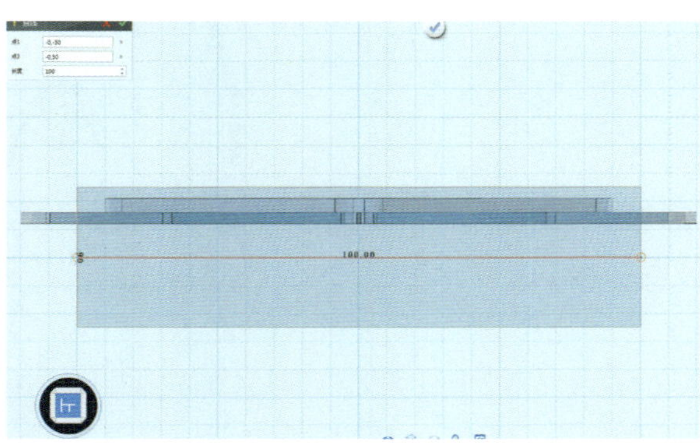

单击【镜像】功能，实体选择圆盘及支架，方式选择线，点 1、点 2 分别选择直线的两端。

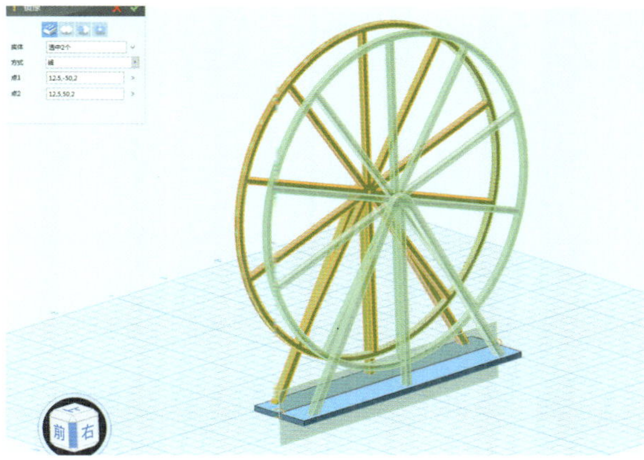

使用【圆形】在圆盘的中心绘制半径为 1.5mm 的圆形，【拉伸】圆形，拉伸数值为 −30，选择【减运算】。

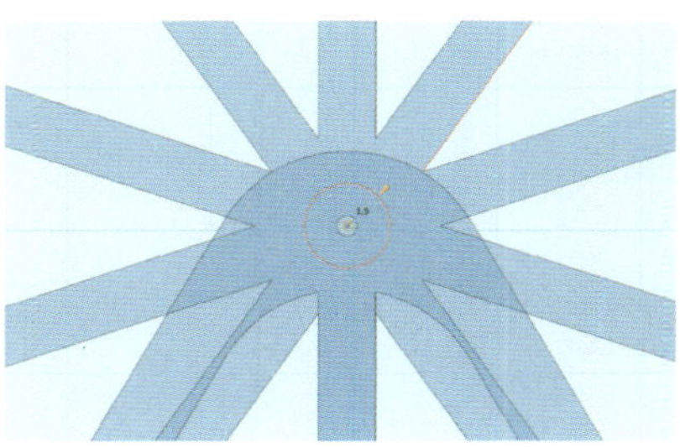

在同样的圆心处绘制半径为 1.45mm 的圆形，【拉伸】圆形，拉伸数值为 21。

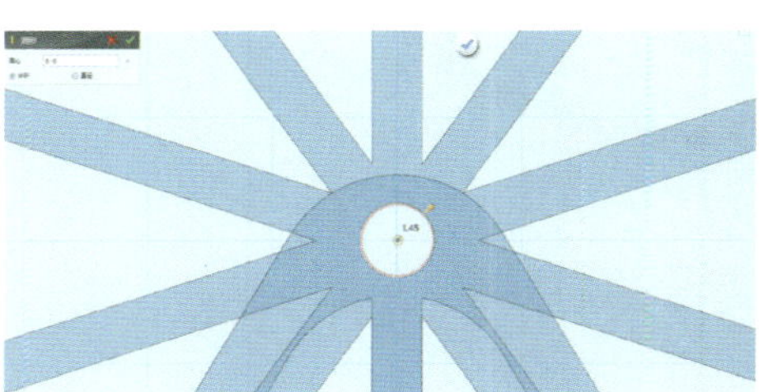

选中两个支架，按下【Ctrl+C】复制出两个支架，起始点单击底座的一个顶点，目标点选择同一个顶点。

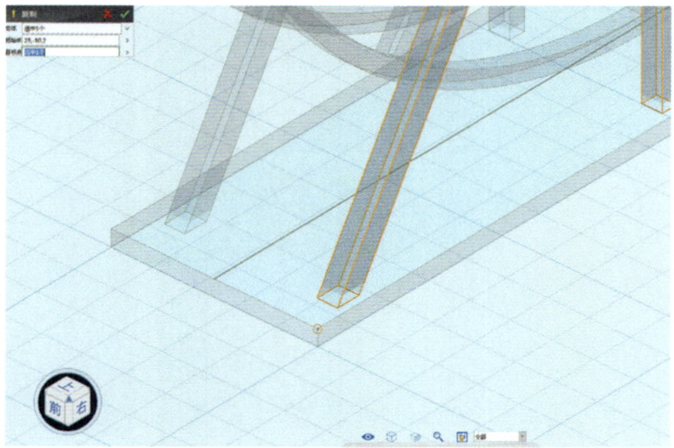

选择复制完成的支架，单击下方工具栏中的【显示/隐藏】中的【隐藏几何体】隐藏模型。

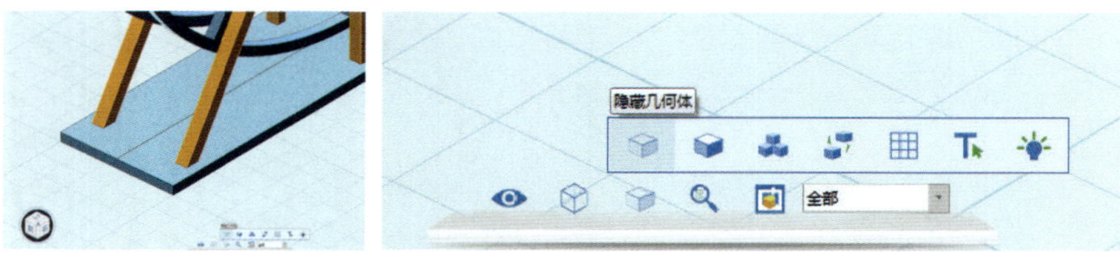

单击【组合编辑】，基体选择底座，合并体选择两个支架，选择【减运算】。

使用【直线】在圆盘侧面顶部绘制一个倒“T”的辅助线（画辅助线的目的是找中心点，为后续阵列做校准用），借助辅助线在圆盘侧面绘制半径为 0.8mm 的圆形，将圆形【拉伸】，拉伸数值为 −16。

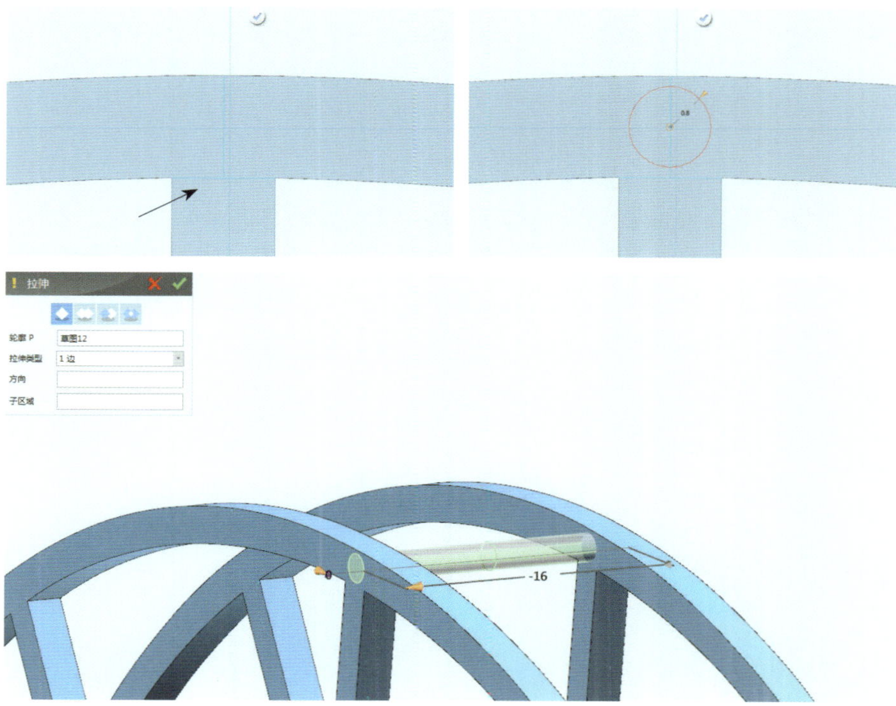

选择圆柱体，按下【Ctrl+C】复制出一个圆柱体，将其中一个圆柱体使用【隐藏几何体】隐藏。

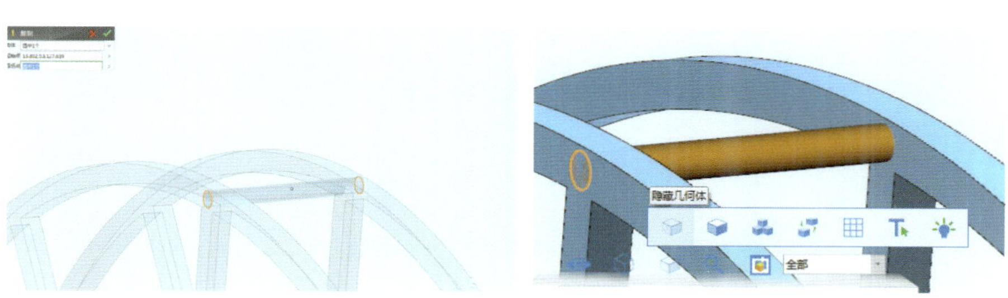

以圆盘的圆心为原点【阵列】圆柱体，数值为 10。单击【显示几何体】显示刚刚隐藏的圆柱体。

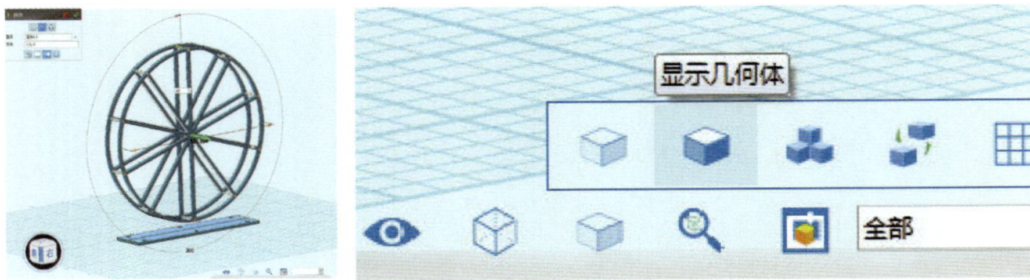

在中心线位置处创建 20mm×20mm×20mm 的六面体。单击【视图导航】的【前】视图，使用【直线】工具在六面体的面上单击一下，以摩天轮顶端的圆柱中心为起始点绘制长 4.1mm 的辅助直线。使用【草图绘制】中的【通过点绘制曲线】工具绘制弯钩的形状，使用【单击修剪】剪掉辅助直线。

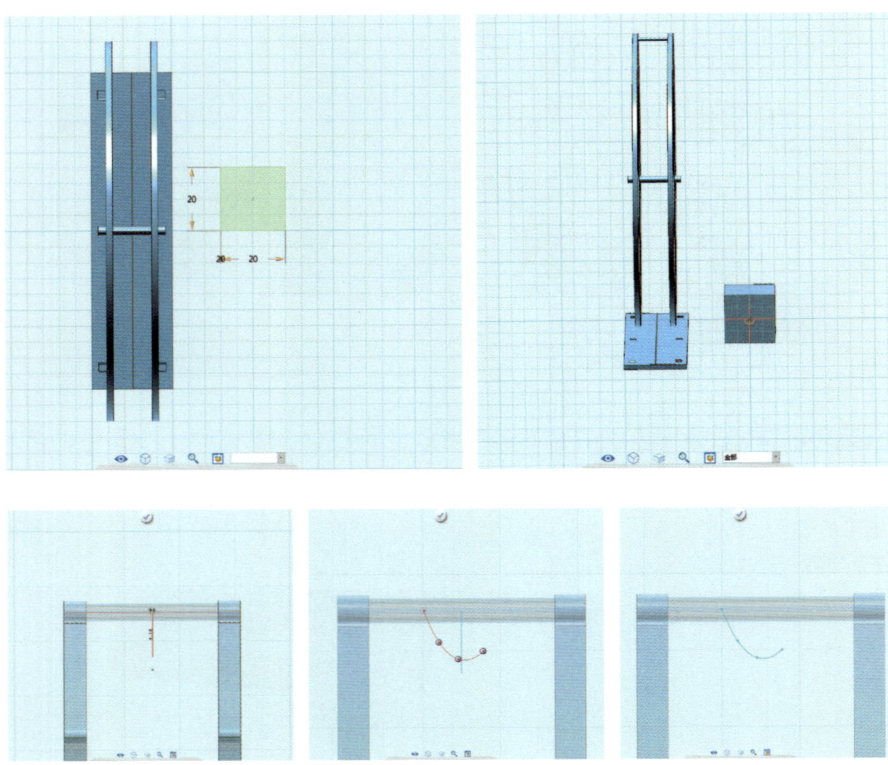

使用【圆形】工具，在曲线的顶端绘制半径为 0.25mm 的圆形。

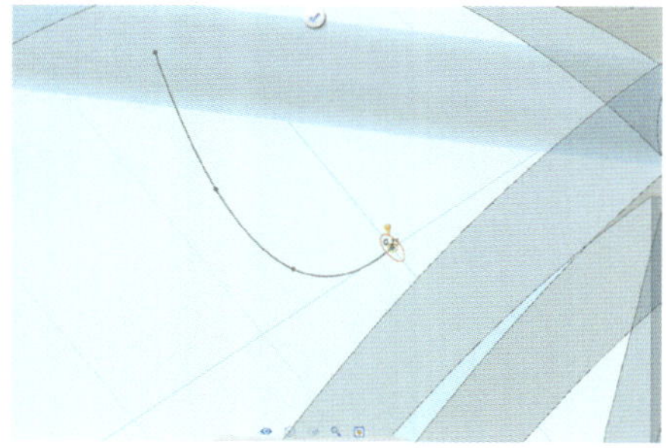

使用【特征造型】中的【扫掠】功能拉伸圆形，轮廓 P1 选择圆形，路径 P2 选择曲线。

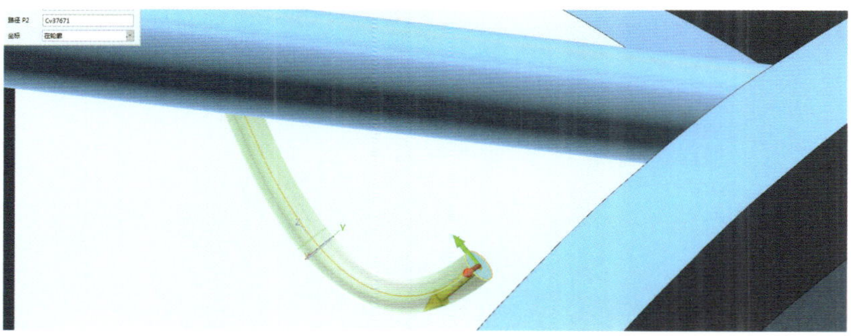

使用【直线】工具在六面体的侧面单击一下，以圆柱的中心为起始点绘制长 12mm 的直线，向右绘制长 5mm 的直线，再向上绘制长 5mm 的直线，使用【草图绘制】中的【圆弧】工具绘制圆弧,用来连接 12mm 与 5mm 两条直线，如下图所示。使用【单击修剪】剪掉多余直线。

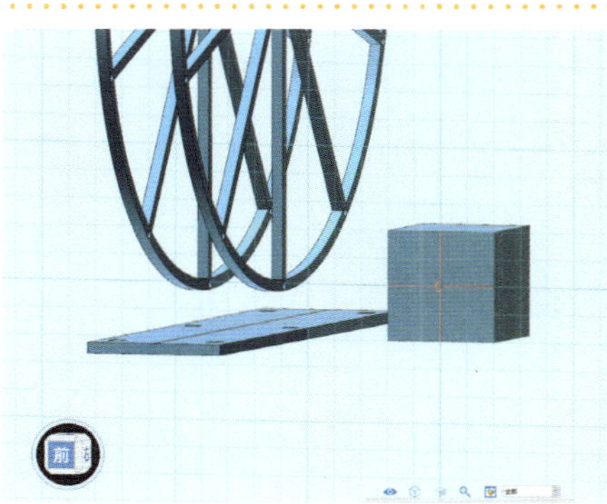

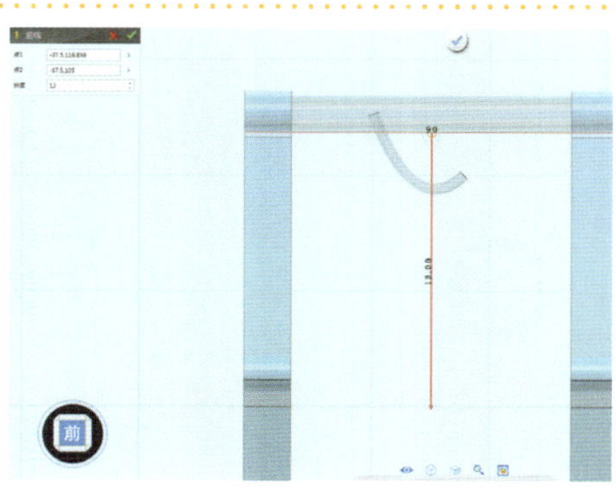

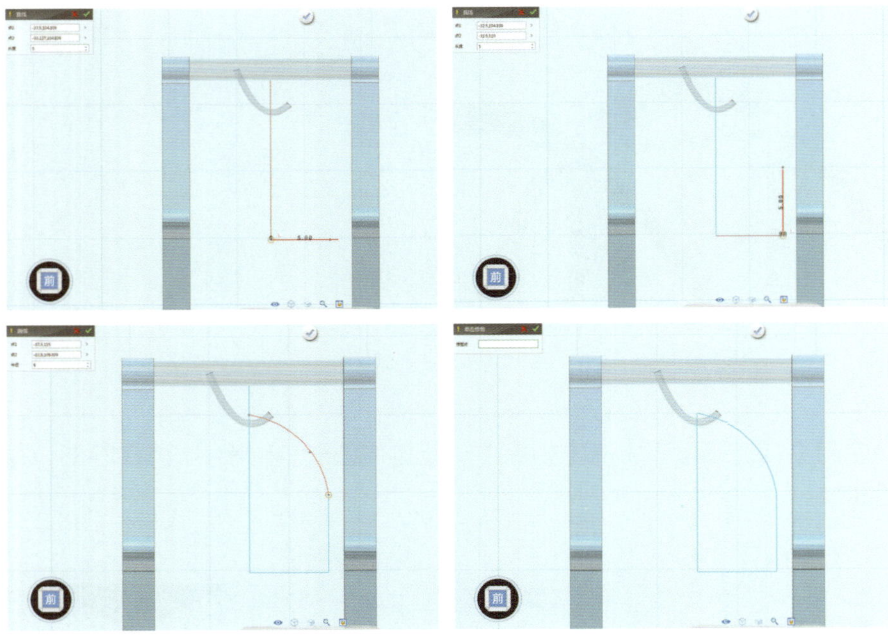

选中图形，单击【特征造型】中的【旋转】功能，轮廓 P 选择图形，轴 A 选择图形的长直线。

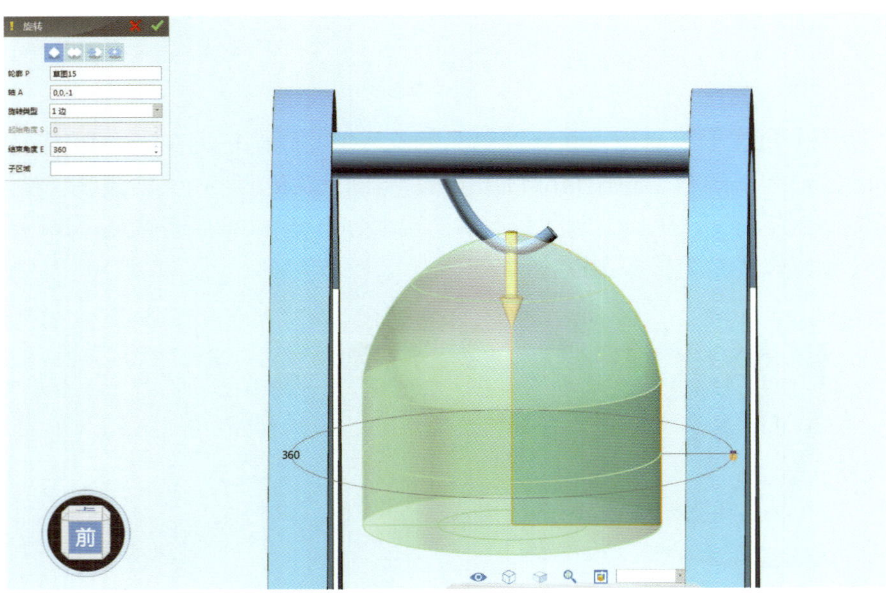

使用【基本实体】中的【圆环体】命令，在圆柱体的中心创建 A 半径为 4mm、B 半径为 5mm 的圆环。

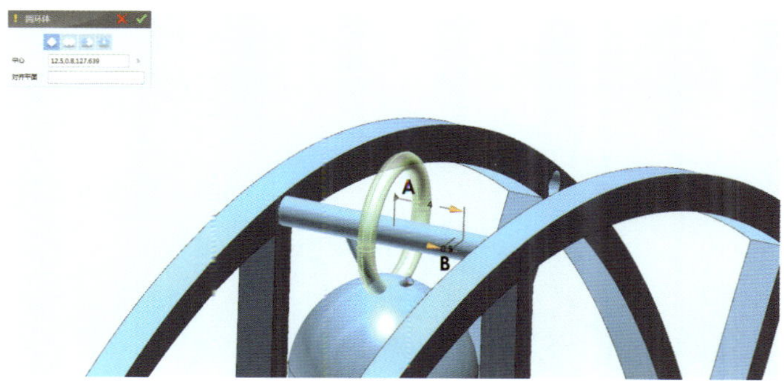

使用【移动】功能将圆环向下移动 –6mm，将圆柱向下移动 –3mm。

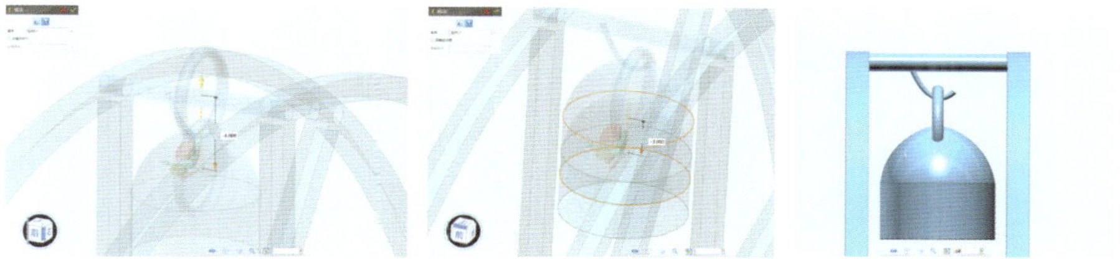

选中圆柱、弯钩、圆环、圆柱 4 个模型，单击【阵列】，选择圆形阵列，方向单击圆盘，数量为 10。单击下方工具栏【显示 / 隐藏】中的【显示全部】，显示被隐藏的支架。

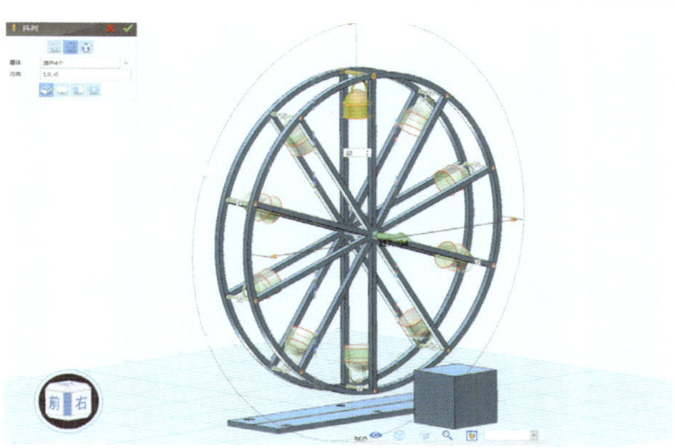

2. 桶房

A. 桶房主体

选择【草图绘制】中的【直线】命令，在网格上绘制两条直线，直线 1 起点坐标为（－50，25），长为 50mm；直线 2 起点坐标为（50，25），长为 50mm。

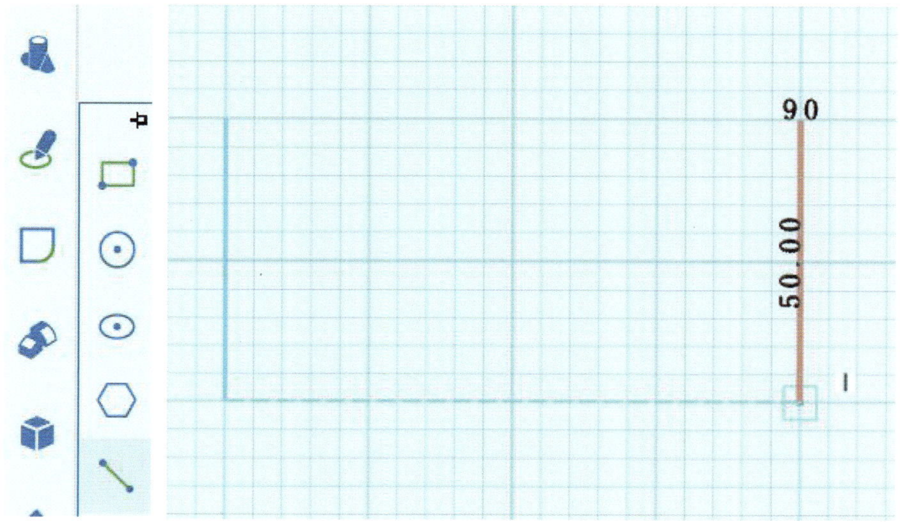

选择【草图绘制】中的【圆弧】命令，在两条直线的上端点绘制半径为 110mm 的圆弧。

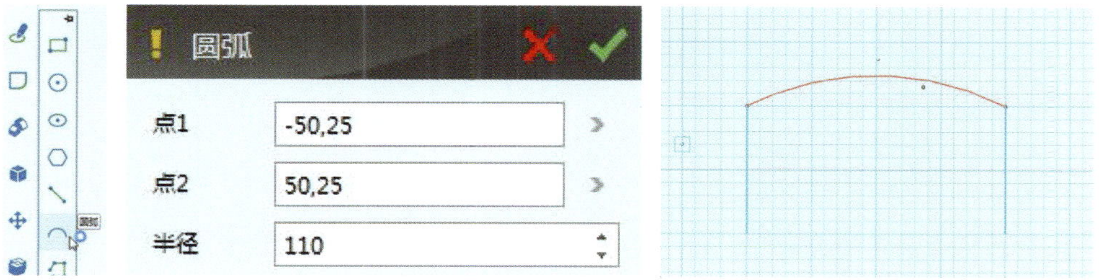

选择【草图绘制】中的【直线】命令，连接两条直线的中点。

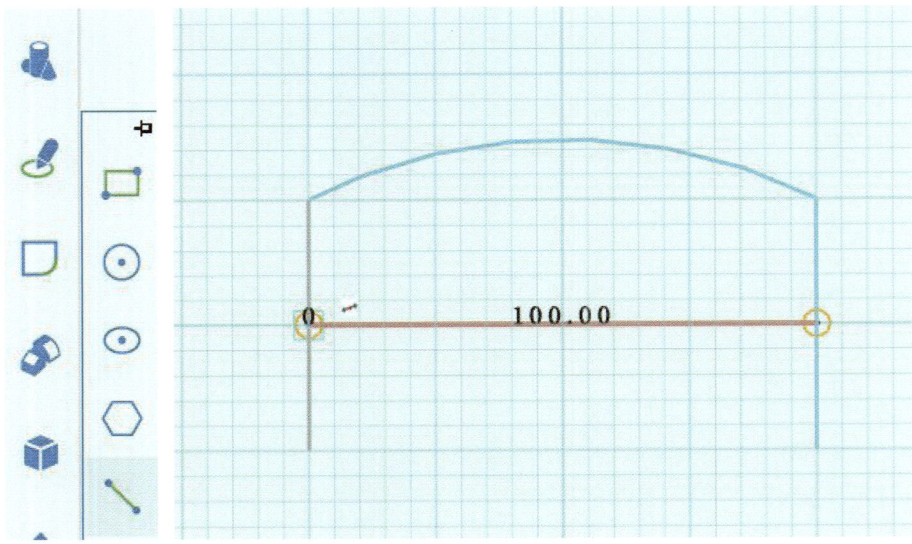

选择【草图编辑】中的【单击修剪】命令，减去多余曲线，完成草图。

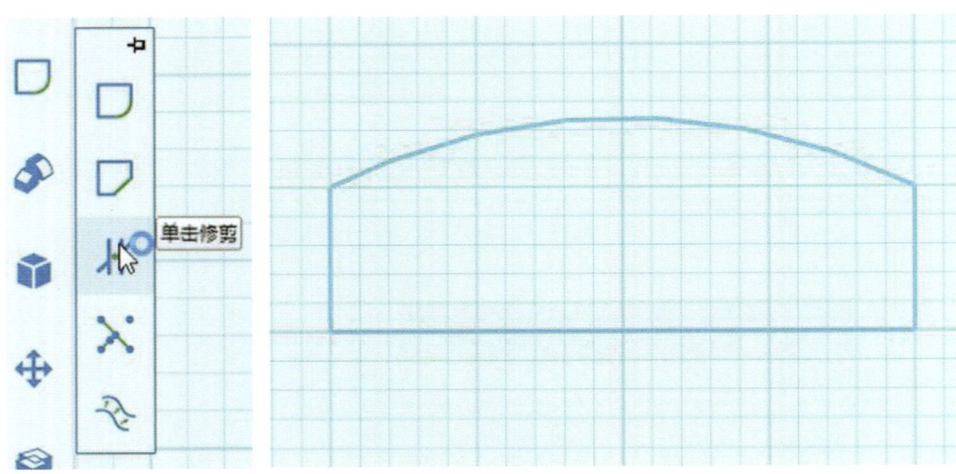

运用【旋转】命令，鼠标左键单击需要旋转的草图，选择【旋转】，旋转轴选择下直线。

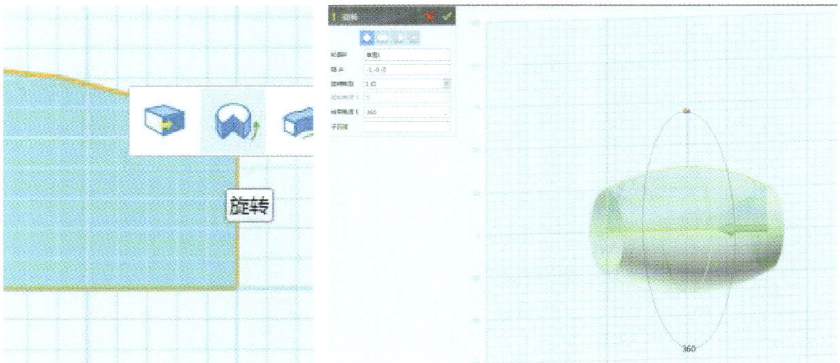

选择【Ctrl+C】命令复制已旋转的模型，位置不变（起始点与终点在同一位置）。

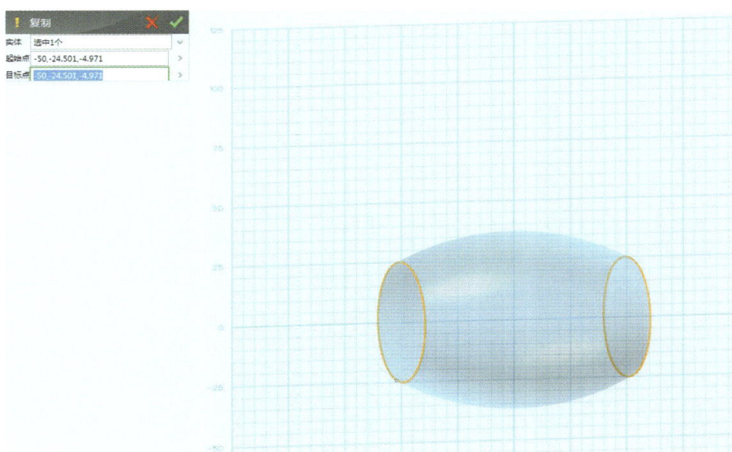

选择一个旋转体，单击隐藏几何体。

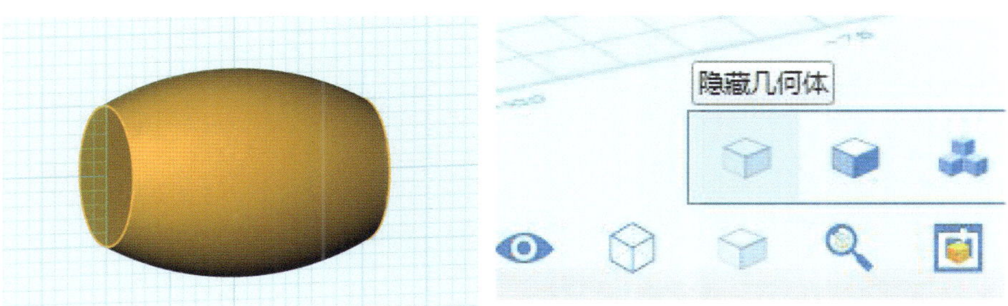

B. 桶房底座

选择【基本实体】中的【六面体】命令，放在（0，45，0）位置，尺寸不做要求，合适即可。

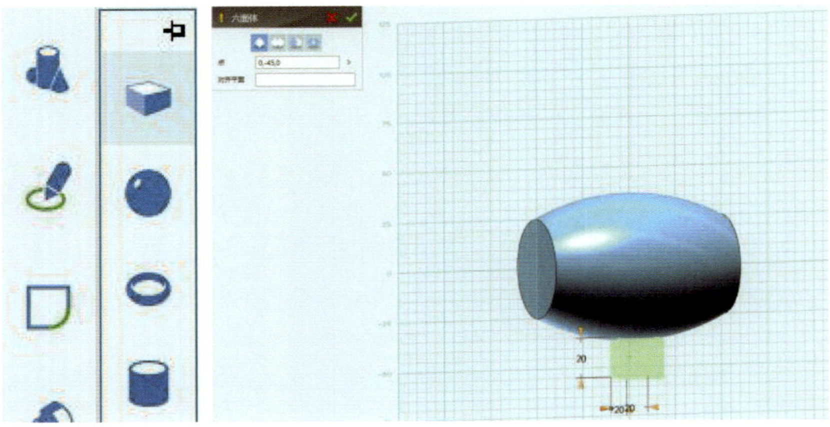

运用【草图绘制】中的【矩形】命令，进入六面体下底面草图绘制界面，绘制过点 1（ –35，30 ）和点 2（ 35， –50 ）的矩形，完成后退出草图绘制。

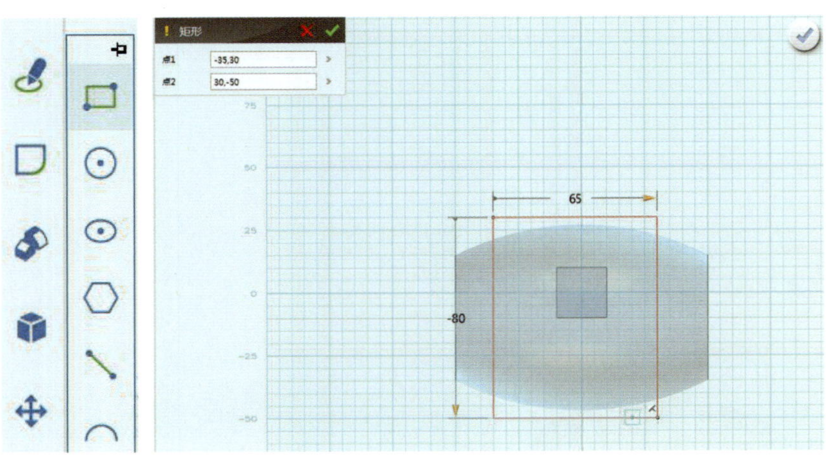

删除六面体后左键单击草图选择【拉伸】命令，高度为 –35mm，拉伸角度为 –10° 。

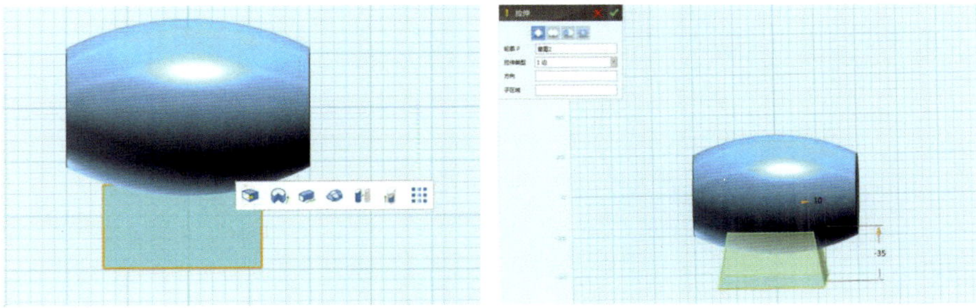

选择【圆角】命令，选择四条边线，圆角尺寸为 5mm，单击【完成】。

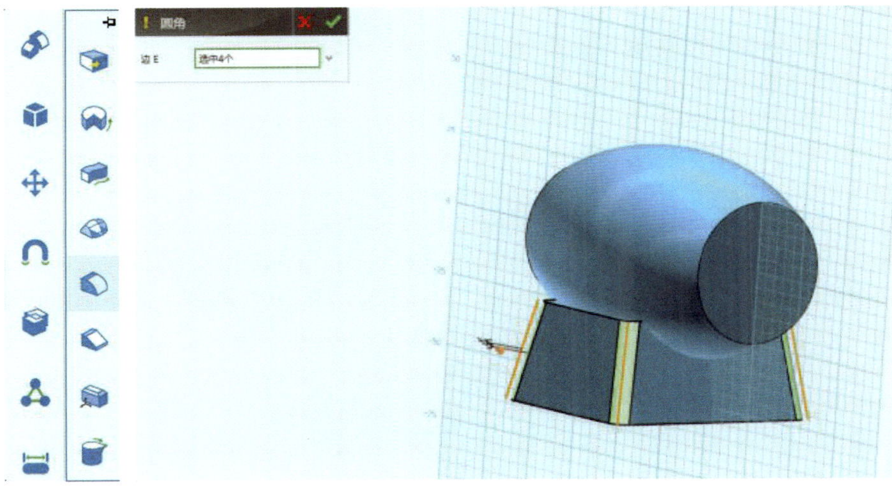

选择组合命令，基体为下底座，合并体为旋转的主体，选择【减运算】，单击【完成】。

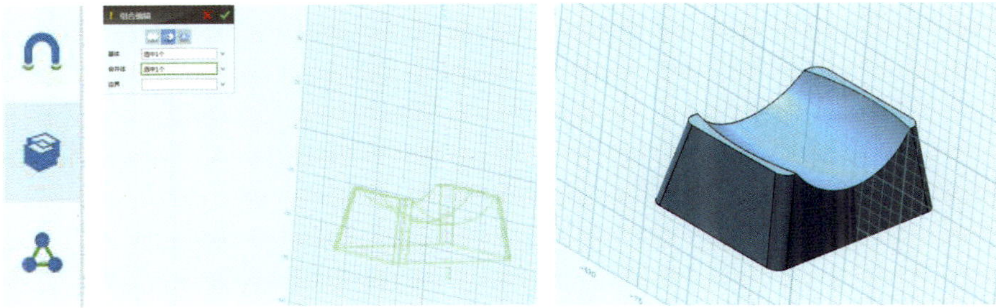

选择【显示 / 隐藏】中的【显示全部】命令。

选择【拉伸】命令，选择底座底面，高度为 −13mm，选择【减运算】，单击【完成】。

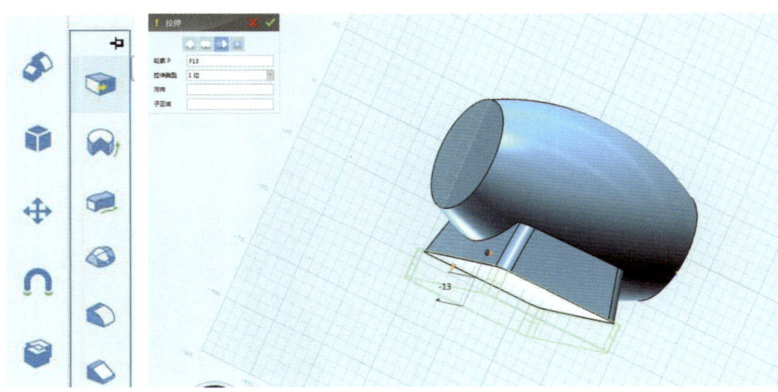

运用【显示 / 隐藏】中的【隐藏】命令，将底座隐藏。

C. 桶房装饰

选择【草图绘制】任意命令进入草绘平面，选择【草图编辑】中的【偏移曲线】命令，选择旋转主体的上曲线，偏移距离为 0mm，单击【完成】。

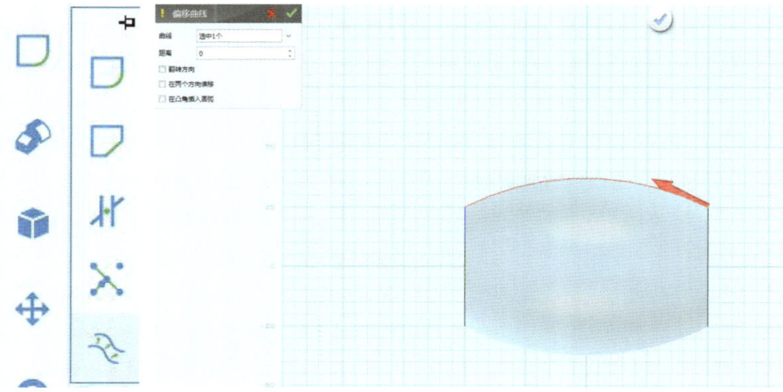

选择【草图绘制】中的【圆形】命令，在曲线上绘制半径为 0.5mm 的圆形，单击【完成】。

运用【特征造型】中的【扫略】命令，轮廓选择圆形，路径选择曲线，单击【完成】。

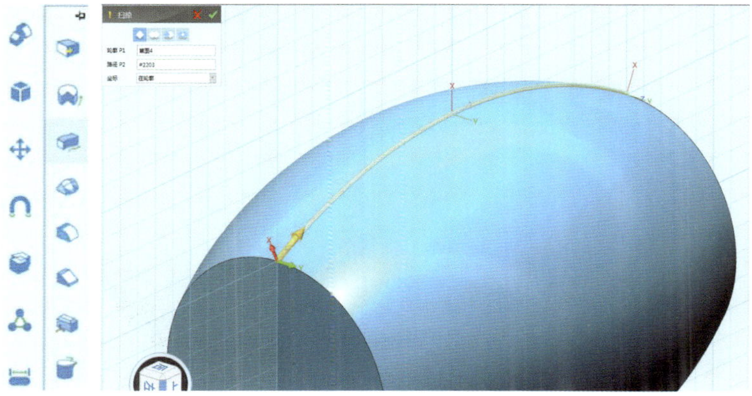

运用【基本实体】中的【圆柱体】命令，放置在旋转主体的平面端中心点上，尺寸无要求。

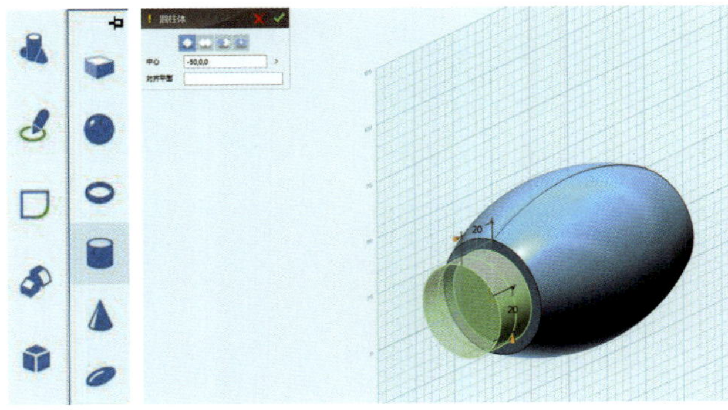

选中扫略的实体，选择【阵列】命令，之后选择【圆形阵列】，方向选择圆柱上平面，数量为 15 个，单击【完成】，删除圆柱体。

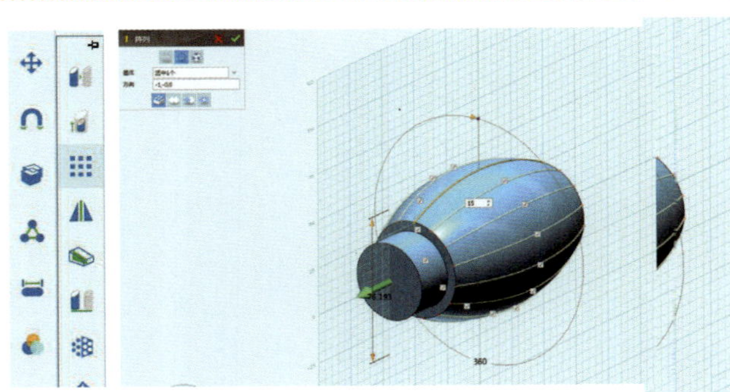

选择【基本实体】中的【圆环体】命令，放置在旋转主体的平面中心点上，圆环厚度为 1mm，半径为 26mm，单击【完成】。

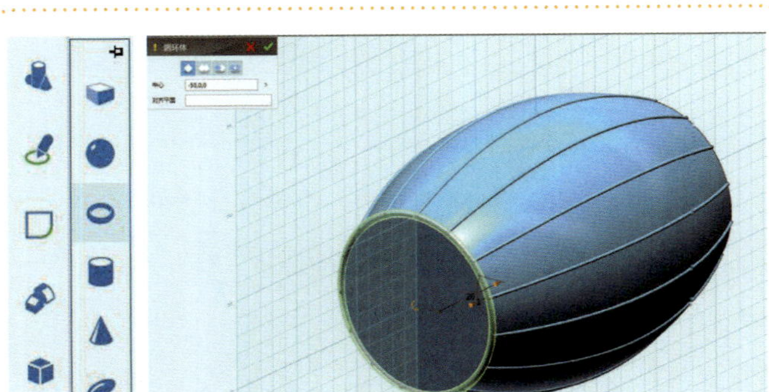

选择【基本实体】中的【圆环体】命令，放置在旋转主体的平面中心点上，圆环厚度为 1mm，半径为 35mm，单击【完成】。

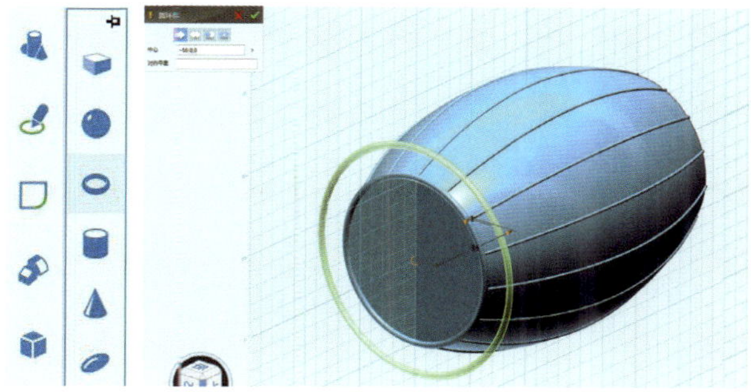

选择【移动】中的【动态移动】，移动距离为 -23mm，单击【完成】。

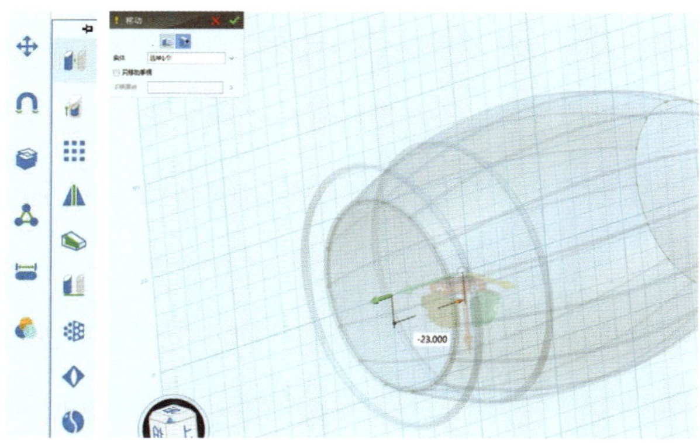

D. 桶房内部

选择【基本实体】中的【六面体】命令，放在坐标（10，-50，0）处，数据不变，单击【完成】。

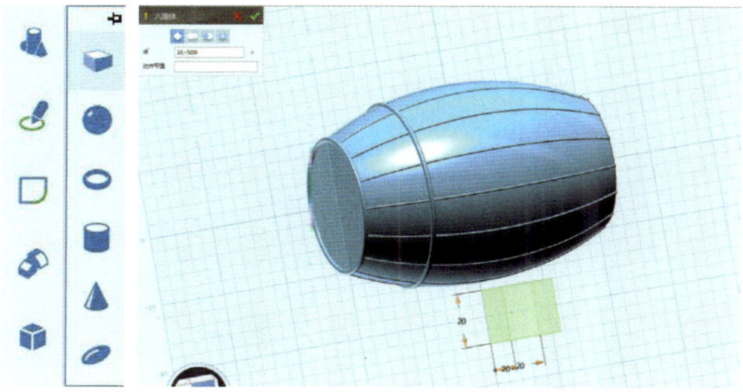

单击圆环选择【镜像】命令，方式选择平面，实体选择两个圆环，平面选择六面体左平面，单击【完成】，删除六面体。

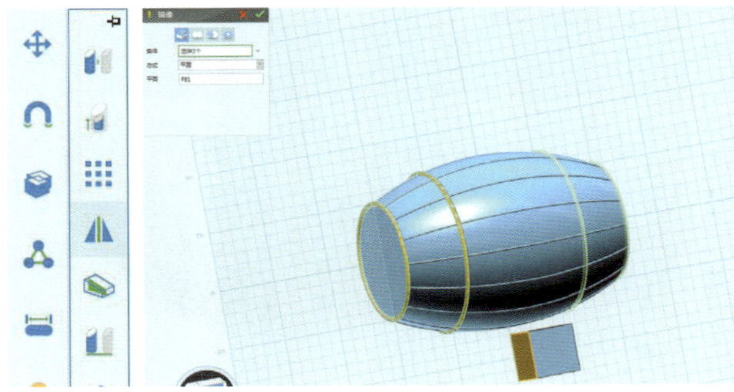

选择【显示/隐藏】中的【显示全部】，选择【草图绘制】中的【矩形】，草绘平面选择底座上方平面，进入草绘平面，第一点坐标（-45，15），第二点坐标（1.5，-15），单击【确定】。

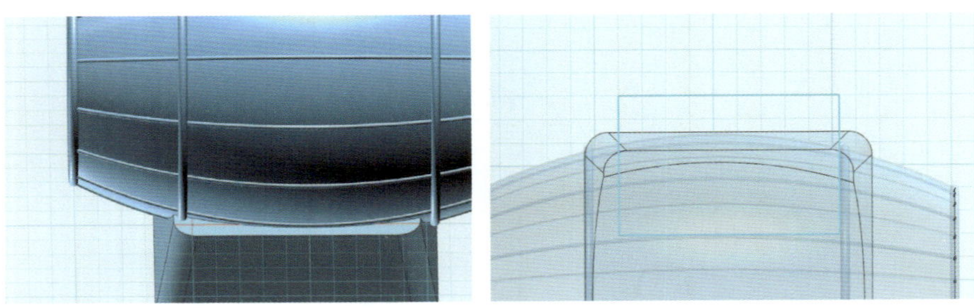

选择【拉伸】命令，拉伸高度为41mm，单击【完成】。

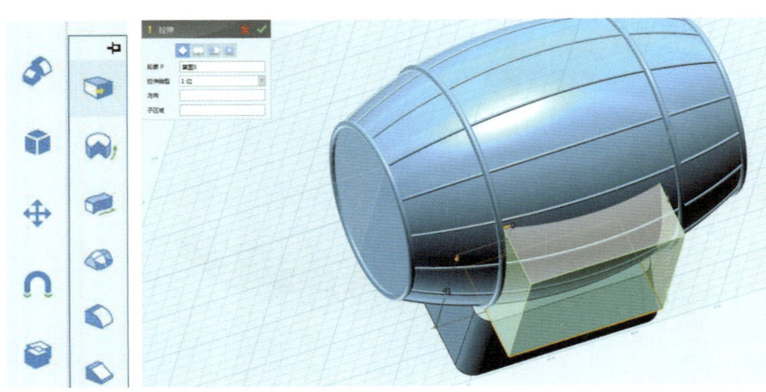

框选主体模型选择【组合编辑】，合并体为拉伸的六面体，选择【减运算】，单击【确定】。

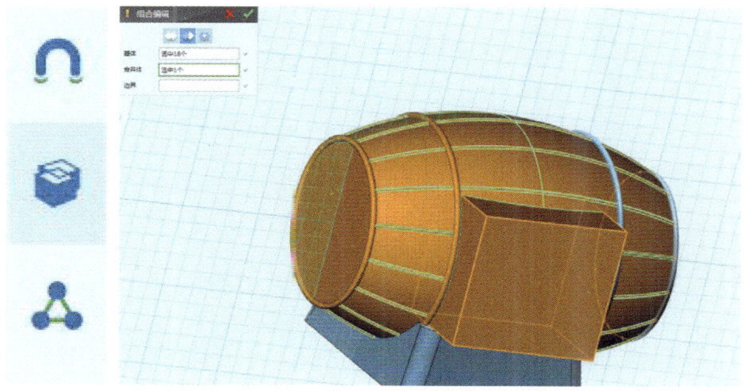

E. 桶房门窗

选择【草图绘制】中的【矩形】命令，进入主体模型的左平面绘制经过点 1（15，10），点 2（-15，-15）的矩形，单击【完成】。

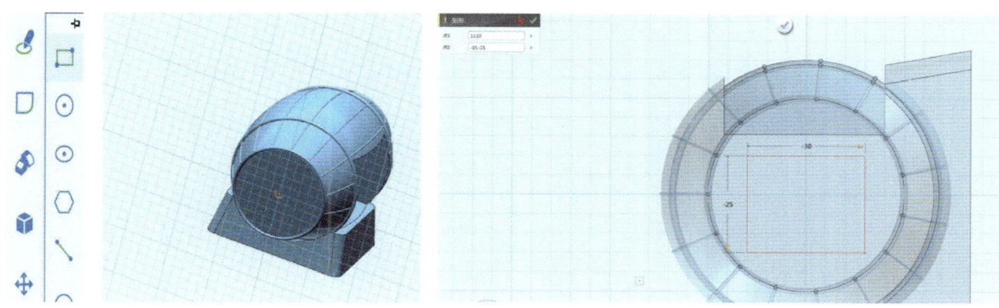

选择草图【拉伸】命令，拉伸距离为 -2mm，方式选择【减运算】，单击【完成】。

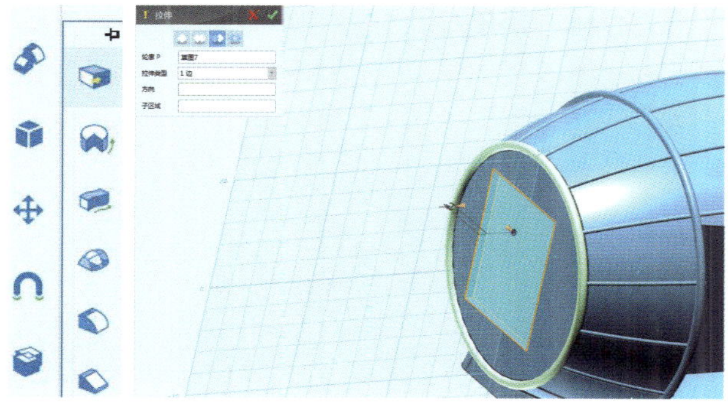

选择【草图绘制】中的【矩形】命令，进入主体模型的左平面绘制四个小矩形，尺寸不超过深色区域即可，单击【完成】退出草图绘制。

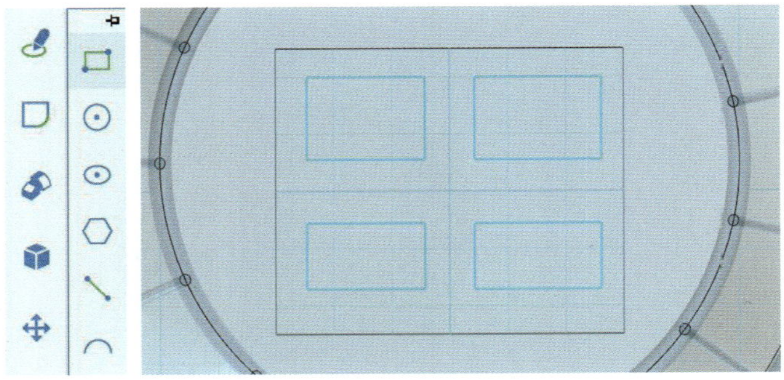

选择【拉伸】命令，拉伸距离为 -2mm，方式选择【减运算】，单击【完成】。

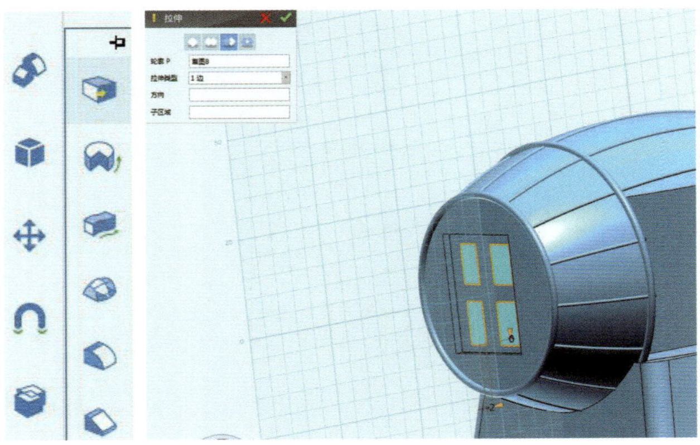

选择主体正面，剪切平面选择【拉伸】，拉伸距离为 30mm，方式选择【减运算】，单击【完成】。

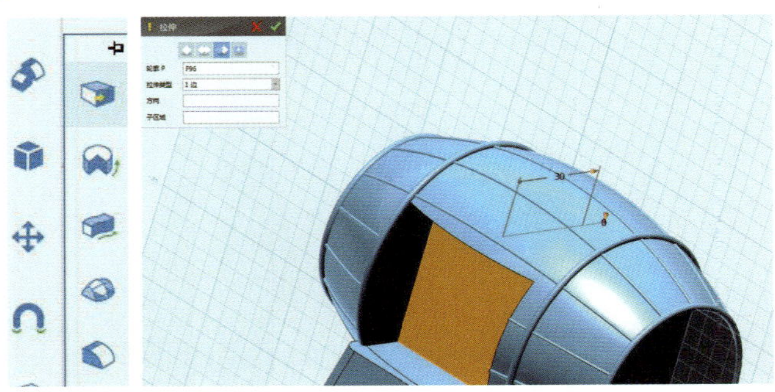

选择【草图绘制】中的【矩形】命令，进入底座上方平面，绘制底边两角在主体上的矩形。

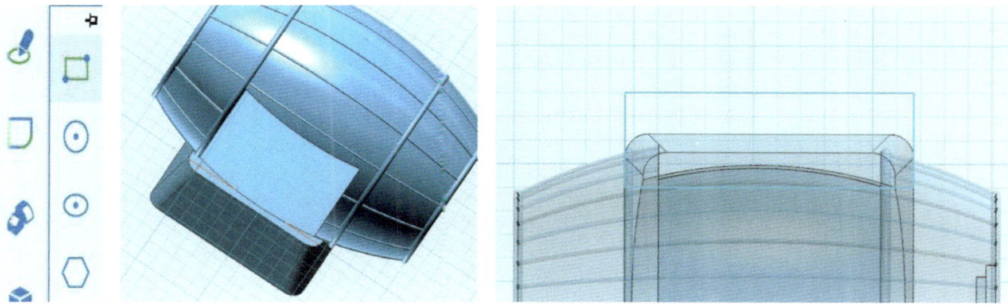

F. 桶房窗台

选择【草图编辑】中的【偏移曲线】命令，偏移两边圆弧，偏移距离为 0mm。

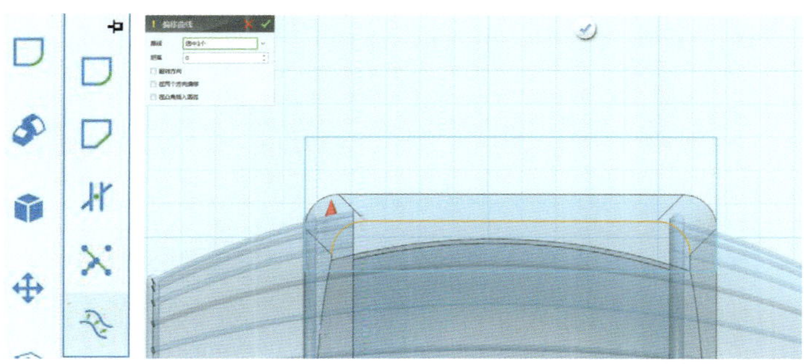

选择【草图绘制】中的【圆弧】命令，连接矩形和偏移圆弧，半径为 11.5mm。

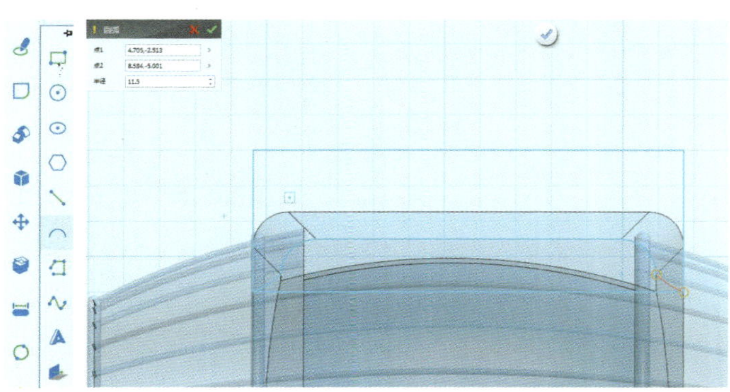

选择【草图编辑】中的【单击修剪】命令，删除多余曲线，单击【完成】草绘。

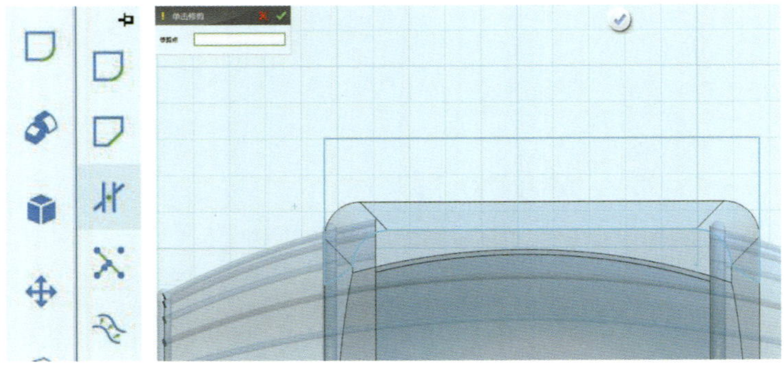

单击草图选择【拉伸】命令，高度为 -5mm，单击【完成】。

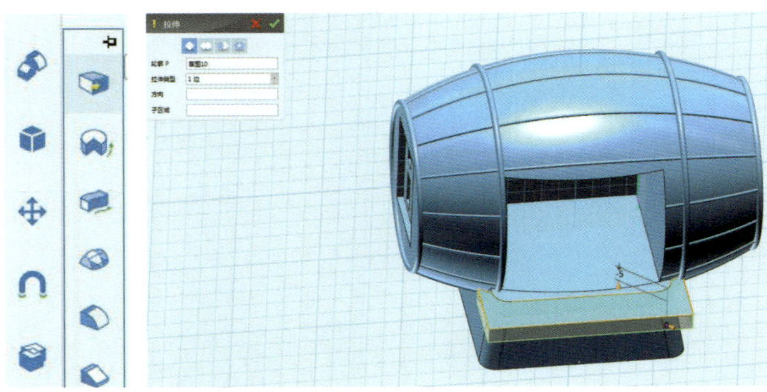

选择【特征造型】中的【圆角】命令，选择拉伸平台的棱，尺寸为 5mm，单击【完成】。

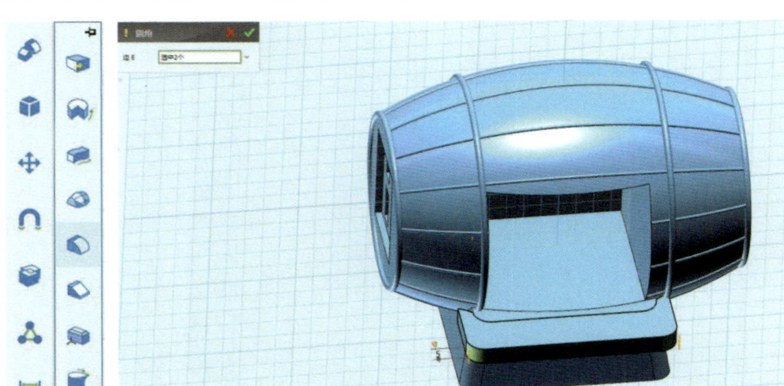

G. 桶房房檐

选择【显示 / 隐藏】中的【隐藏】命令，隐藏除主体外的全部造型。

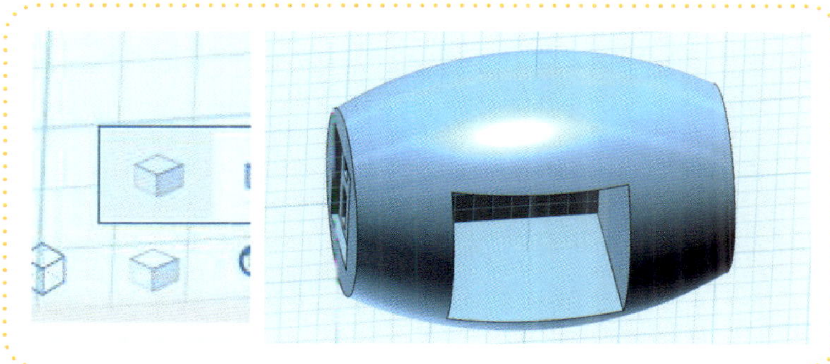

选择【草图绘制】中的【矩形】命令，选择主体内部空间上方平面进入草图绘制平面，绘制过点 1（-29，18），点 2（29，43）的矩形并拉伸 -3mm。

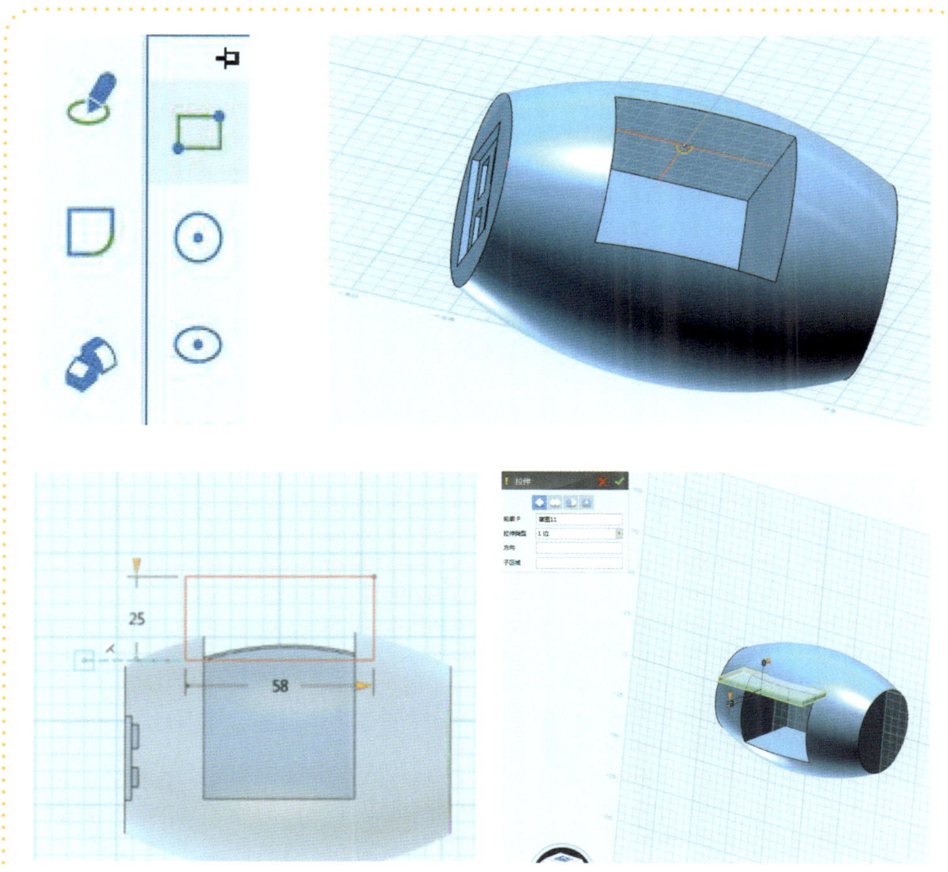

选择【草图绘制】中的【圆弧】命令，进入拉伸实体的侧平面进行草图绘制，圆弧两点在拉伸体的顶点，半径为 56.7mm。

选择【草图编辑】中的【偏移曲线】命令，偏移圆弧，偏移距离为 -2mm，并用【直线】命令连接两节两端点。

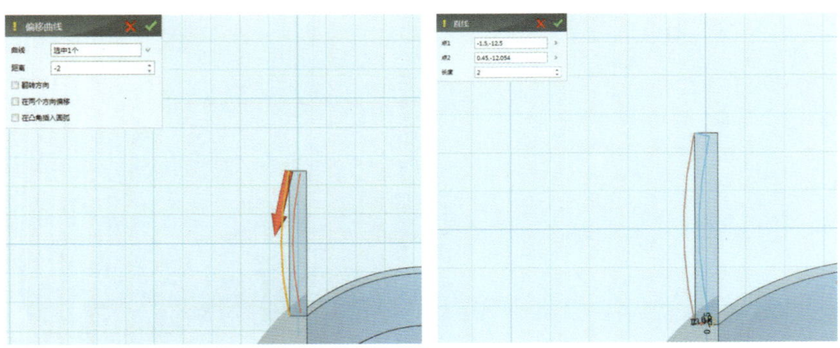

删除拉伸体，选择草图拉伸，拉伸距离为 -59mm，单击【完成】。

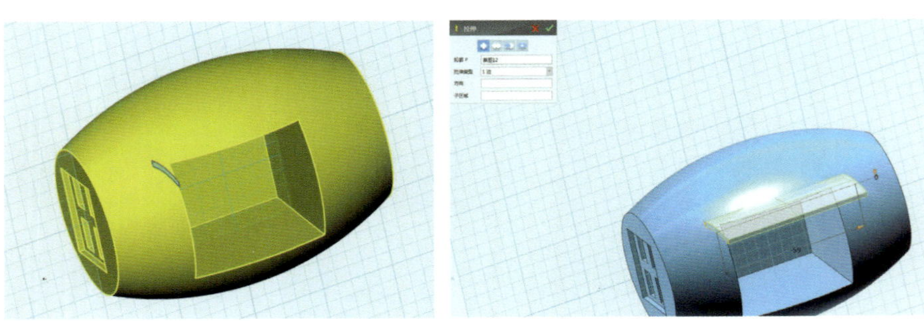

使用【移动】命令，旋转拉伸体，旋转角度为 -13°，移动至深入主体。

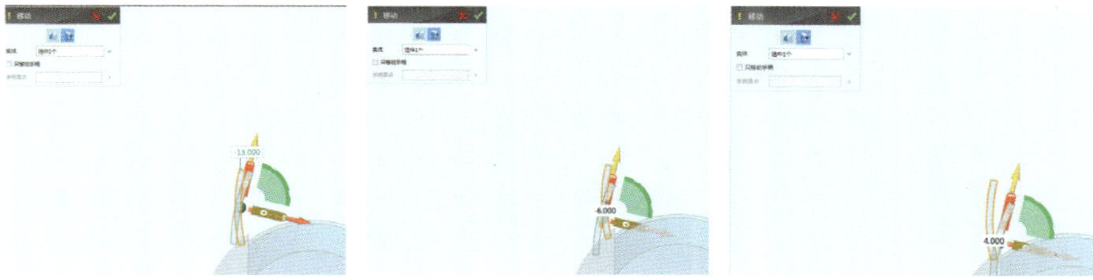

选择【特殊造型】中的【圆角】命令，选择拉伸体的棱进行倒圆角，尺寸为 5mm，单击【完成】。

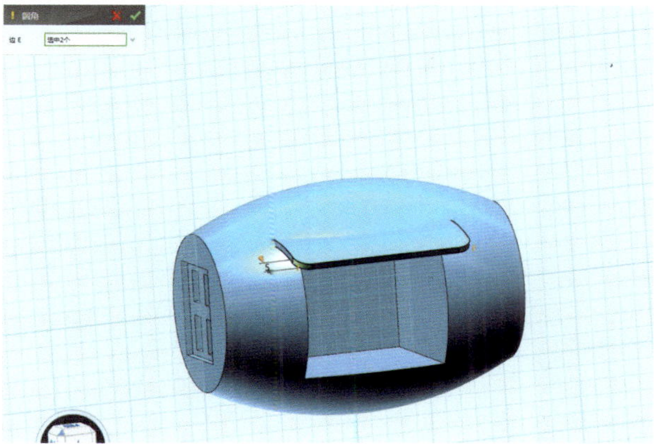

选择【草图绘制】中的【矩形】命令，进入拉伸体前方平面，绘制如下图所示形状，使用【草图编辑】中的【单击修剪】命令删除多余线段，单击【完成】。

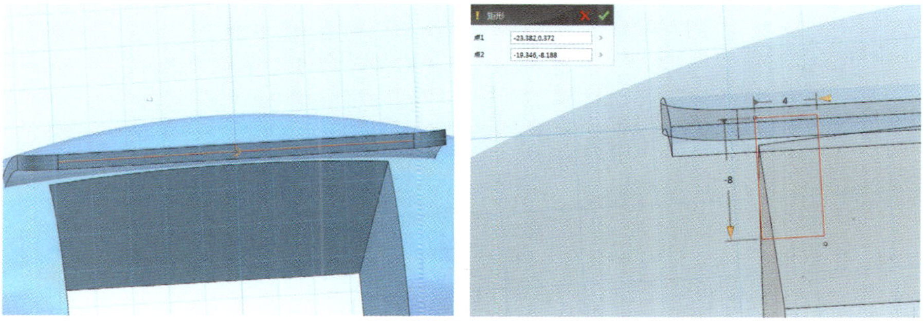

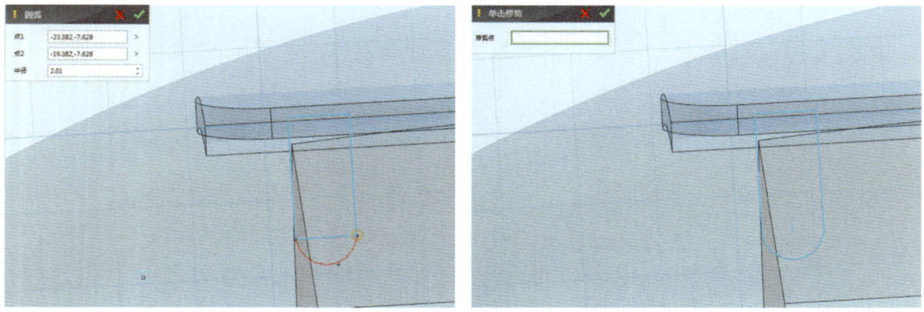

选择【拉伸】命令，拉伸高度为 -2mm，单击【完成】。

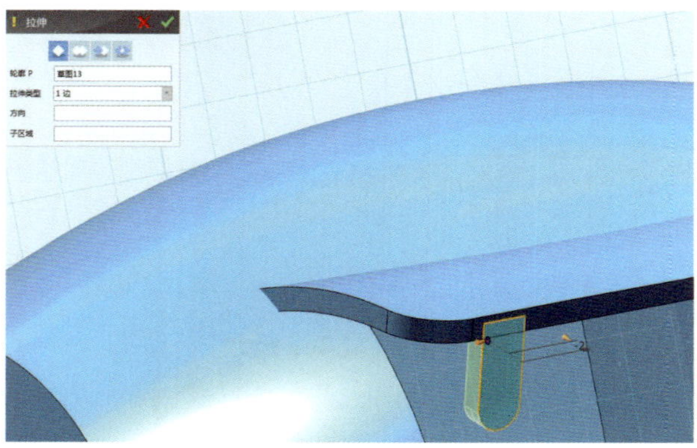

单击拉伸的实体，选择【阵列】命令，选择线性方式，方向选择左右拉伸体一边，阵列个数为 8，单击【完成】。

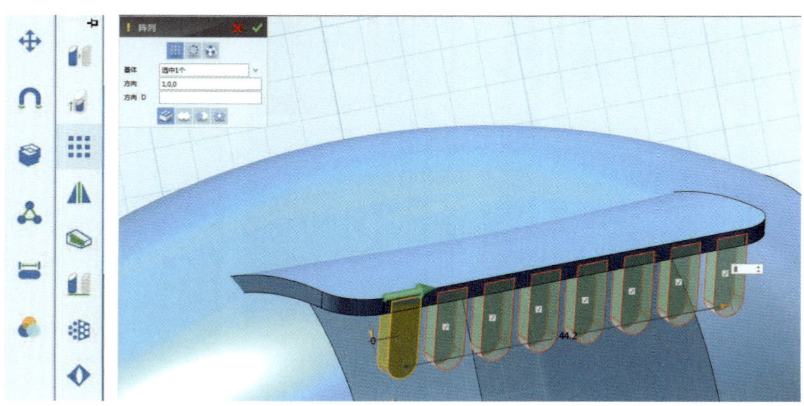

选择【显示 / 隐藏】中的【隐藏】命令，隐藏除房檐外的所有实体。

选择【草图绘制】中任意命令进入房檐侧方平面进行草图绘制，选择【草图编辑】中的【偏移】命令，偏移房檐的边线，距离为 0mm，单击【完成】（注意：房檐边线为两个线段）。

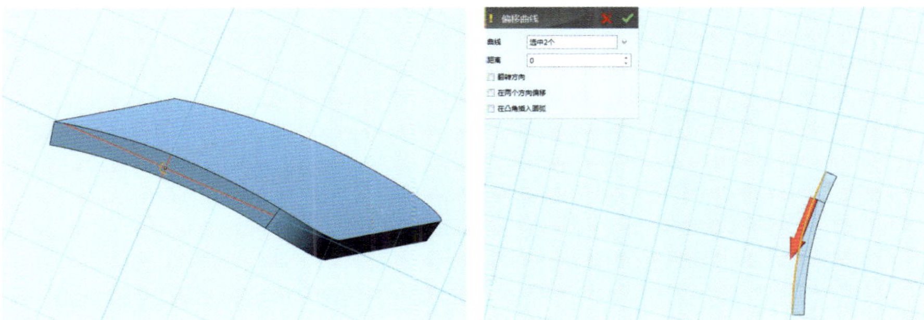

选择【草图绘制】中的【圆形】命令，在偏移出来的线段上绘制圆形，半径为 0.5mm，单击【完成】。

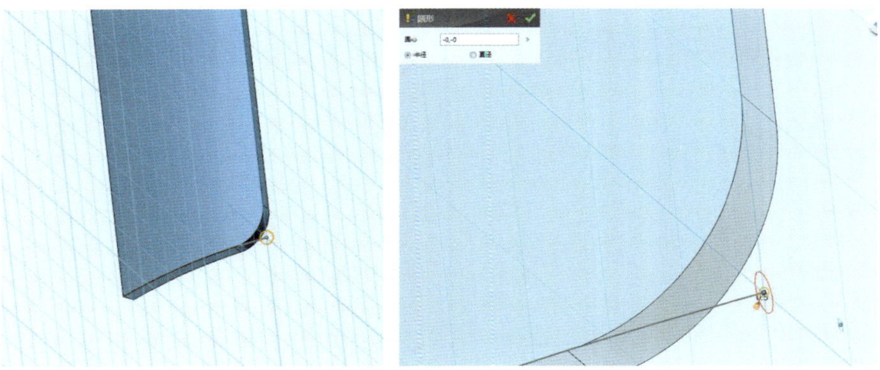

选择【特殊造型】中的【扫略】命令，轮廓为圆形，路径为偏移曲线，单击【完成】。

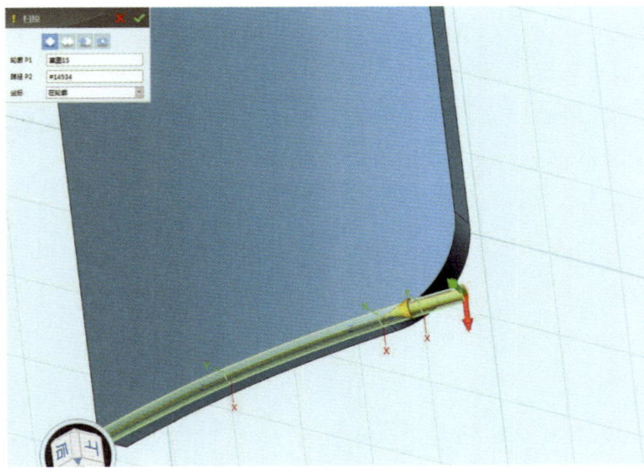

单击扫略出的实体选择【阵列】命令，方式选择线性阵列，方向选择房檐的前棱，个数为21，单击【完成】。

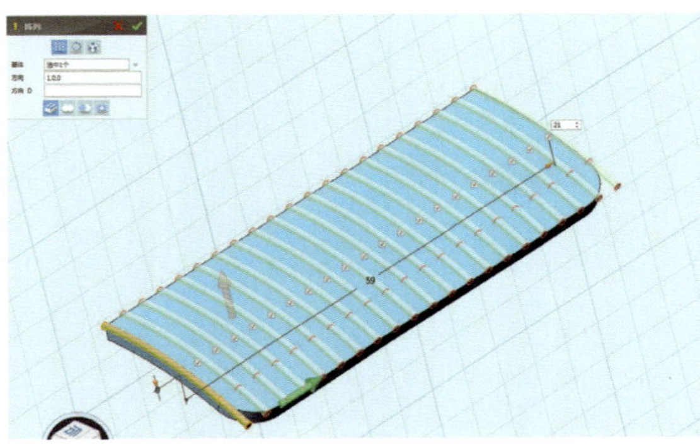

删除房檐上多出来的小圆柱，使用【基本实体】中的【六面体】命令创建一个六面体放在基准平面任意位置，使用【草图绘制】中任意命令进入草绘平面。

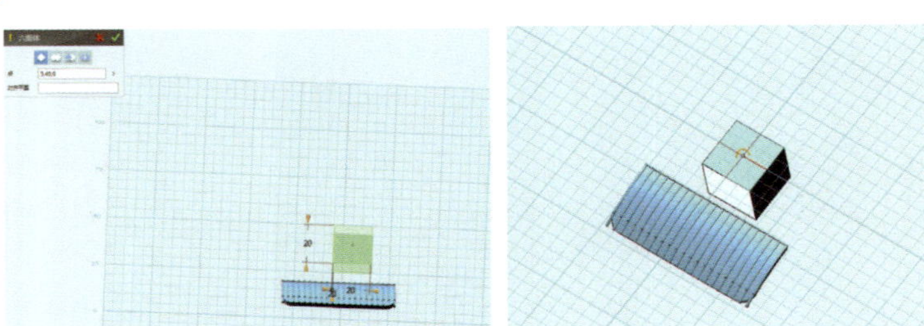

选择【草图编辑】中的【偏移】命令偏移房檐最外围曲线，偏移距离为0mm。使用【草图绘制】中的【多线段】命令，连接偏移出来的曲线两端，单击【完成】。

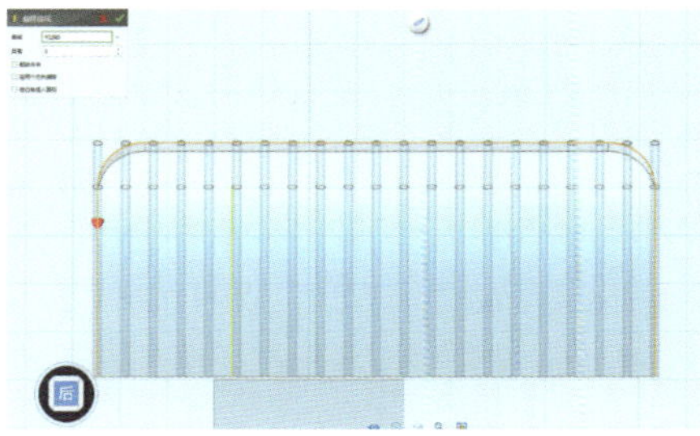

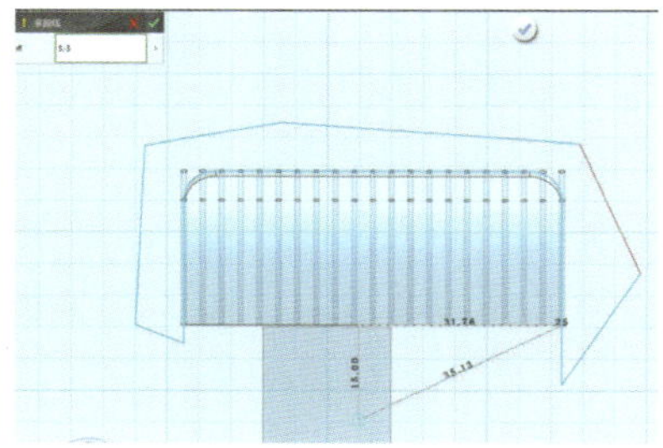

选择【拉伸】命令，【减运算】，拉伸距离为56mm，单击【完成】，删除六面体并显示所有模型，完成建模。

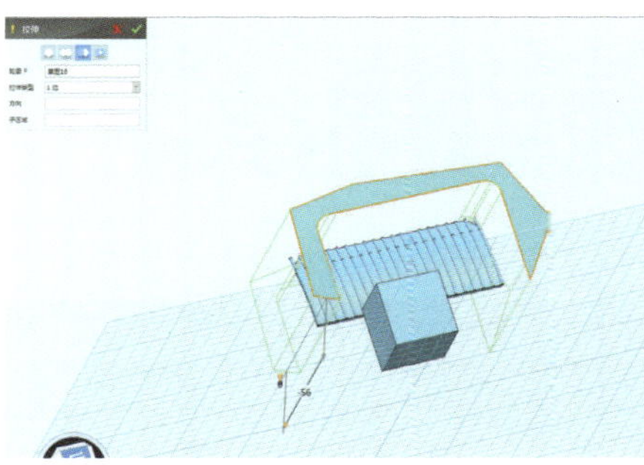

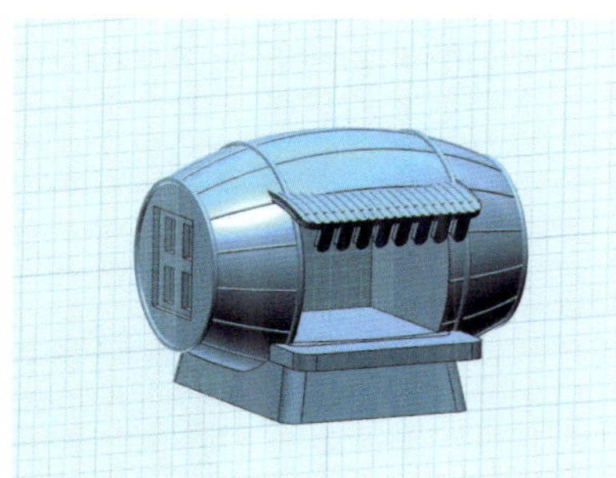

将做好的模型导入 UP Studio 切片软件中，如下图所示。

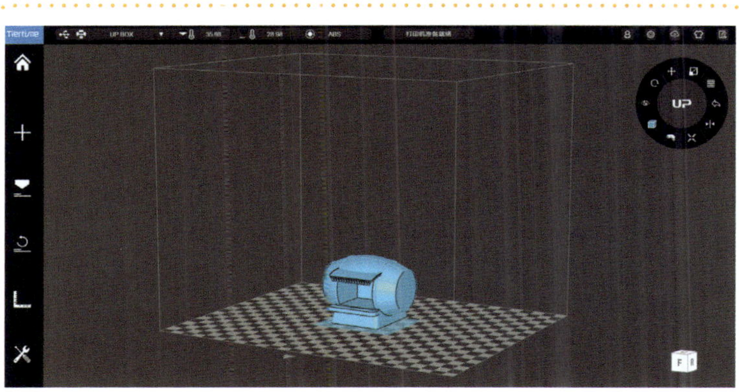

其他游乐设施所用基本指令在以上模型设计中都有所包含，请自行完成设计。

PART 2 第二节 3D 打印制作

一、修复

前面的章节陆续介绍了一些打印参数的设置技巧，本节介绍一个在打印操作中可能遇到的问题。

模型在正常状态下，选中时颜色显示为蓝色，但有时在三维软件中设计时，片面结构可能出现错误，如下图所示部分模型显示成红色，说明存在问题，但不要担心，即使出现这种意外情况，UP Studio 依然可以帮助完成修复。

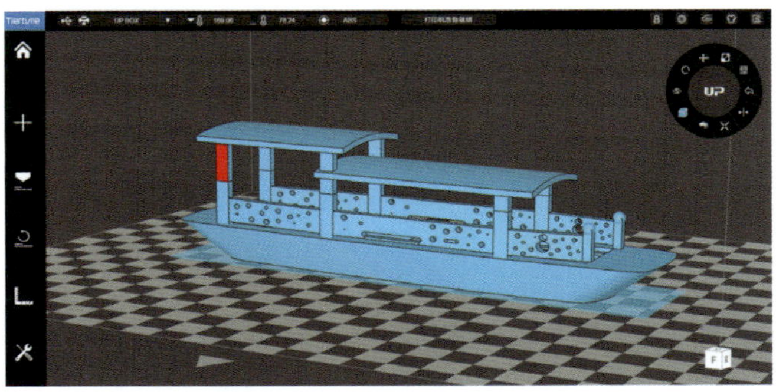

在 UP Studio 操作界面右上角的圆盘状选项中，找到【类别】中的【修复】，单击【修复】，如右图所示。

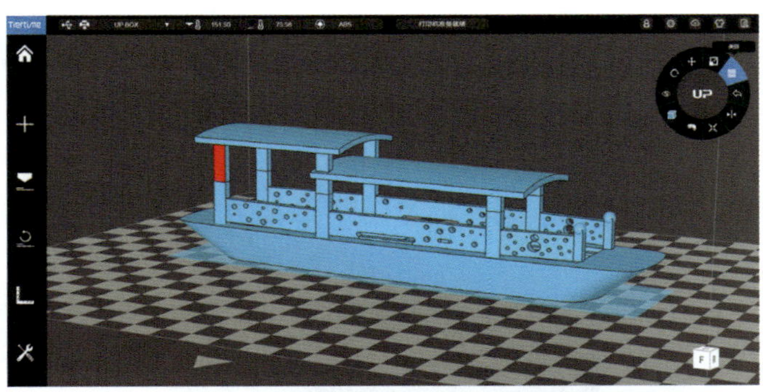

修复完成后如下图所示，红色部分消失，此时模型状态为正常，可以开始打印。

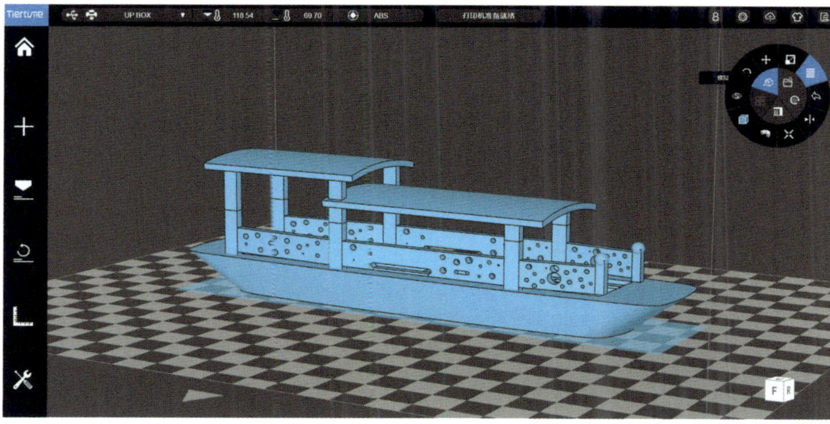

小提示

有时模型内部结构出现错面、交叉面，影响打印效果，在打印设置中有一个【非实体模型】，勾选此选项，同样可以在打印时帮助优化模型。

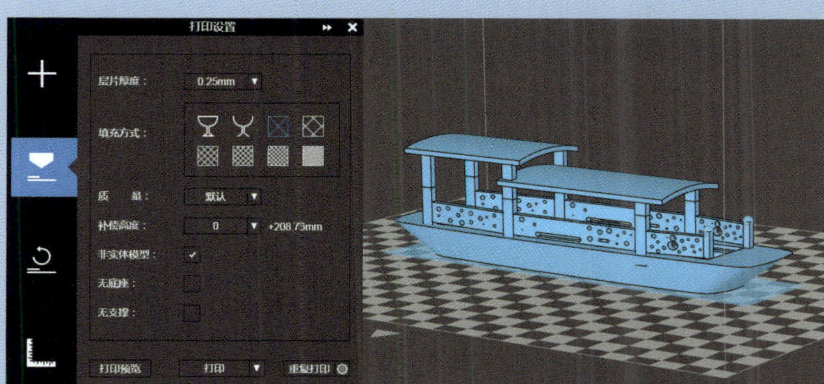

二、更换丝材

3D 打印 ABS 和 PLA 丝材有多种颜色，有时为了搭配颜色，在打印时可以替换不同的颜色，这里就涉及打印丝材更换的功能。

打开 UP Studio 主页面，单击【维护】中的【撤回】选项，撤回丝料，待丝料完成撤回后，再次单击【挤出】丝材，完成换丝操作。

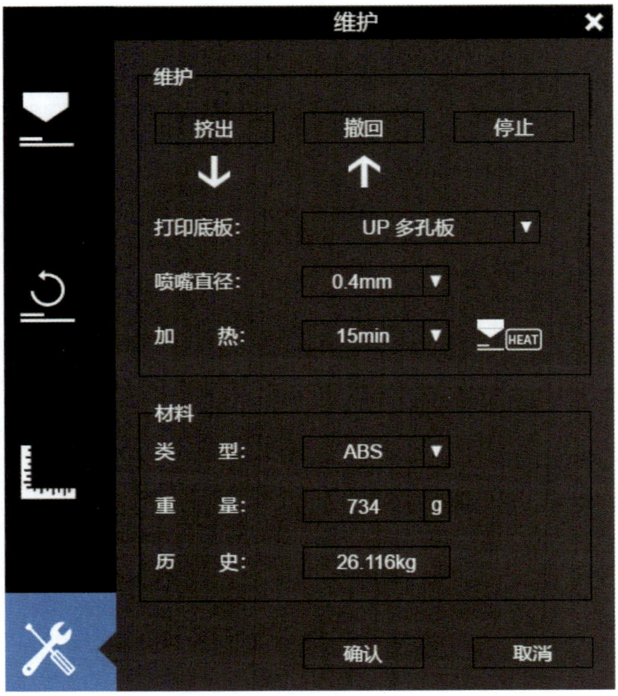

注

1. 每次更换需要将原有丝材先撤回再挤出，如果直接挤出，容易造成喷头堵塞。

2. 每种材料温度不同，如果所更换丝材类型不同，需要在 UP Studio 软件中更换【材料】中的丝材【类型】，以防造成设备损坏。

打印好的成品如下图所示。

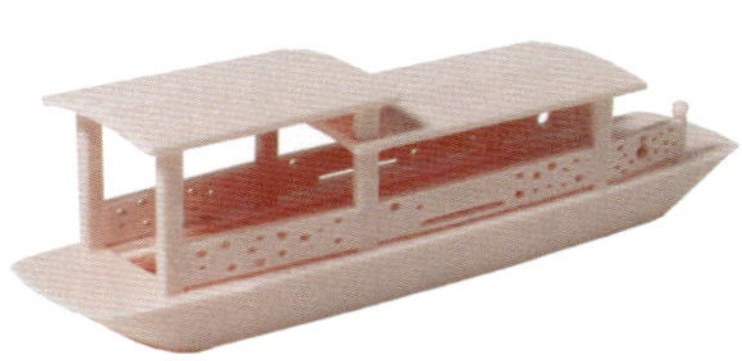

PART 3 第三节 场景设计制作

准备物品：场景木质底板、泡沫板、白胶、碎石子、水景膏、打印完成的所有模型、丙烯颜料（钛白、东方紫、蓝绿、草绿、粉红、基本红、深黑、基本蓝、佩恩灰、淡蓝、紫色、粉色、银色、镉橙、柠檬黄等，颜色选择仅做参考）。

一、场景底板

（1）准备 60cm × 60cm 的木质底板作为场景底板，如下图所示。

（2）准备相同尺寸的白色泡沫板，在中心位置可以先绘制出一个类似于湖的形状，把中间部位全部掏空，使用白胶，将白色泡沫板与底板粘贴在一起，如下图所示。

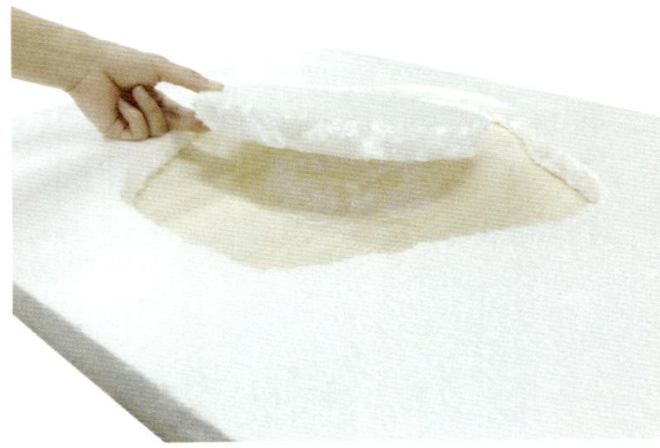

（3）使用丙烯颜料绘制底板，由于场景定位为游乐园，因此可以选择相对明亮一些的颜色作为主色调。下面，以淡群青蓝色为底板主色，上面分别用东方紫、蓝绿、草绿、粉红、基本红、深黑、基本蓝、佩恩灰绘制星球，在湖中撒一些石子，用白胶固定。

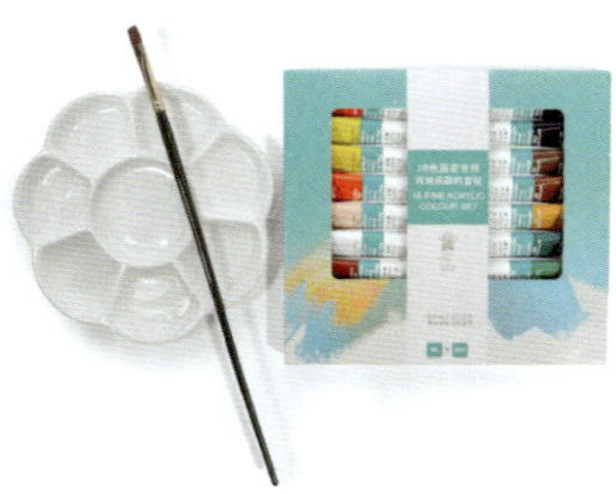

（4）使用水景膏铺于固定好的石子上，做出水的波纹状。

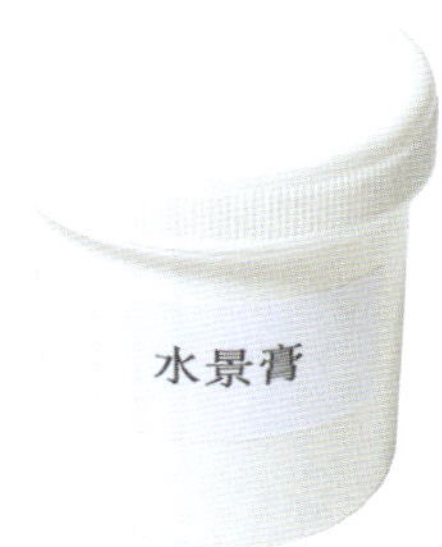

（5）待水景膏晾干后，在做好的星球周围绘制出行星环，增加立体感，底板制作完成。

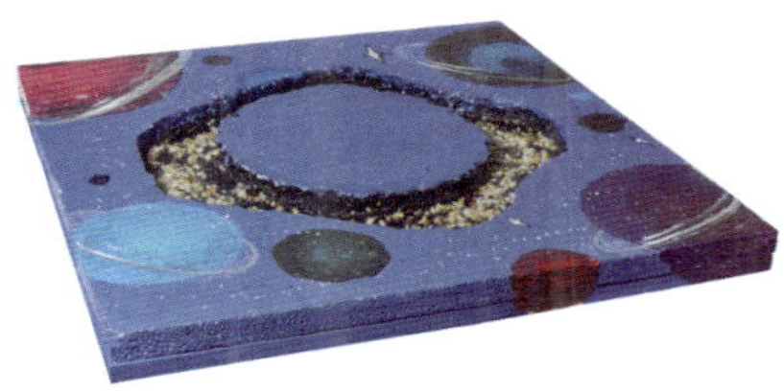

二、游乐设施模型

1. 城堡

城堡以柠檬黄为底色，使用淡蓝、紫色、粉色做细节勾勒，城堡前的喷泉以银色为底色，使用柠檬黄做边缘勾勒，如右图所示。

2. 摩天轮

使用佩恩灰作为摩天轮的底色，使用银色和粉色做细节勾勒，如右图所示。

3. 大摆锤

以基本蓝和镉橙作为底色，使用柠檬黄勾勒细节，如右图所示。

4. 飞椅

以基本蓝作为底色，使用东方紫做边部细节处理，如右图所示。

5. 滑梯

以粉色和东方紫作为底色，楼梯及滑梯做细节处理，如右图所示。

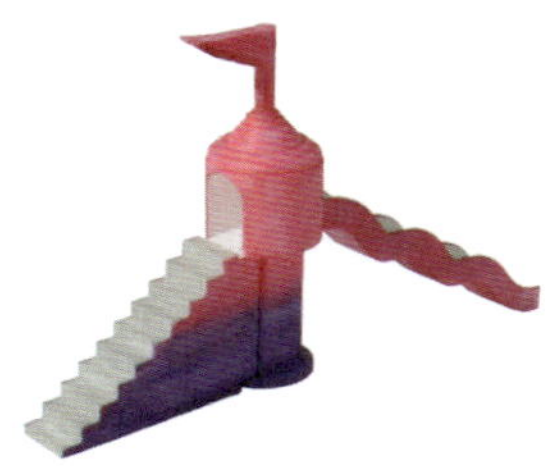

6. 商店

商店分为南瓜外卖车和桶房，南瓜外卖车主要出售各种零食，以东方紫为底色，桶房以饮料为主，使用基本蓝为底色，如下图所示。

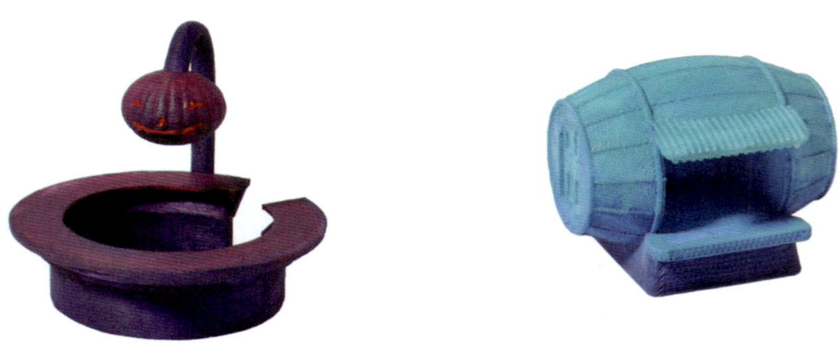

7. 船

湖中心的游览船使用钛白和蓝色的渐变效果，与湖水相呼应，如下图所示。

8. 桥

湖上用于连接城堡和游乐设施的桥梁使用紫色和粉色，如下图所示。

成品展示

思考与练习

1. 游乐园的作用都有哪些？

2. 你还喜欢哪些上述未提到的游乐设施，运用所学知识，尝试设计打印制作。

chapter 05

第五章
疯狂造物之星宿战争

学习目标

1. 学习三维建模软件的基本功能。
2. 掌握 3D 打印机打印旋转、位移、自动摆放及打印合并功能。
3. 利用丙烯等材料完成星宿战争场景的设计与绘制。

● 情景引入

在无垠的宇宙中，能源是一切。

福尔卓德星球，能源不仅仅是资源的象征，也是力量的源头。福尔卓德星球上的能源作为天然结晶，是一种实体化的矿石，可以被开发和使用。

纪元 90 年，福尔卓德的人们开始研究这种特殊的矿石。通过研究发现，矿石中蕴含着巨大的能量，因此，人们将该矿石命名为“宇宙之源”。与此同时，运用这一天然宝藏，福尔卓德的人们制造各类武器发展壮大自己，并防止外来星球的侵犯。

矿石促进了福尔卓德星球的强大，同时，也引来了临近星球的嫉妒，为了得到“宇宙之源”，战争一触激发……

根据自己的喜好，还原想象中的星宿战争，应该如何设计布局？在旁边的空白处绘制出来吧。

请在空白处设计一个星宿战场

以下面的平面示意图为例，设计星宿战场。

PART 1
第一节

三维建模设计

根据前文描述的情形，绘制福尔卓德星球与敌方战况，如下图所示。

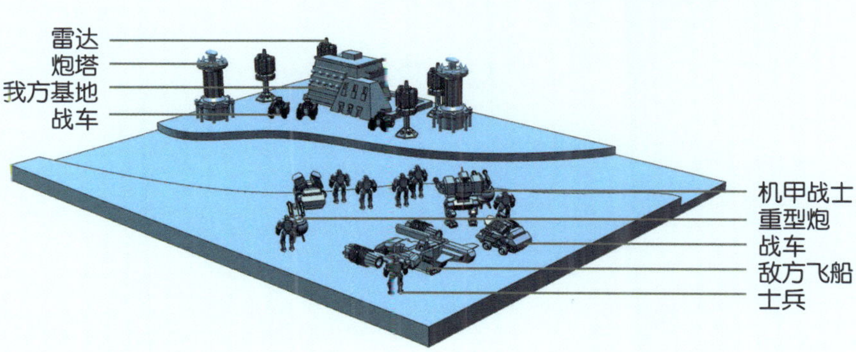

一、基地外观设计

使用【草图命令】绘制【矩形】，尺寸为45mm×65mm，如下图所示。

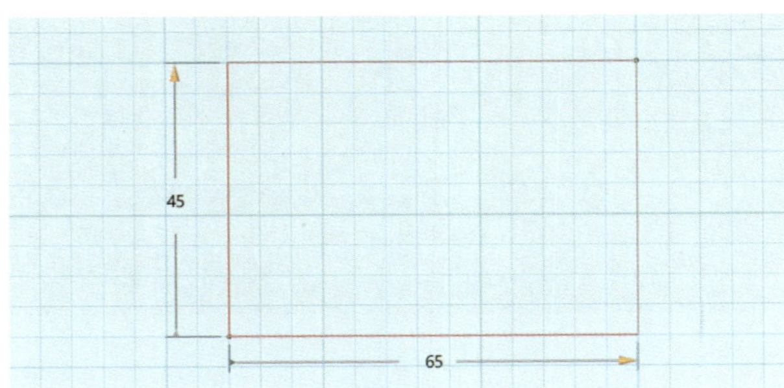

使用【特殊造型】中的【拉伸】功能，拉伸高度为40mm，设置拔模角度为−10°。

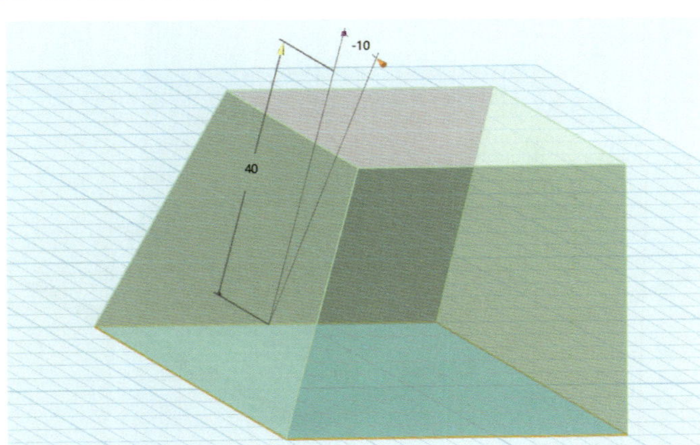

使用【草图命令】绘制【矩形】，尺寸为 30mm×50mm，如下图所示。

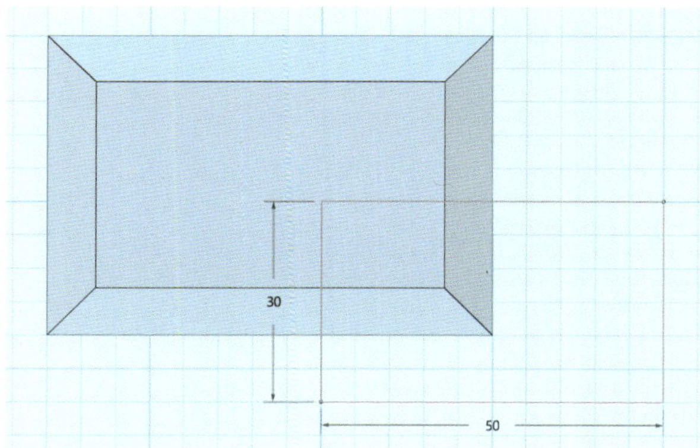

使用【特殊造型】中的【拉伸】功能，拉伸高度为 30mm，设置拔模角度为 −10° 。

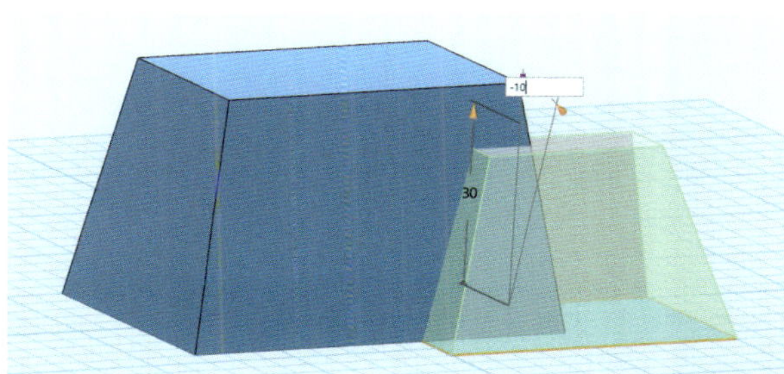

使用【草图命令】绘制【矩形】，尺寸为 −35mm×25mm，如下图所示。

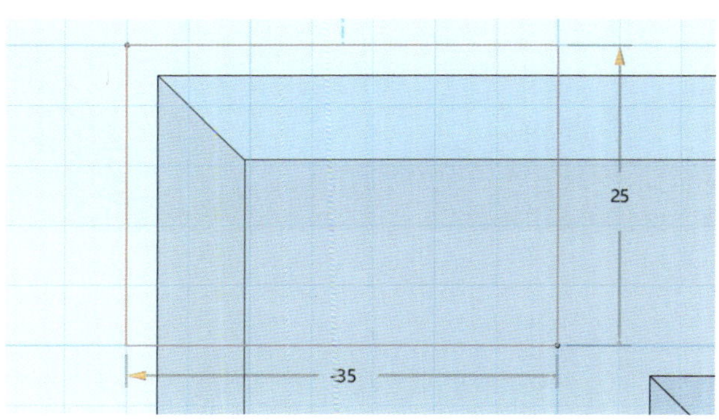

小提示

在该软件中所有的【-】号，表示为反方向，指与系统默认方向不同。

使用【特殊造型】中的【拉伸】功能，拉伸高度为-20mm，并且选择【减运算】命令。

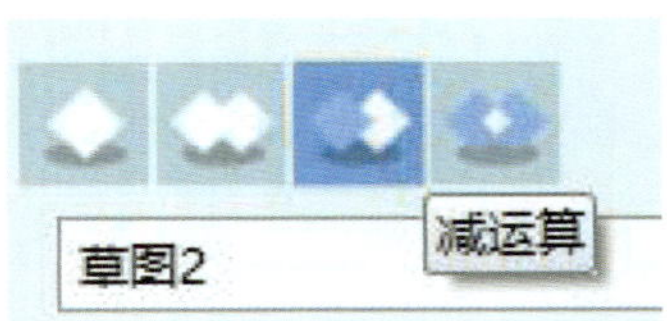

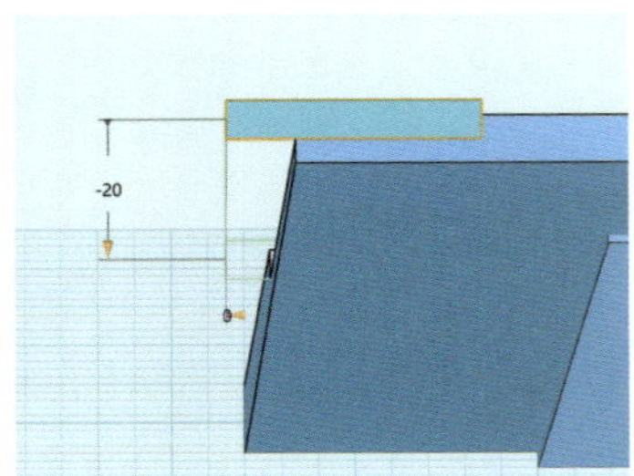

使用【基本实体】中的【六面体】功能，添加尺寸为3mm×3mm×4mm的长方体。

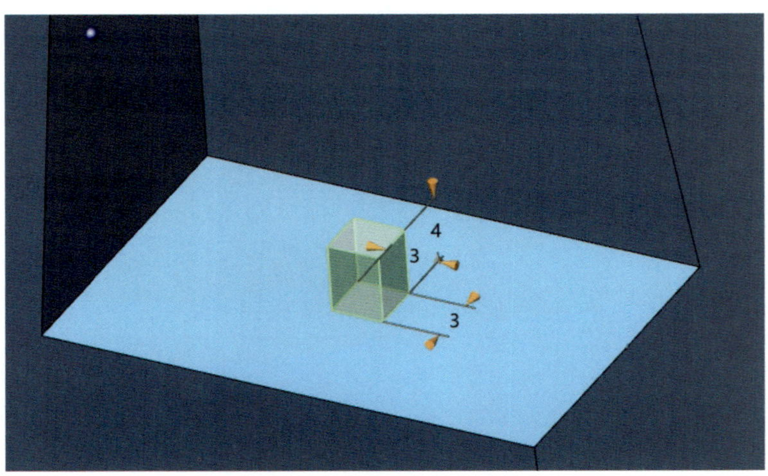

使用移动工具，移动六面体放置在合适的位置。

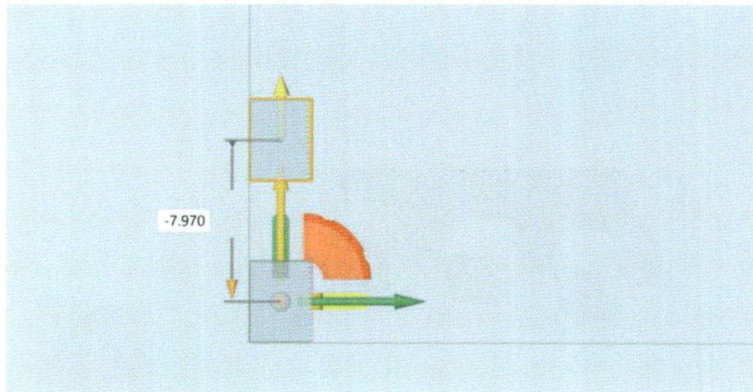

使用【基本编辑】中的【移动】命令，将六面体移动到边缘，如下图所示。

使用【基本编辑】中的【阵列】命令，阵列 3 个六面体，间隔为 12.9mm，如下图所示。

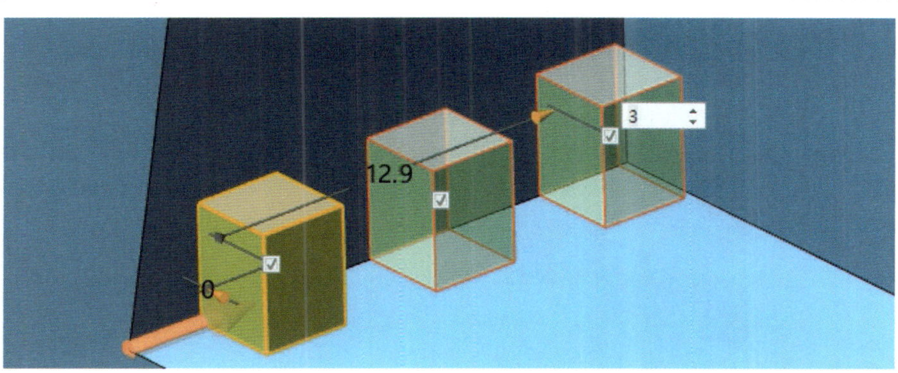

使用【草图命令】绘制【圆形】圆位置相对边缘化，半径为3mm，如下图所示。

使用【草图命令】中的【直线】与【链状圆角】命令绘制草图，如右图所示。

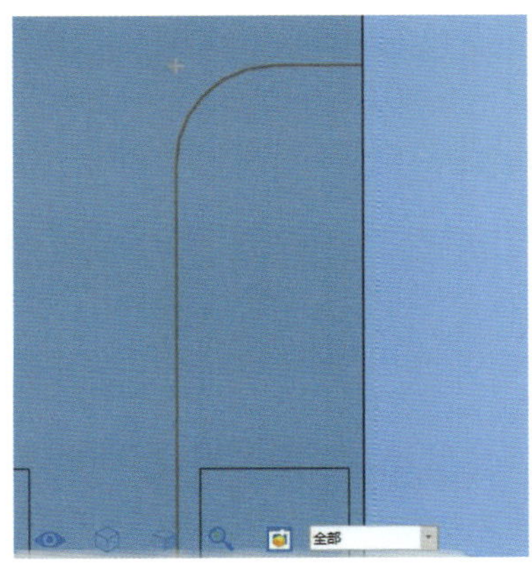

使用【特殊造型】中的【扫掠】，轮廓为草图圆，路径为草图线段，如下图所示。

使用【基本编辑】中的【阵列】命令，阵列 3 个六面体，间隔为 12.9mm，如下图所示。

添加六面体，尺寸为 15mm×10mm×10mm。

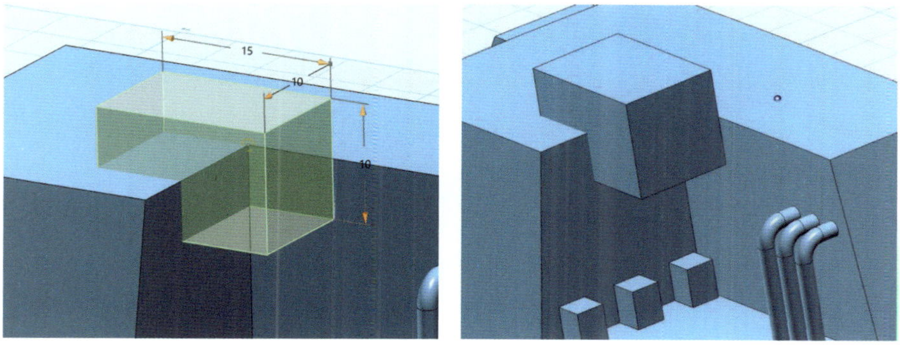

添加六面体，尺寸为 5mm×5mm×40mm。

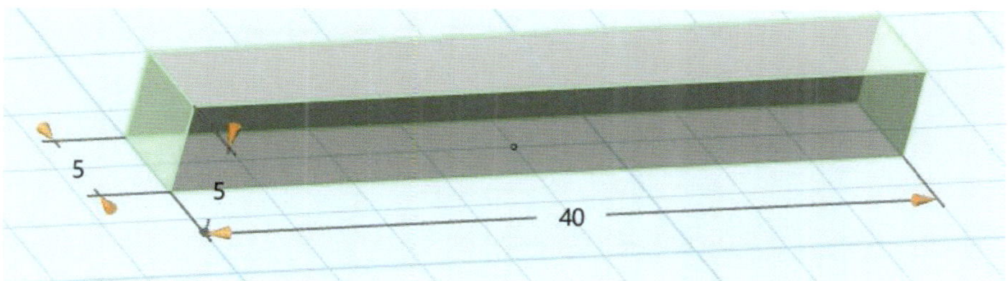

使用【移动】命令，移动模型到合适位置，如下图所示。

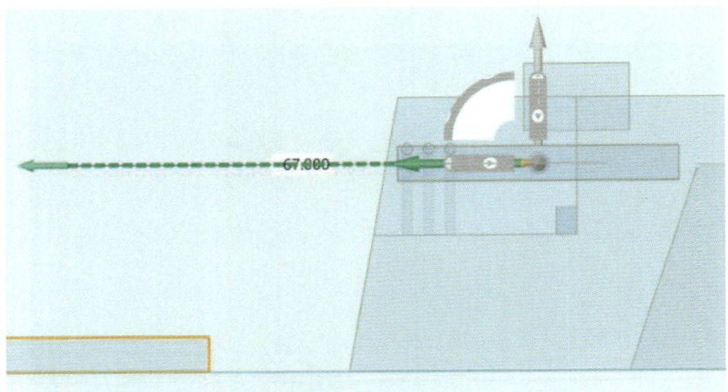

使用【阵列】命令，阵列 4 个，间隔为 26.61mm。

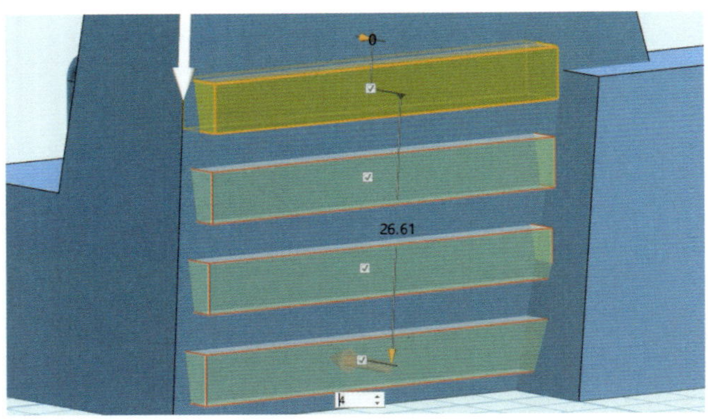

使用【基本编辑】中 的【DE 移动】命令，偏移长出部分，数值适当，如下图所示。

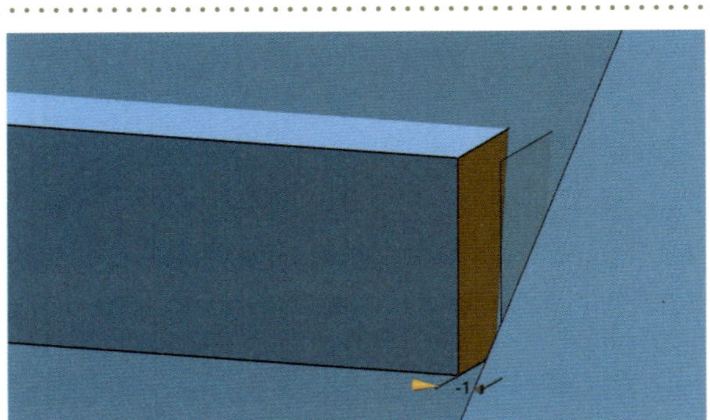

绘制矩形草图，尺寸为 70mm×50mm，拉伸高度为 -5mm，角度为 10°。

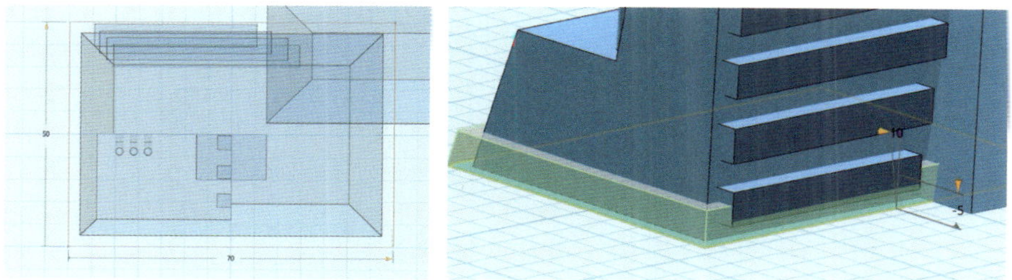

绘制能量罐，放置半径为 8mm，高为 20mm 的圆柱体，圆角为 5mm，放置半径为 9mm、直径为 1mm 的圆环，阵列得到多个，如下图所示。

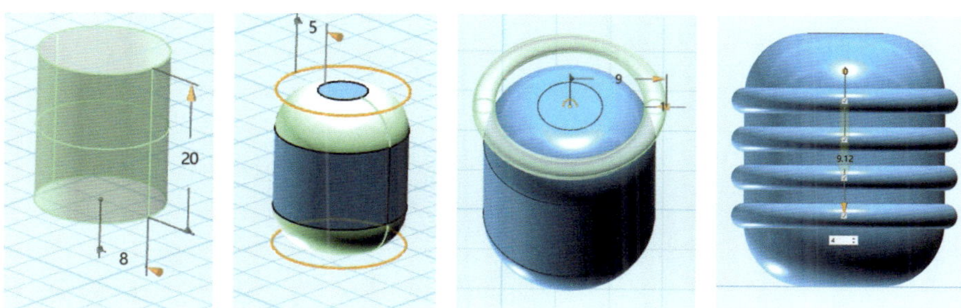

使用移动命令将能量罐放置在基地的后方。

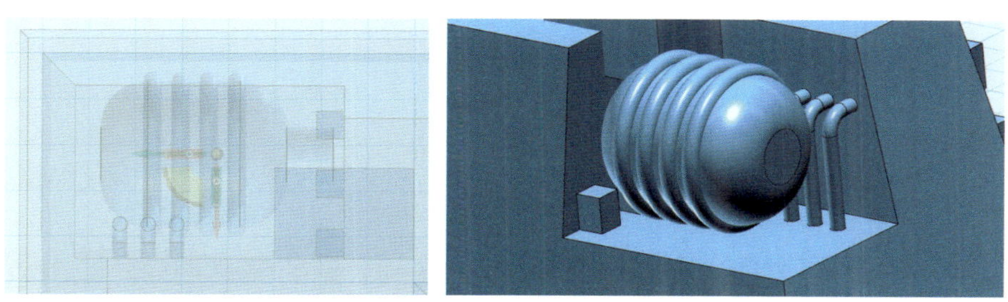

添加连接的管道，添加相应细节，如下图所示。

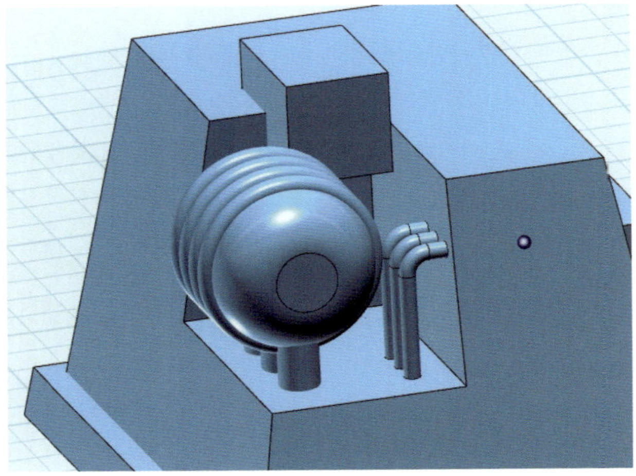

放置球体，半径为 1.5mm。使用阵列命令，阵列 6 个，如下图所示。

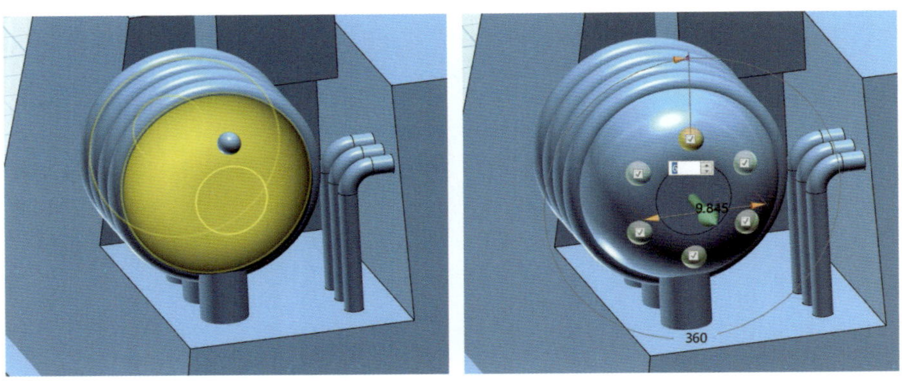

在基地侧面添加六面体，阵列 10 个。

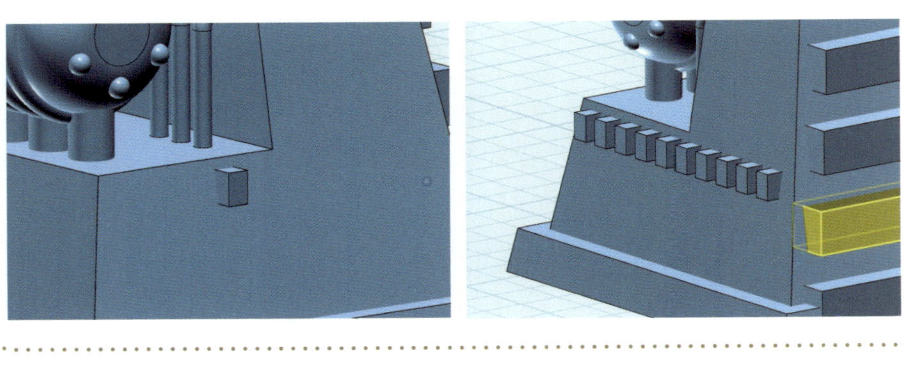

在基地顶部添加边缘细节，使用六面体绘制模型。

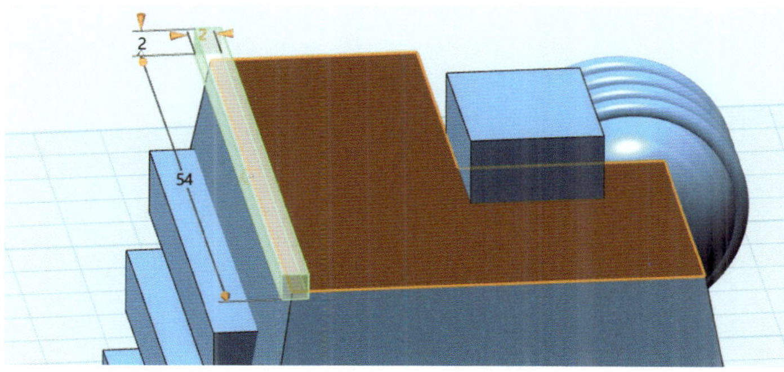

再次放置六面体绘制模型。

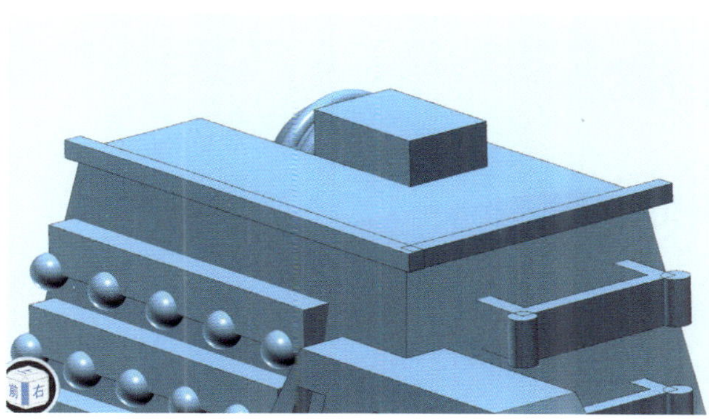

模型完成，如下图所示。

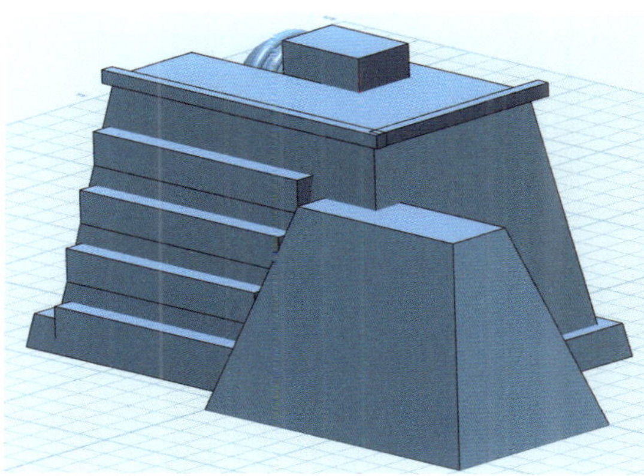

绘制草图矩形，如下图所示，长 4.29mm，宽 11.978mm。

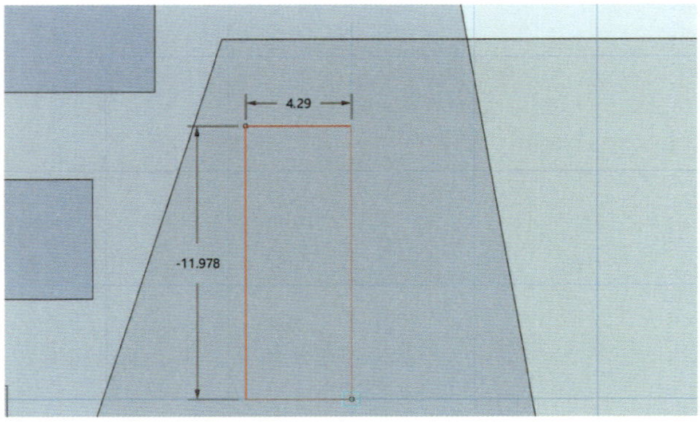

使用【阵列】命令，阵列草图个数为 3 个，如下图所示。

使用【拉伸】命令，拉伸草图，使用【减运算】，厚度为 -2mm。

添加球体，半径为 2mm。

使用【阵列】命令，阵列数量根据模型长度而定。

添加六面体为参考面，绘制草图。

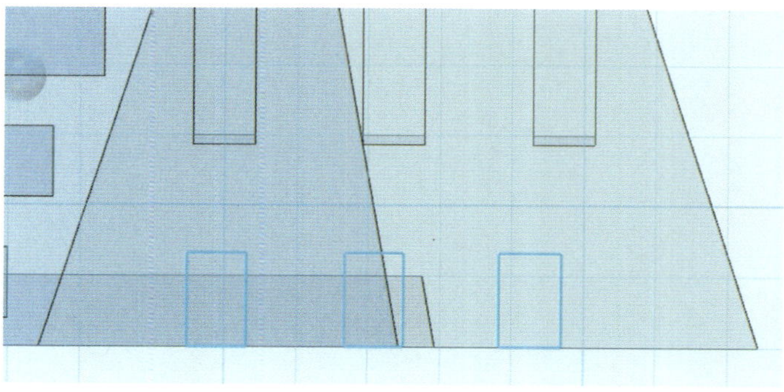

拉伸草图，选择【减运算】，完成绘制。

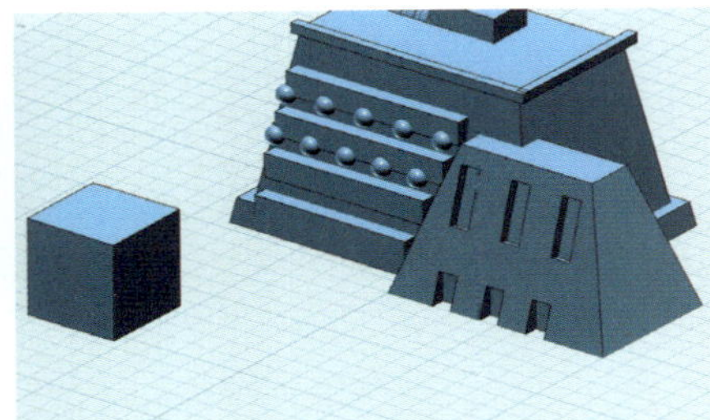

使用【拉伸】制作大门上的标牌，拉伸尺寸根据门的宽度而定，如下图所示。

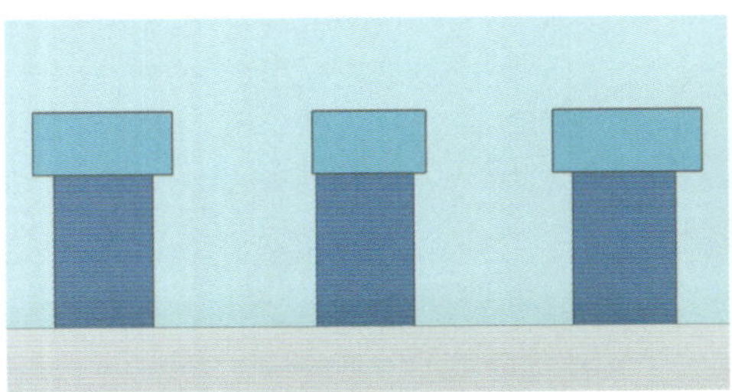

绘制窗户隔层草图，宽度与窗户相同，高度是之前窗户的一半。

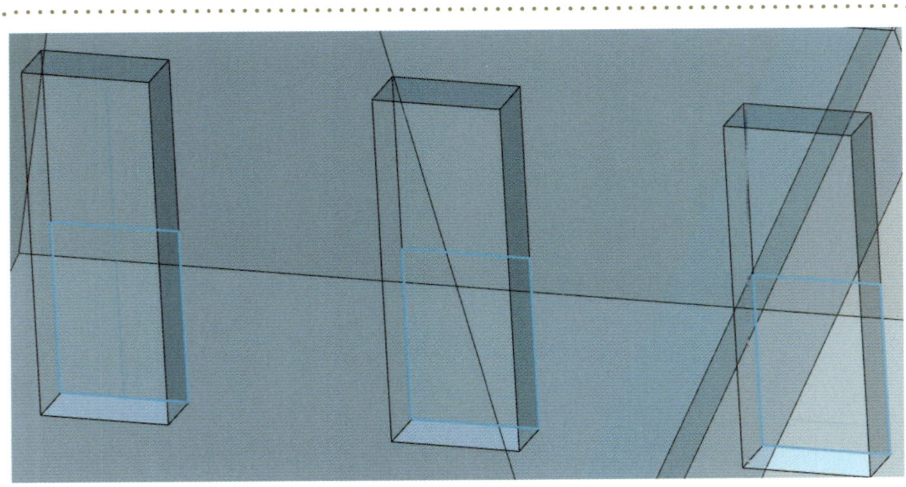

拉伸草图，厚度为 3mm，如下图所示。

绘制草图矩形，尺寸为 70mm×55mm。使用【拉伸】命令，拉伸高度为 5mm。之后使用拉伸中的【减运算】做出地基，如下图所示。

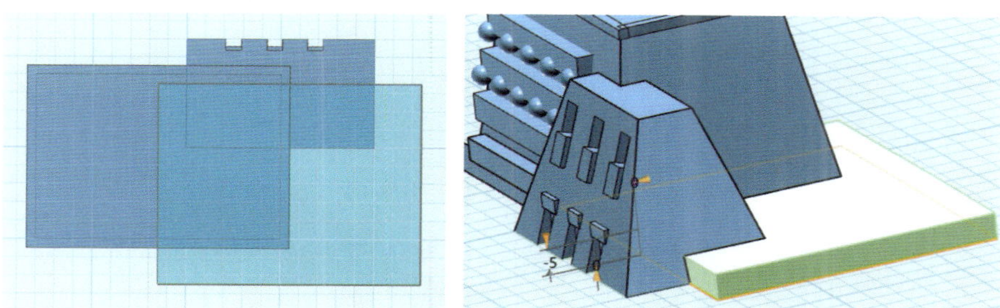

绘制草图，使用【拉伸】命令，拉伸高度为 −3mm，用【减运算】做出地基凹槽，如下图所示。

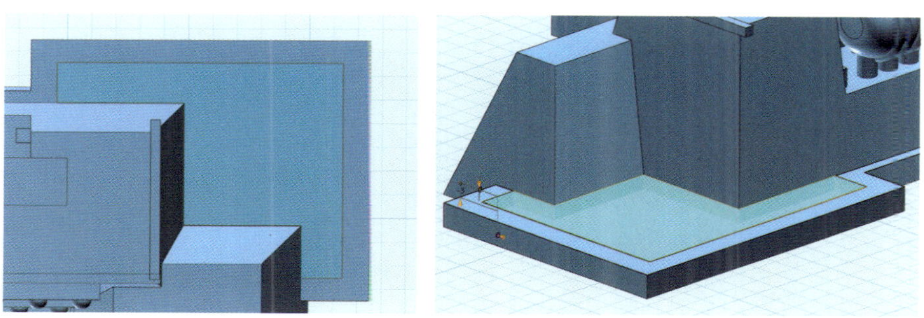

绘制小窗户，并且拉伸深度为 -2mm。

放置六面体，使用【抽壳】命令，厚度为 2mm，如下图所示。

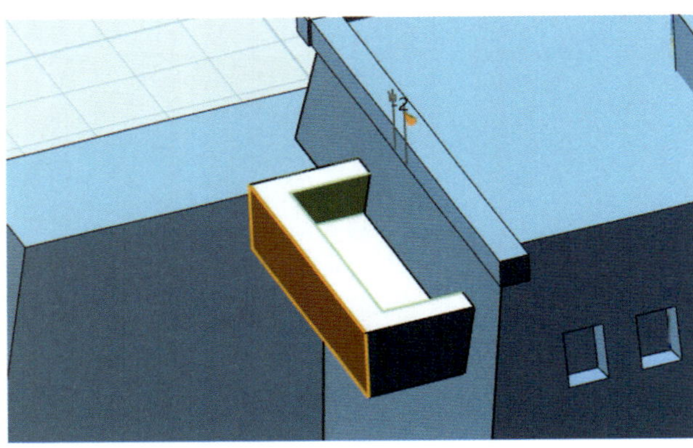

添加圆柱体，并且阵列多个模型，完成绘制。

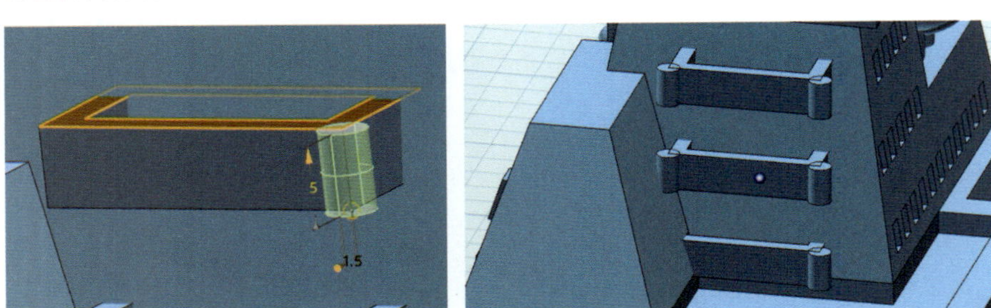

绘制排风口，放置圆柱体，在表面绘制三角形草图，阵列组成模型。

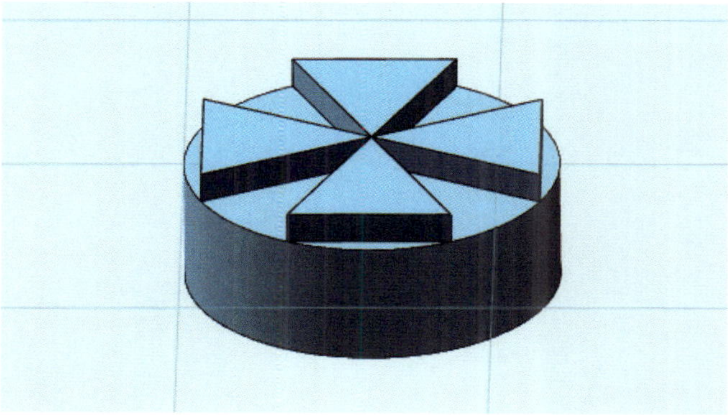

使用【圆环】命令，添加圆环特征以及放置球体。

【阵列】3 个模型，添加圆盘，移动到基地上面。

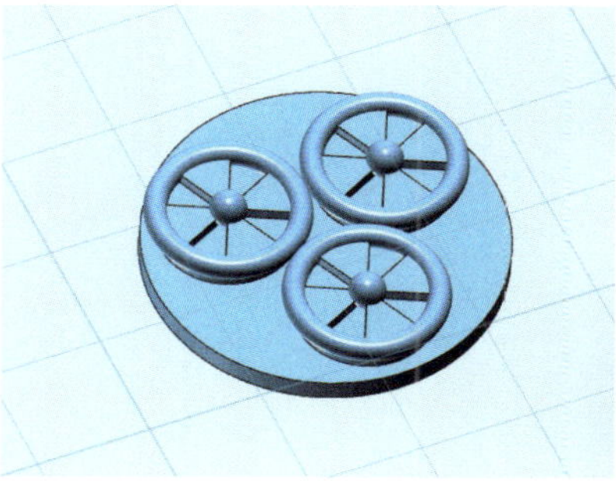

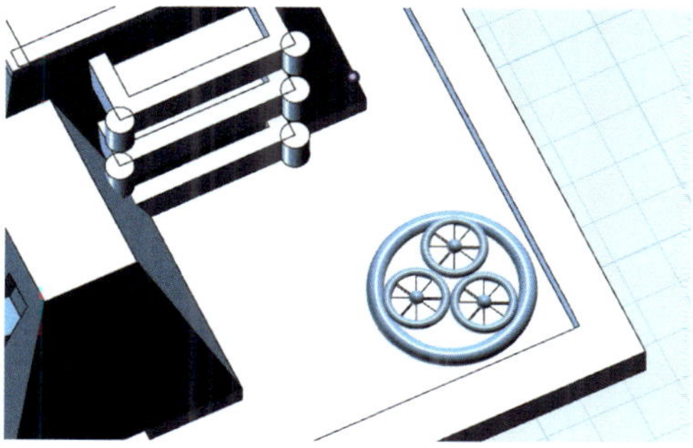

绘制完成整体模型，再次观察模型外观，看是否有干涉部分，保存模型并导入 UP Studio 切片软件中准备打印，如下图所示。

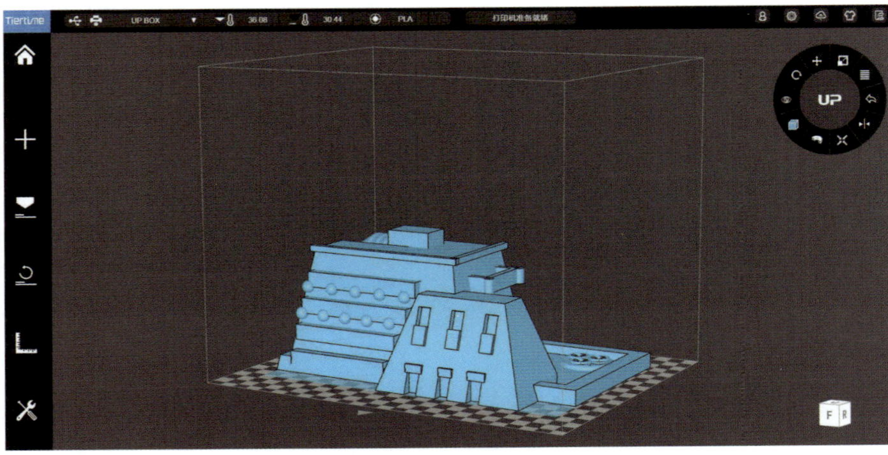

二、机械设施设计

1. 炮台

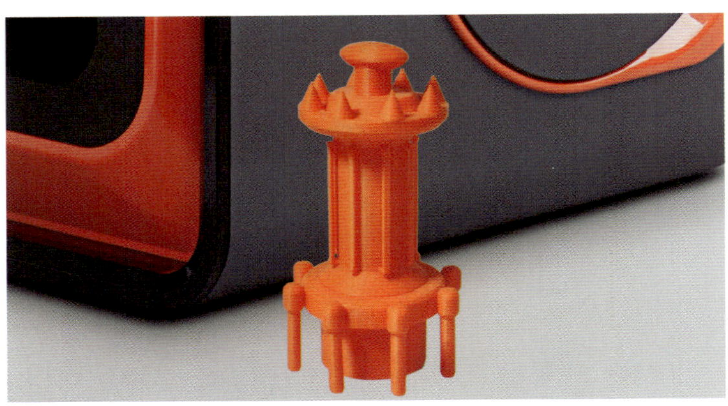

绘制圆柱体，半径为 15mm，高为 30mm。

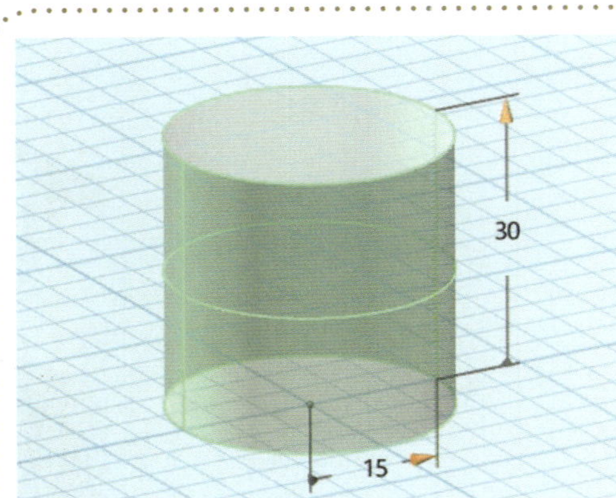

使用【倒角】命令，倒角为 5mm。

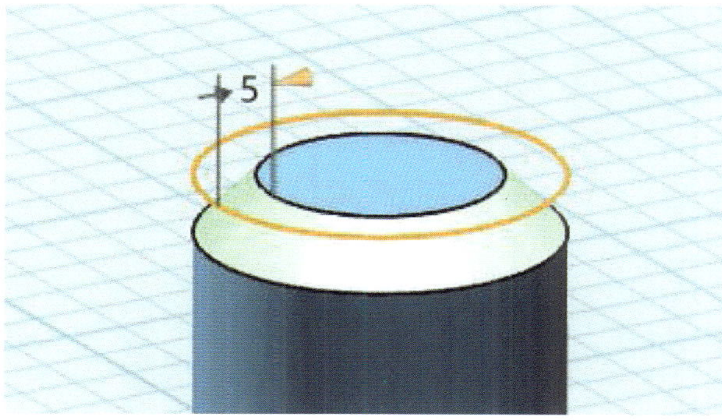

再次绘制圆柱体，半径为 10mm，高为 35mm。

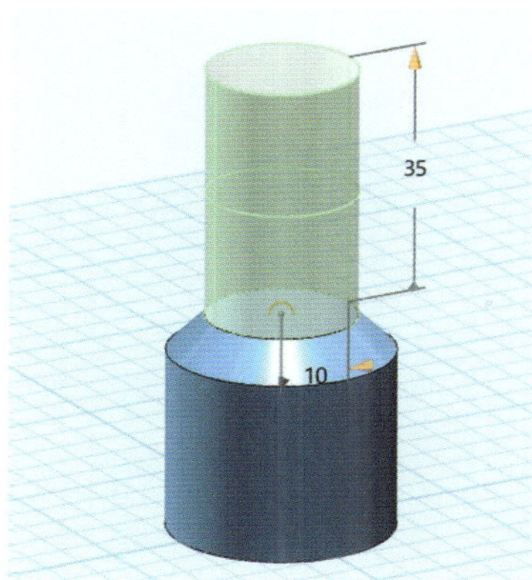

单击圆柱上表面，拉伸平面，高为 7mm，角度为 35°。

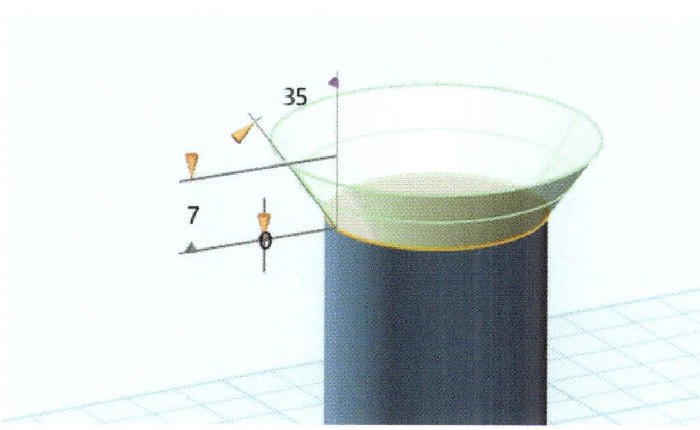

使用【拉伸】命令拉伸平面，如下图所示。

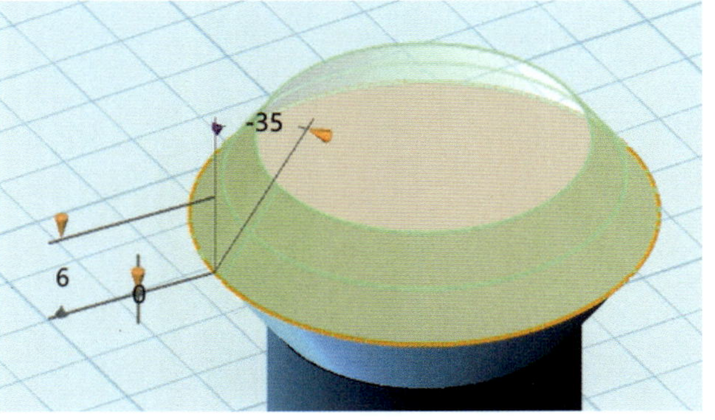

添加圆柱体，半径为 20mm，高为 7mm，如下图所示。

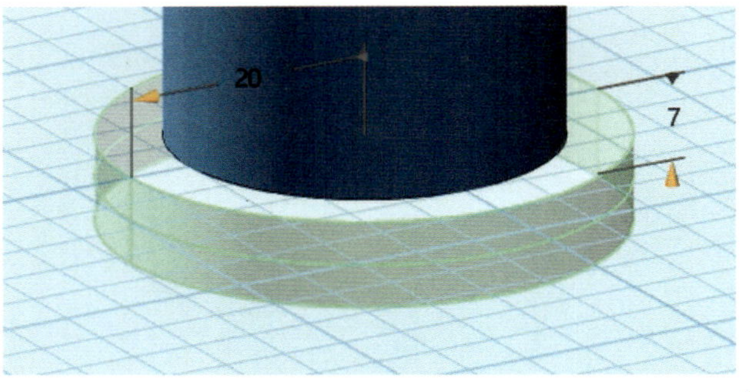

使用【移动】命令将模型移动到合适位置，如下图所示。

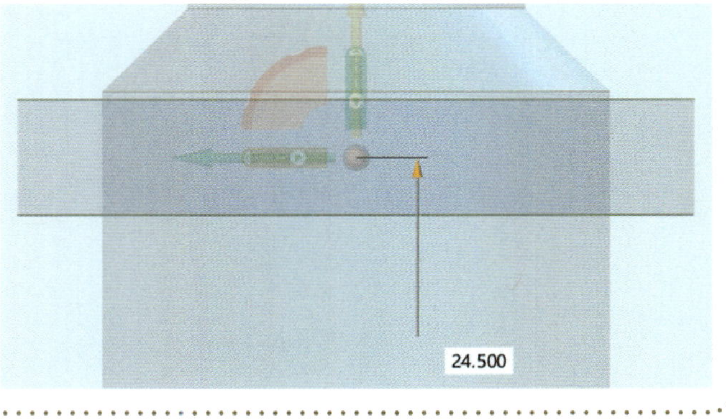

放置圆柱体，半径为 3mm，高为 8mm。

使用【圆角】命令，倒角为 2mm，如下图所示。

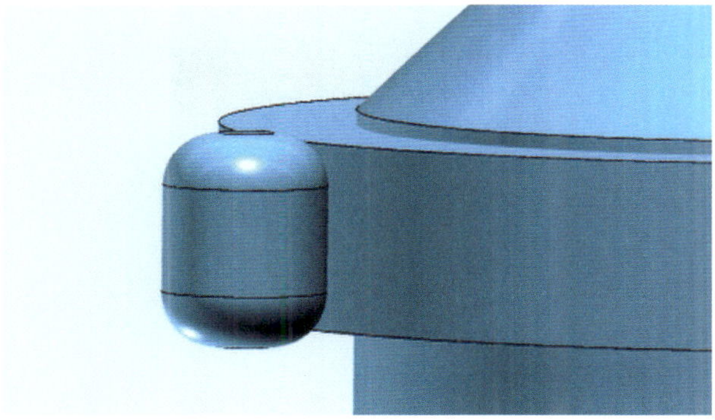

使用【阵列】命令，把圆柱体阵列 8 个，如下图所示。

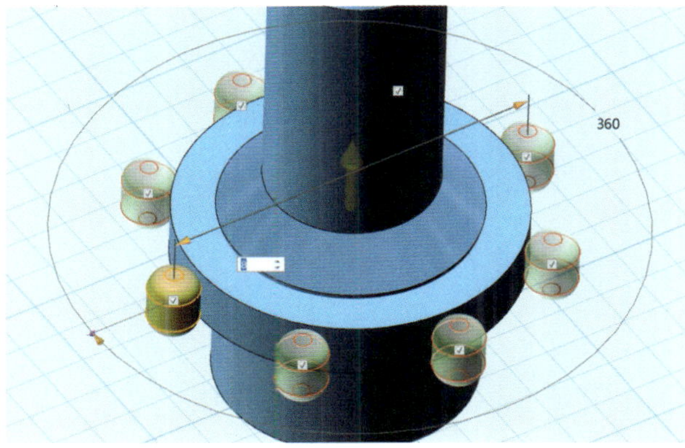

放置圆柱体，半径为 2mm，长为 17.2mm。

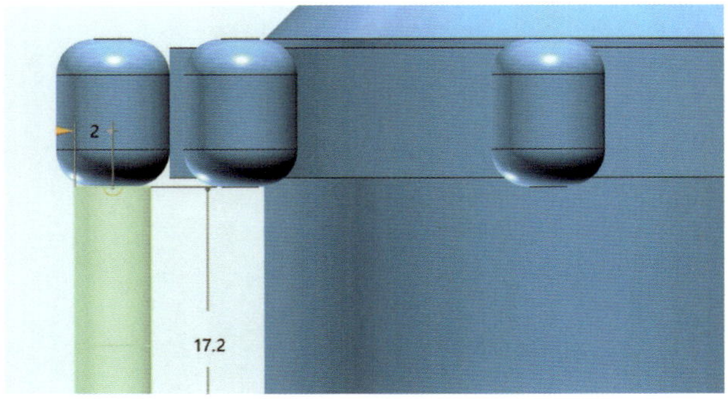

通过阵列，绘制 8 个圆柱体，如下图所示。

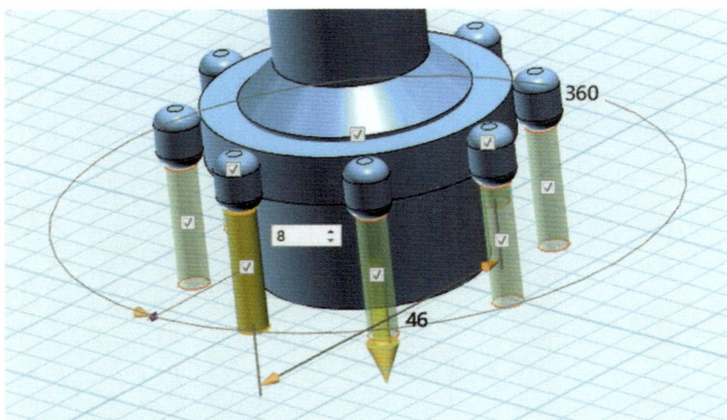

放置六面体，尺寸为 5mm×2mm×35mm。放置位置如下图所示。

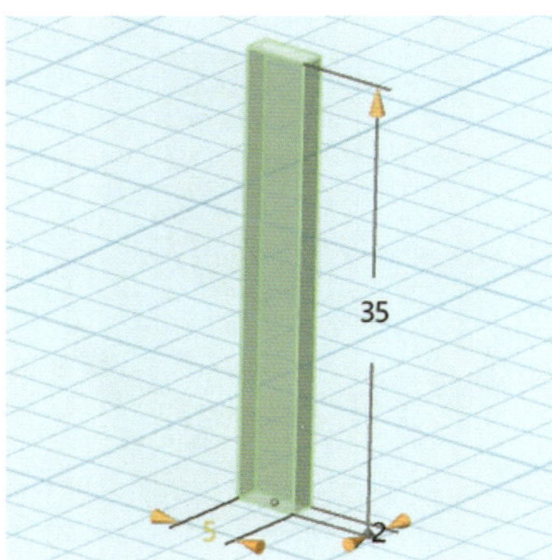

使用【移动】命令，放置六面体与圆柱相交。

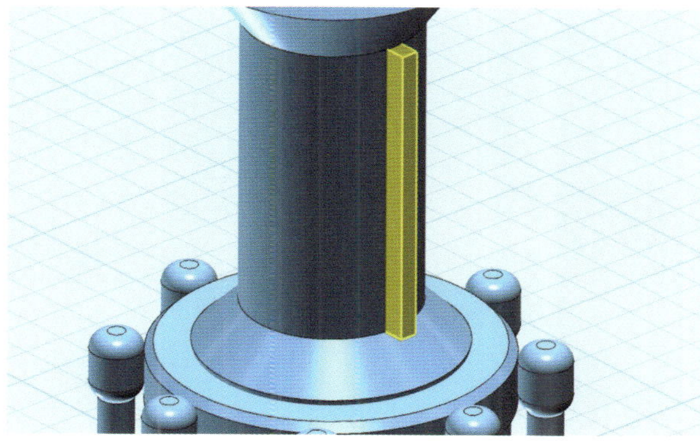

绘制草图，拉伸选择【减运算】，如下图所示。

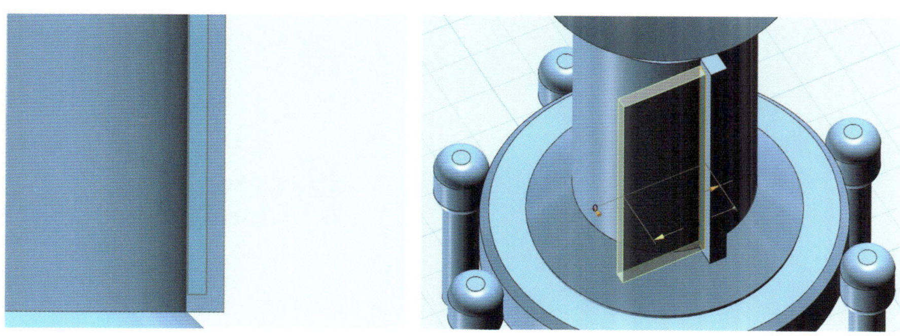

阵列裁剪完成后的模型，阵列数量为 8，如下图所示。

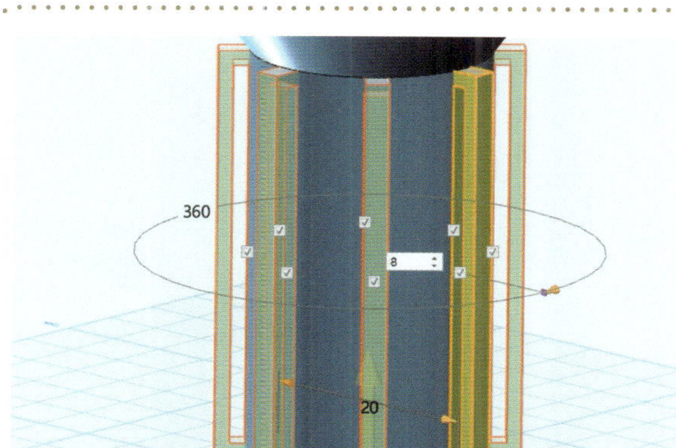

放置圆柱体，半径为 20mm，高为 5mm。

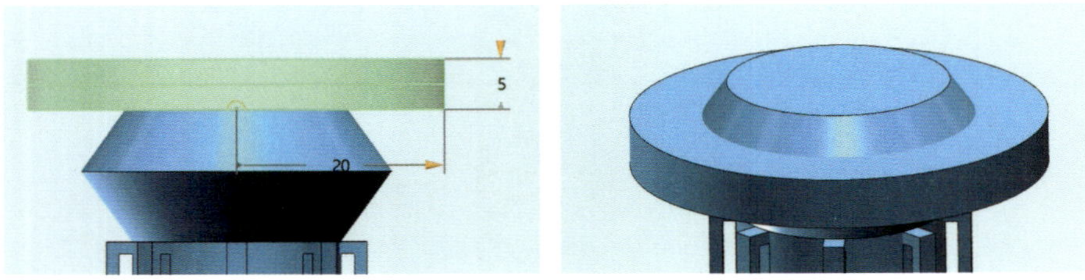

放置圆锥体，半径为 3.5mm，高为 8mm。阵列数量为 8 个，如下图所示。

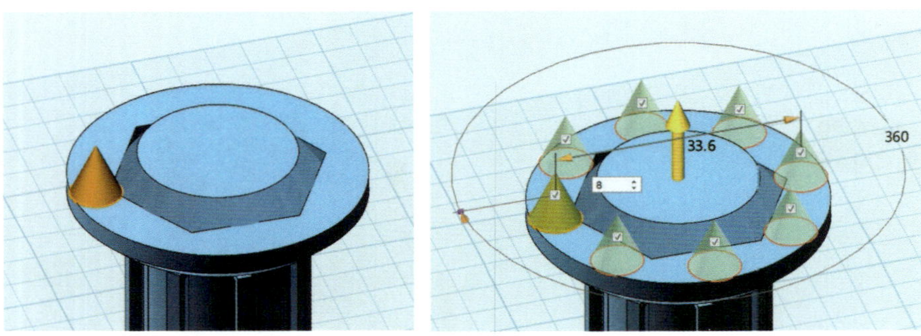

绘制顶部细节，添加圆柱体及椭圆体。

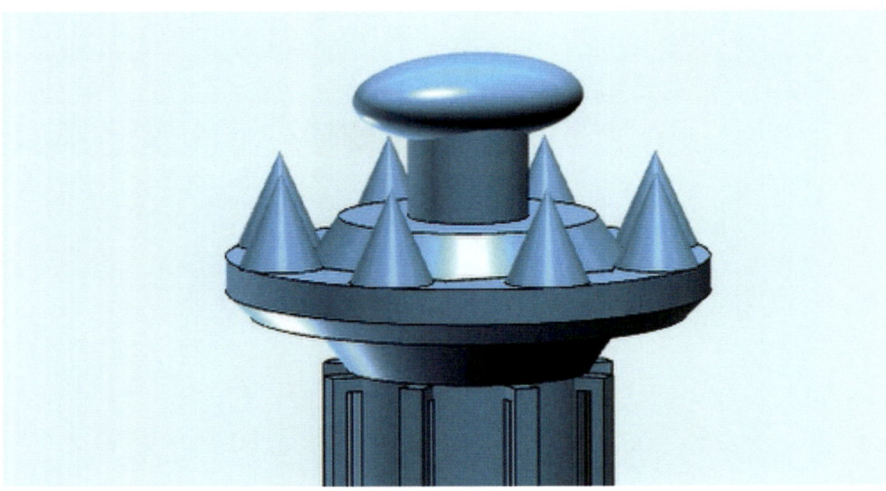

检查模型是否有错误，并且保存模型。

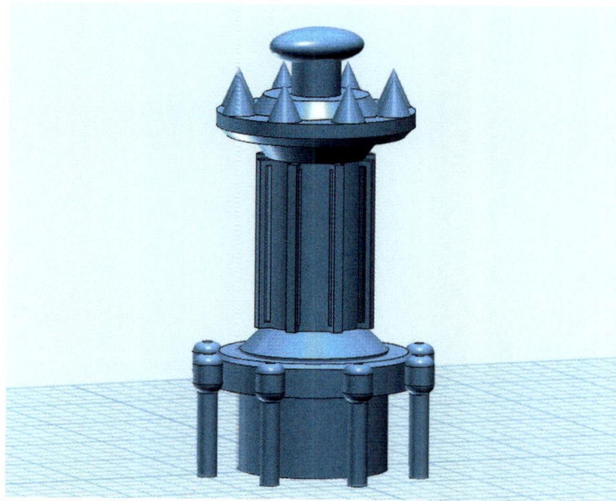

2. 雷达

首先使用【草图绘制】中的【正多边形】命令，绘制如下图所示的正六边形。

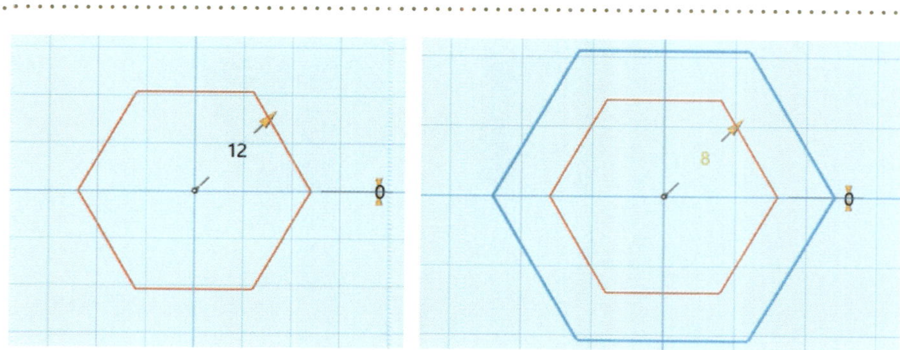

使用【拉伸】命令，拉伸高度为30mm。

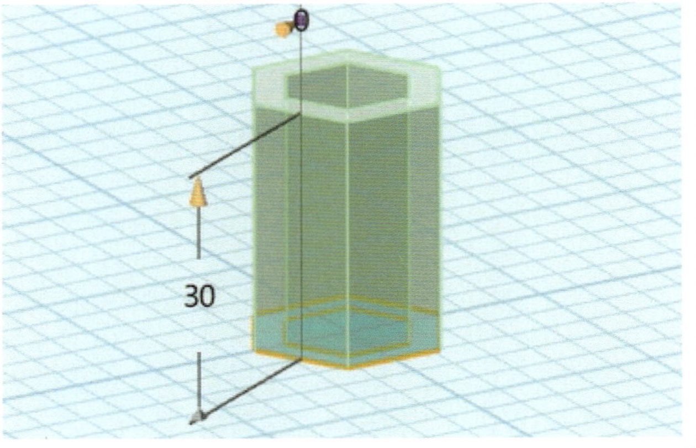

绘制草图，拉伸为面。使用【特殊功能】中的【实体分割】，分割模型。如下图所示，完成模型的裁剪。

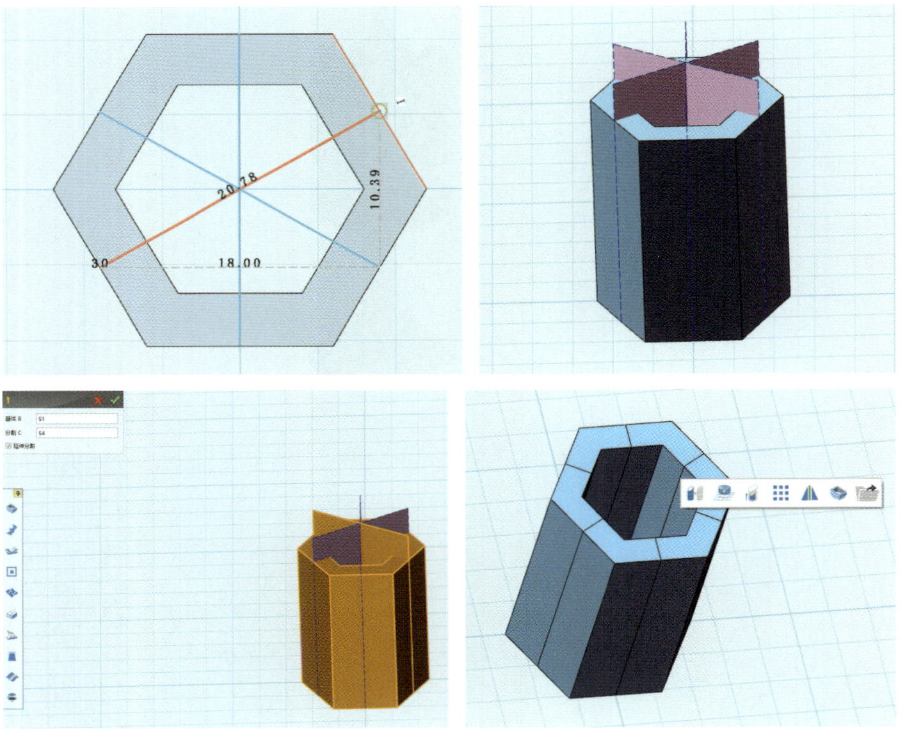

使用【移动】工具移动模型为开放式，间距为2mm，如下图所示。

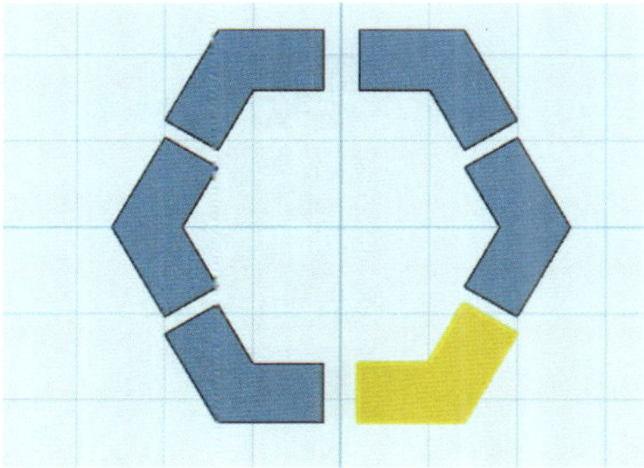

绘制草图，并且拉伸选择【减运算】，裁剪模型为上下两部分。

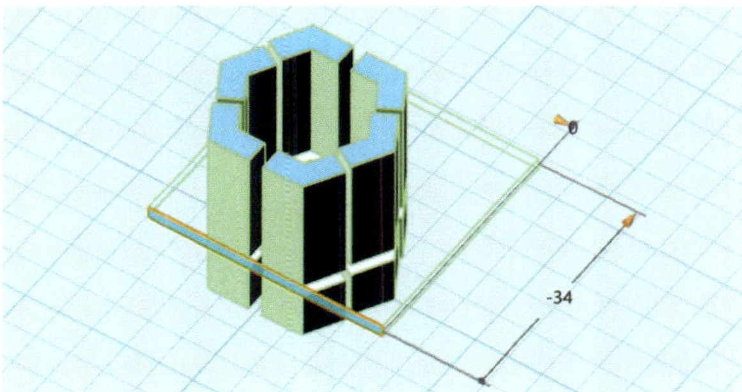

绘制六边形，内六边形边长为 8mm，外六边形边长为 11mm，将其【拉伸】。

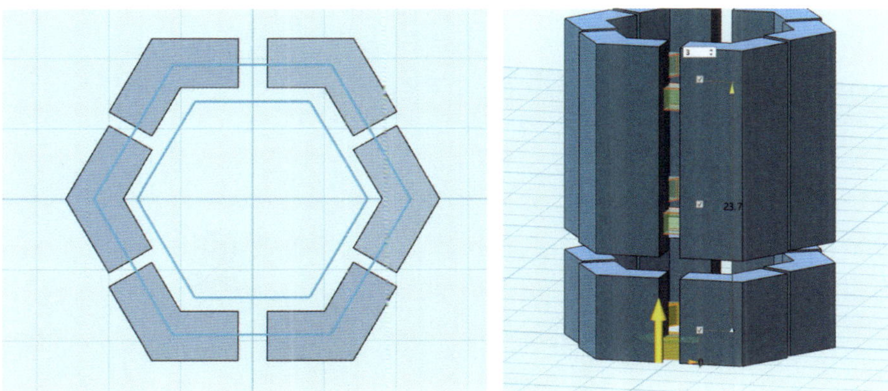

底部绘制草图，六边形边长为 3.5mm，拉伸高度为 −20mm，如下图所示。

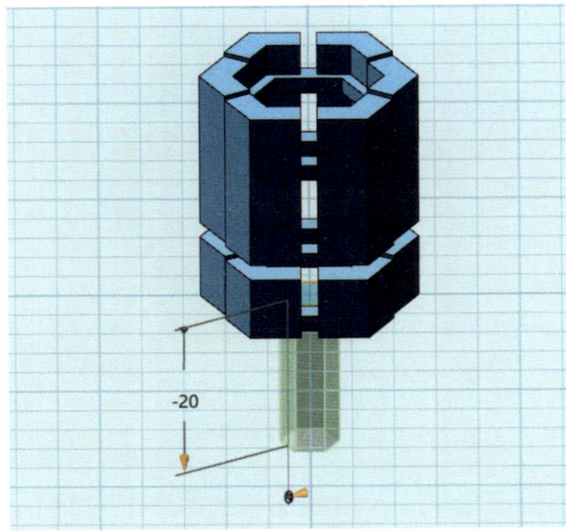

底部拉伸高度为 –10mm，角度为 –45°，如下图所示。

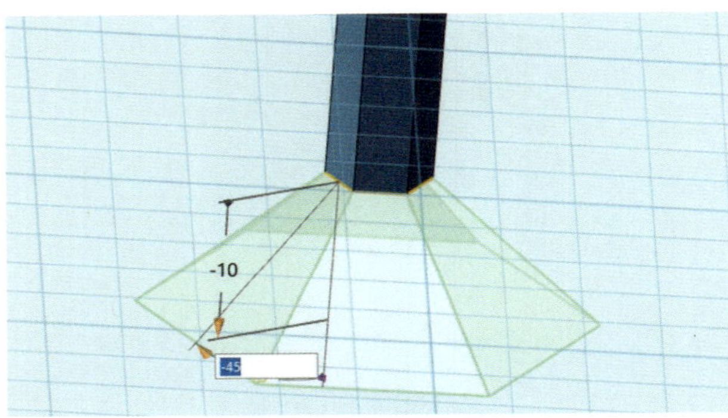

选中一个表面向外【拉伸】并缩小后，使用阵列命令阵列 6 个，完成模型，如下图所示。

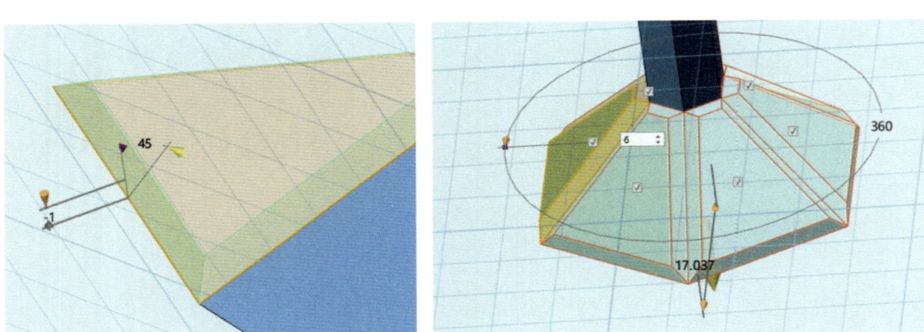

同理拉伸雷达表面，拉伸高度为 1mm，角度为 60° ，如下图所示。

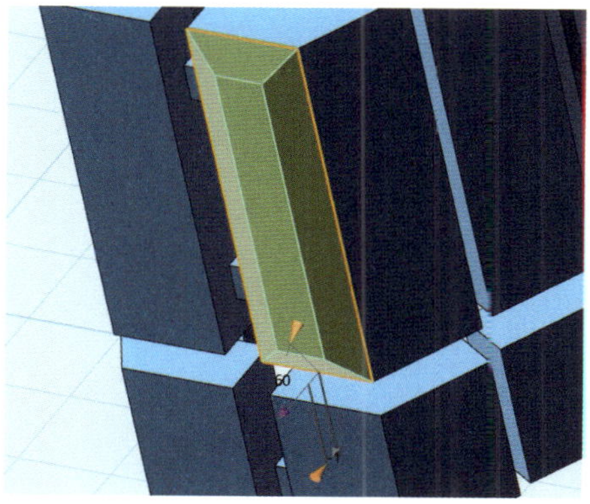

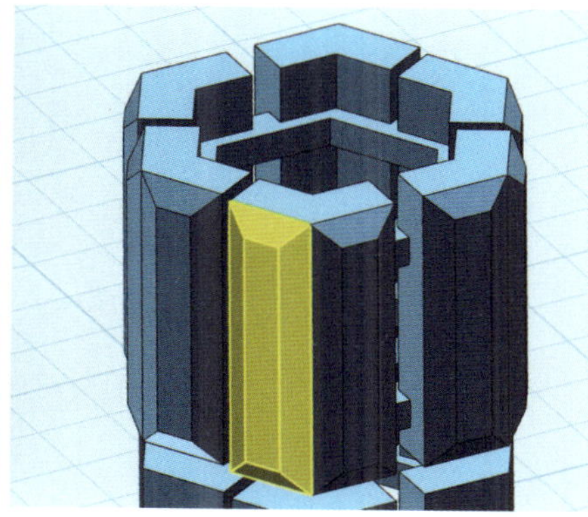

同理拉伸顶面，拉伸高度为 3mm，角度为 −15° ，如下图所示。

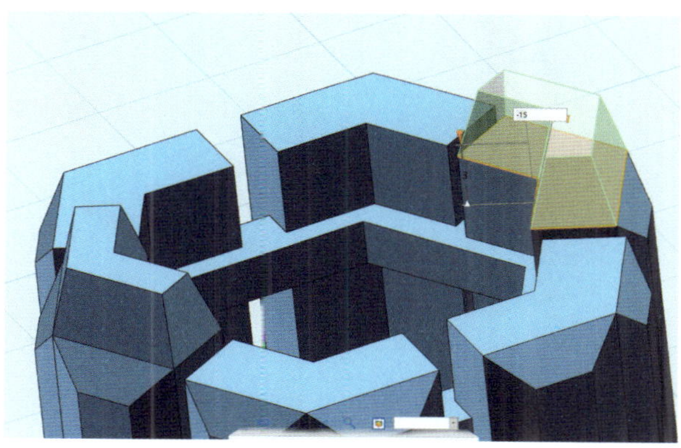

拉伸支柱面，拉伸高度为 6.5mm，角度为 45° ，如下图所示。

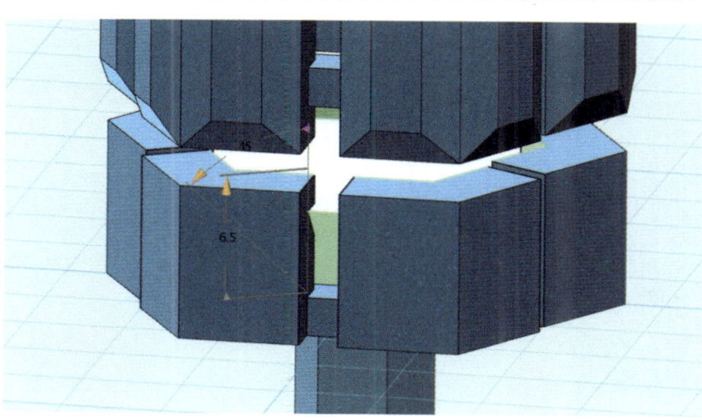

使用【倒角】命令，选择边线，倒角为2mm。

绘制草图，拉伸添加细节，如下图所示。

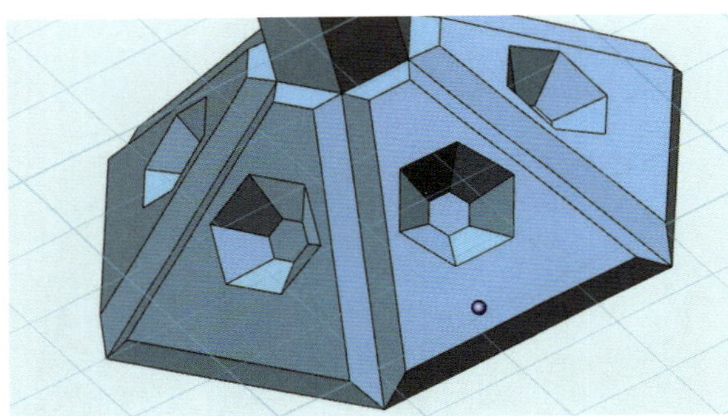

使用六面体添加细节，阵列出多个，如下图所示。

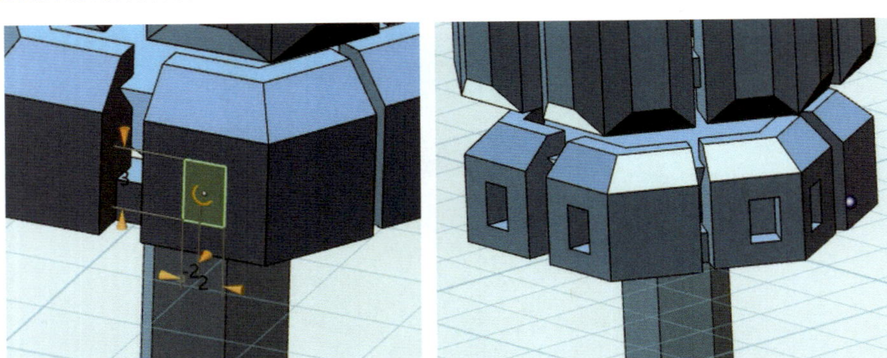

绘制草图，连接雷达上下面，如下图所示。

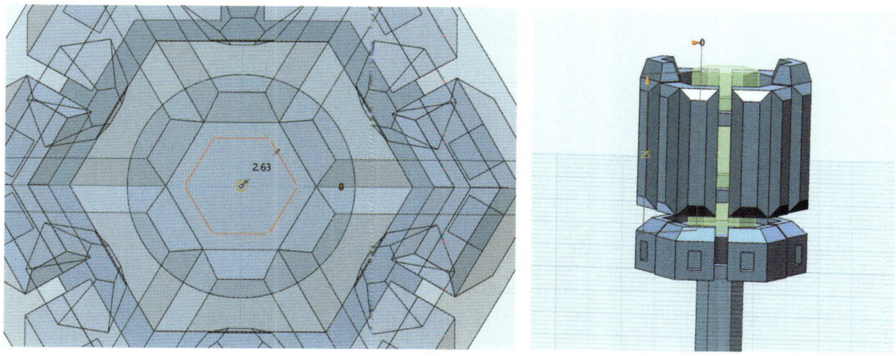

绘制雷达顶部，添加接收器部分，如下图所示。

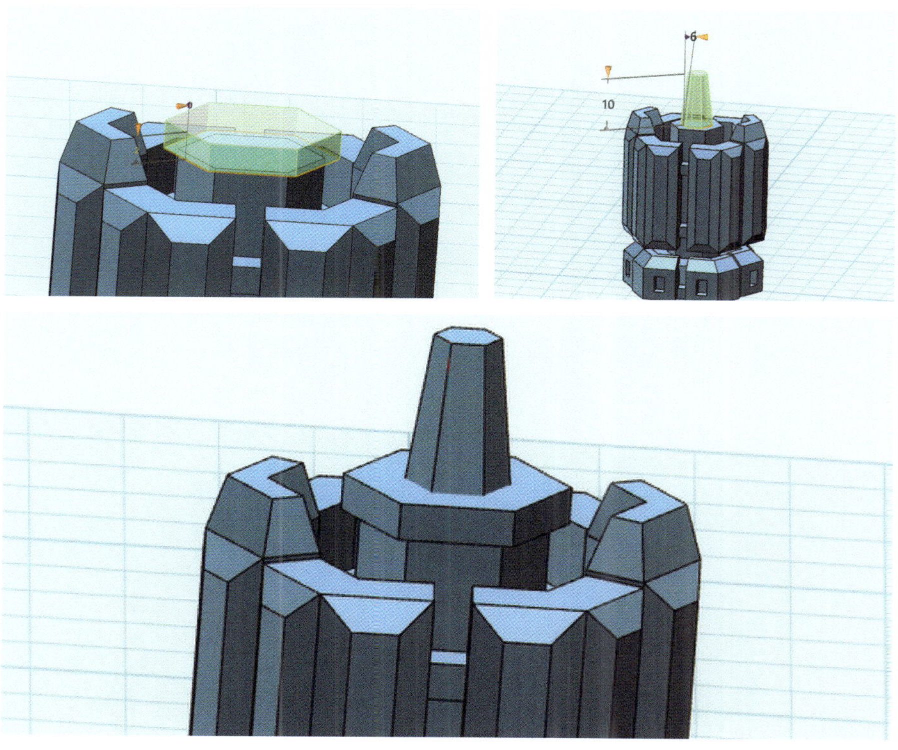

将完成的模型导入 UP Studio 切片软件中准备打印。

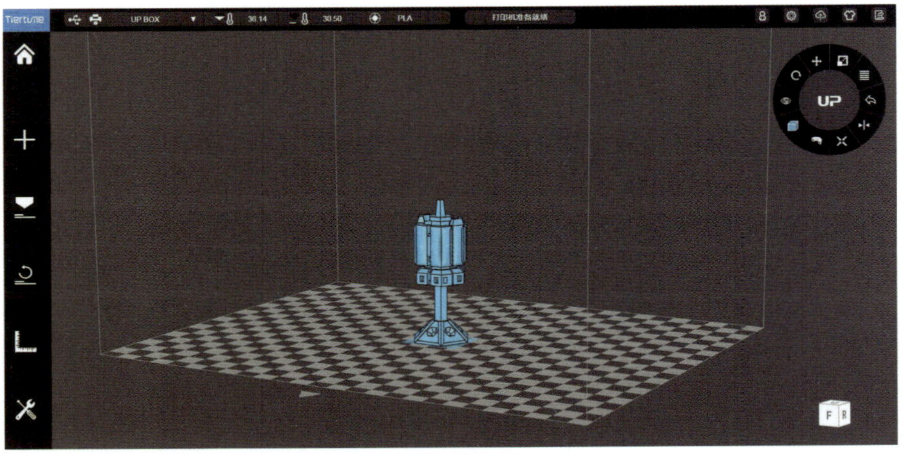

3. 战车

此战车在原有模型的基础上，设计战车顶部装备部分，如下图所示。

在车顶部放置六面体，尺寸为 7mm × 10mm × 4mm，如下图所示。

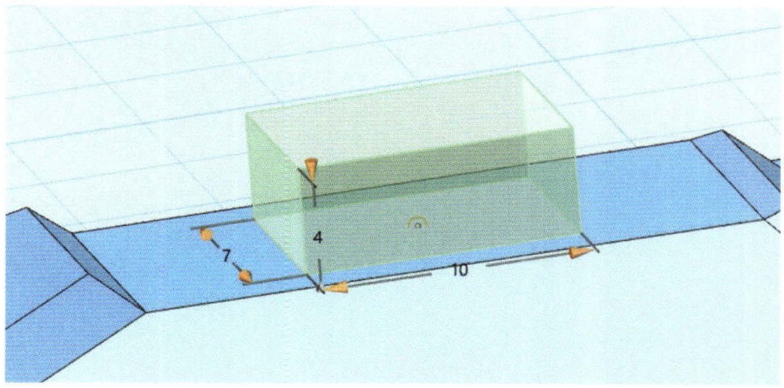

放置圆柱体，半径为 2mm，高为 20mm。再次放置半径为 1mm，高为 20mm 的圆柱体，阵列数目为 6 个，如下图所示。

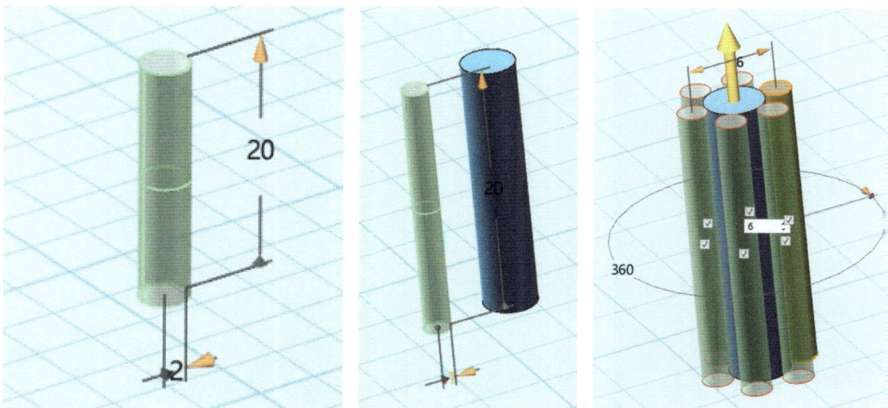

放置圆柱体，半径为 3mm，高为 2mm。阵列数目为 5 个，如下图所示。

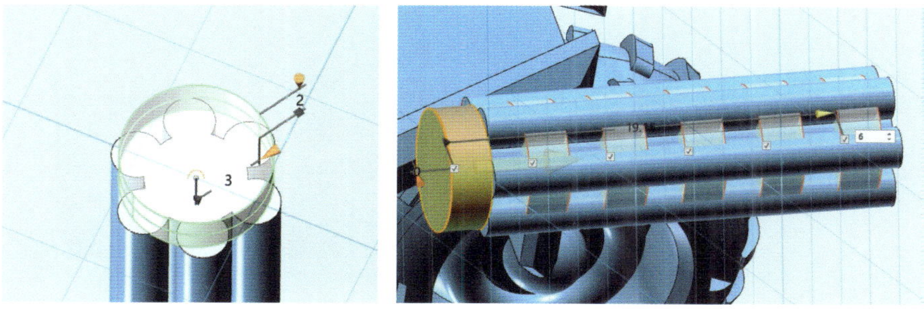

绘制草图圆，半径为1.5mm。拉伸草图，拉伸高度为−3mm，选择【减运算】，如右图所示。

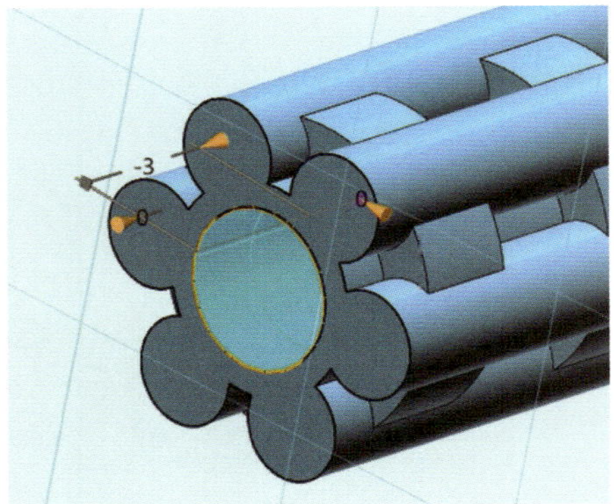

移动武器炮到适当位置，再次放置六面体尺寸为10mm×7mm×9mm，如右图所示。

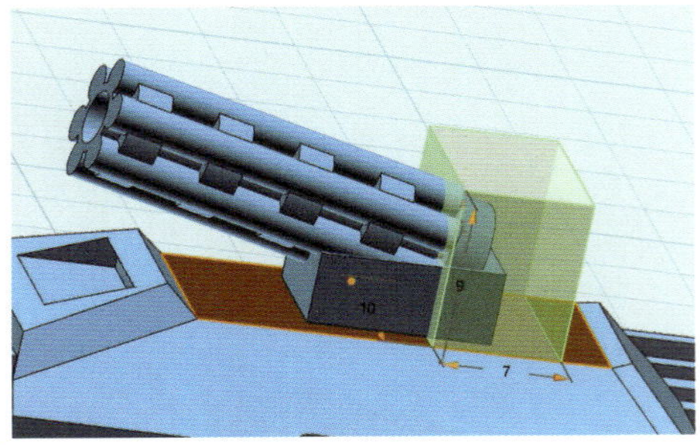

使用【倒角】命令，绘制模型造型。倒角分别为2mm、1mm、3mm，如下图所示。

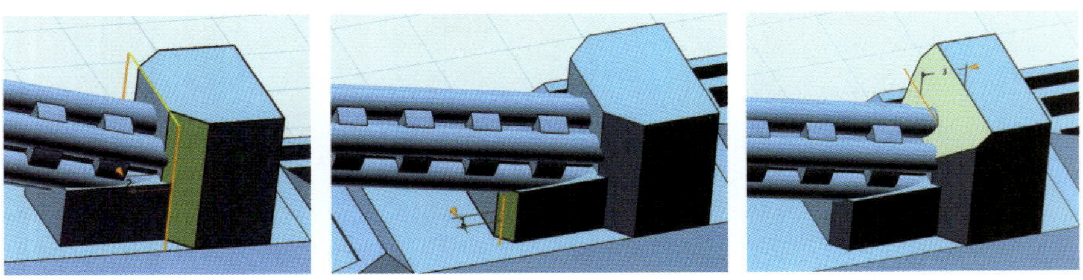

放置六面体，尺寸为1mm×5mm×11mm，如右图所示。

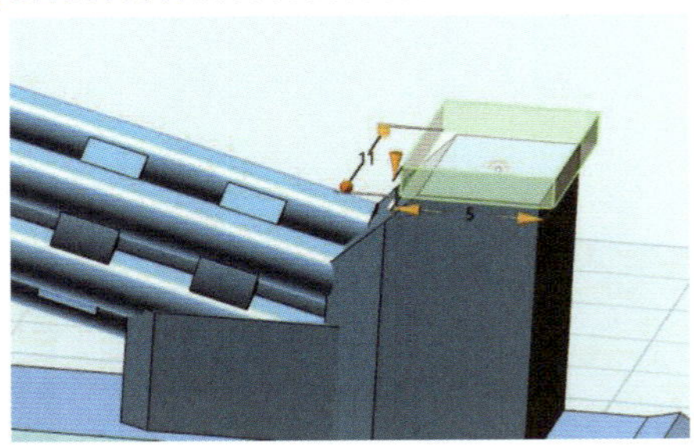

绘制草图，拉伸草图，拉伸高度为 10mm，选择【加运算】，如下图所示。

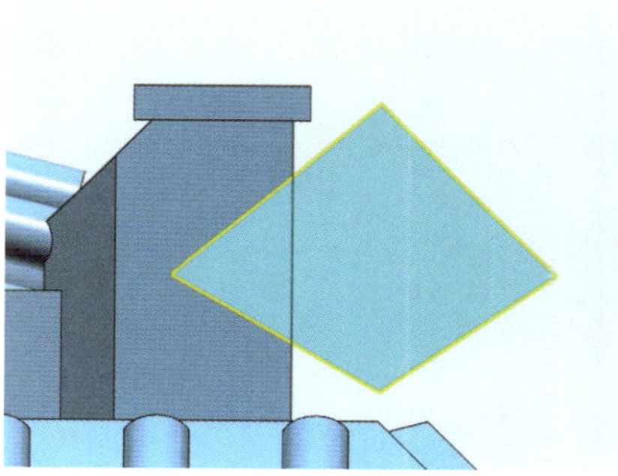
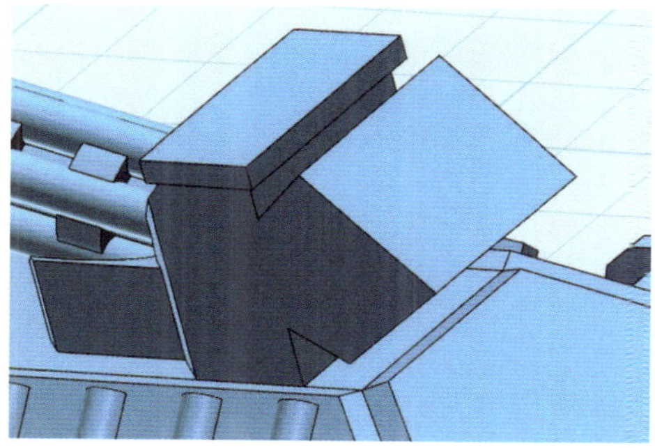

为炮筒添加细节，使用草图绘制，拉伸草图，如下图所示。

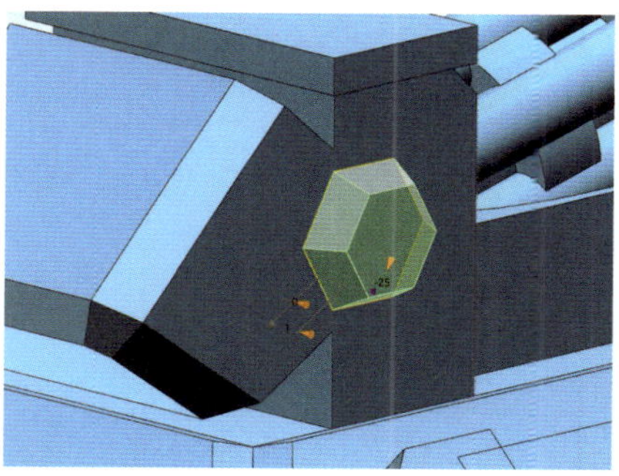
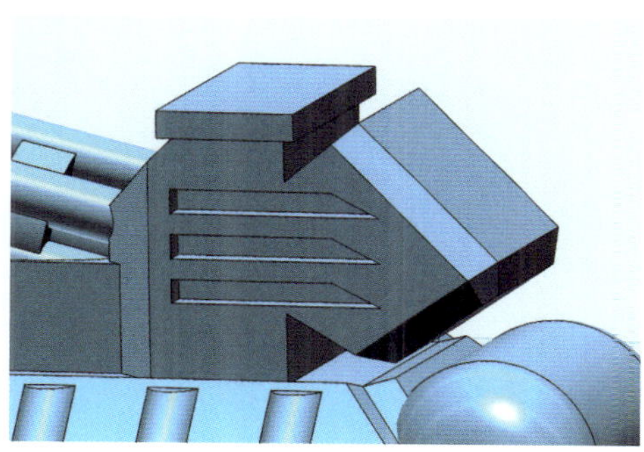

战车模型制作完成，如下图所示。

4. 机甲战士驾驶舱

此部分设计战甲的驾驶舱部分，可以根据喜好的不同，选择不同形状。

首先减去驾驶舱部分，留出空余，如下图所示。

使用【拉伸】命令绘制草图，如下图所示。

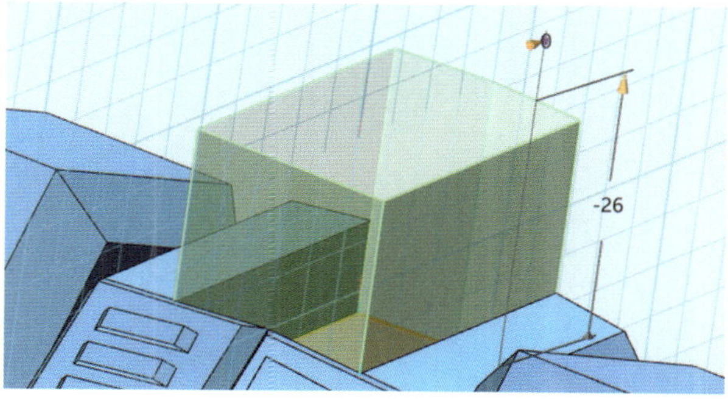

使用【拔模】命令，使得头部面倾斜，拔模角度为 7°，如下图所示。

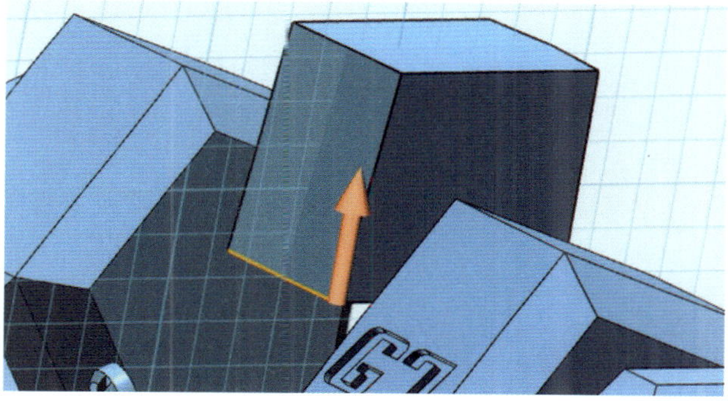

放置六面体，尺寸为 20mm×20mm×20mm，使用【移动】命令，完成绘制，如下图所示。

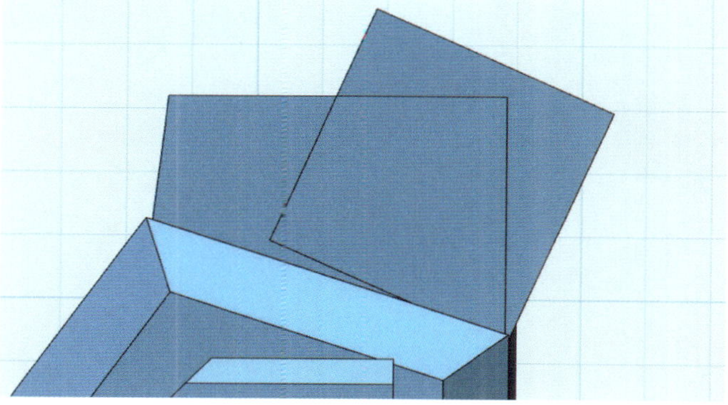

使用【倒角】命令，倒角为 3mm，如下图所示。

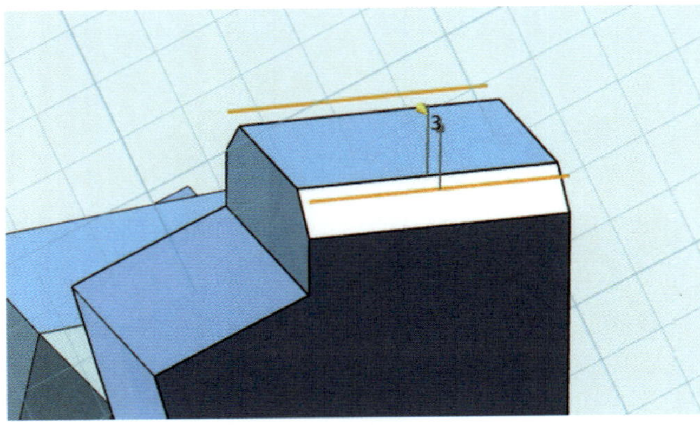

使用【拉伸】命令绘制头部凹槽，如下图所示。

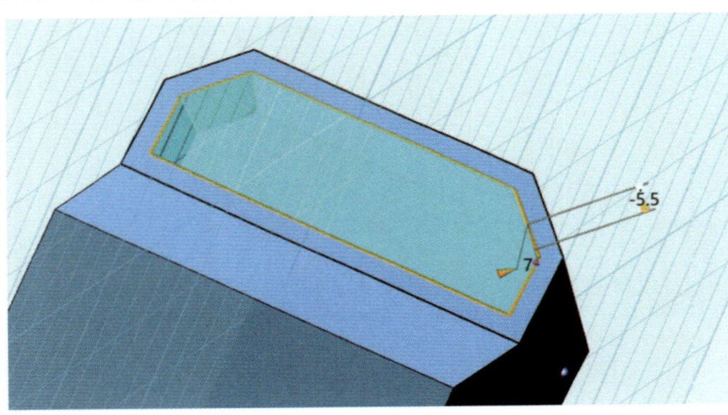

绘制草图，并拉伸出细节部分，如下图所示。

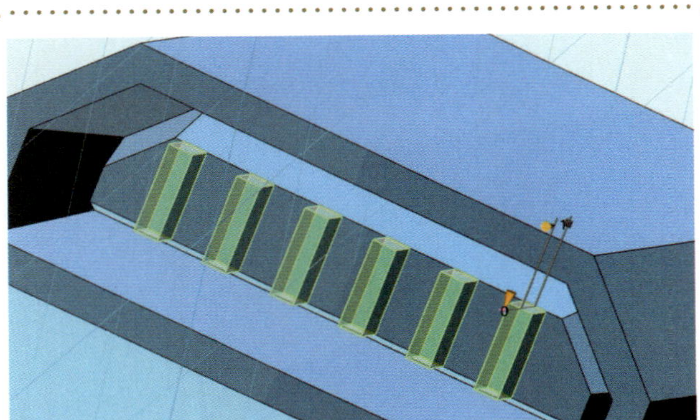

绘制草图，拉伸选择【减运算】，如下图所示。

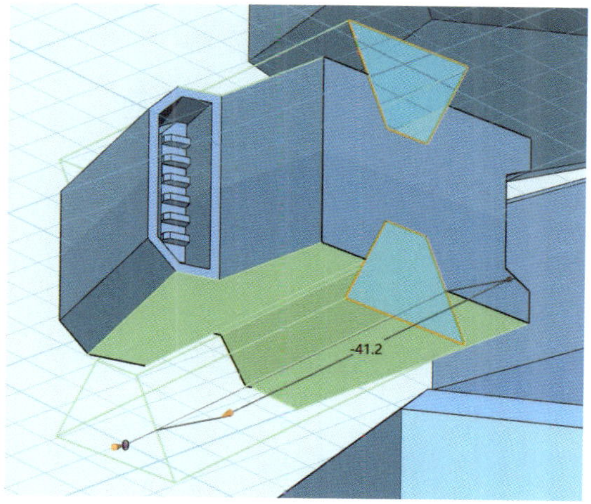

使用草图命令绘制三角形纹理，向内侧【拉伸】，拉伸长度为2mm，如下图所示。

放置六面体，绘制三角形，完成脸部绘制，如下图所示。

绘制草图并且拉伸为 2mm，对称拉伸，如下图所示。

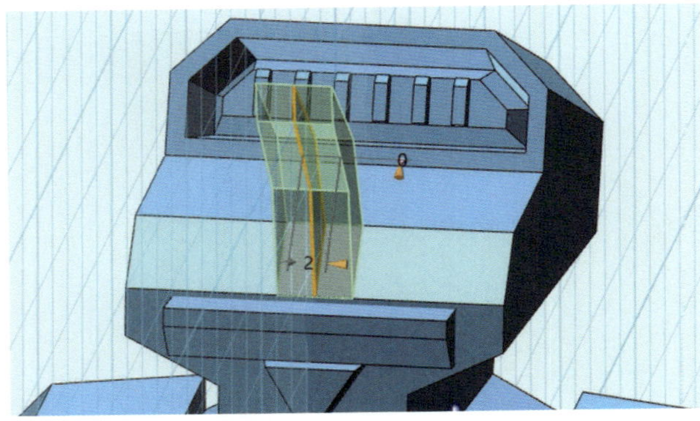

使用【拔模】命令，拔模角度为 4°，如下图所示。

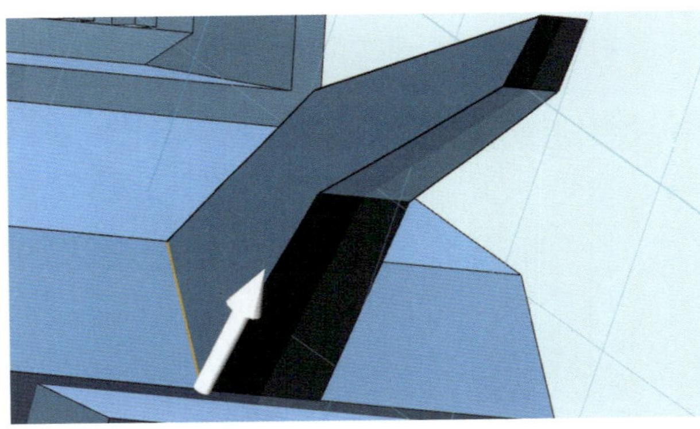

驾驶舱制作完成，导入 UP Studio 切片软件当中，如下图所示。

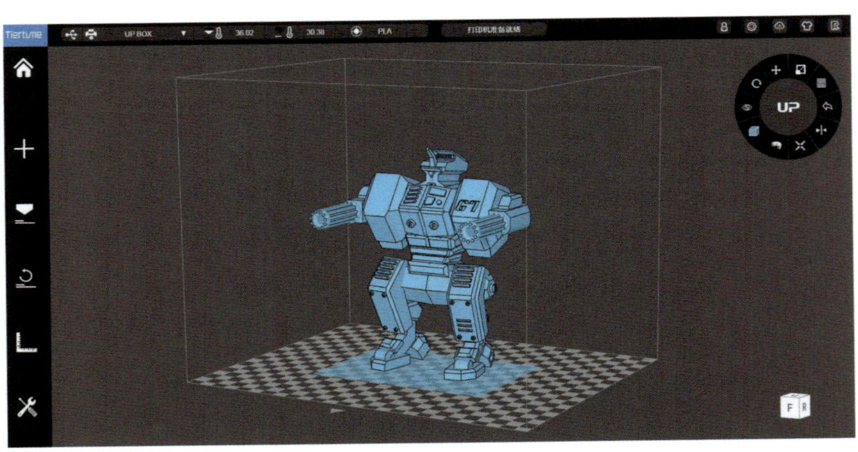

5. 重型炮

本小节主要介绍重型炮的底部支架部分的设计。请思考应如何选择底部支架支撑，既能保证炮身重量的支撑，又能在打印时节省材料，确保打印效果。

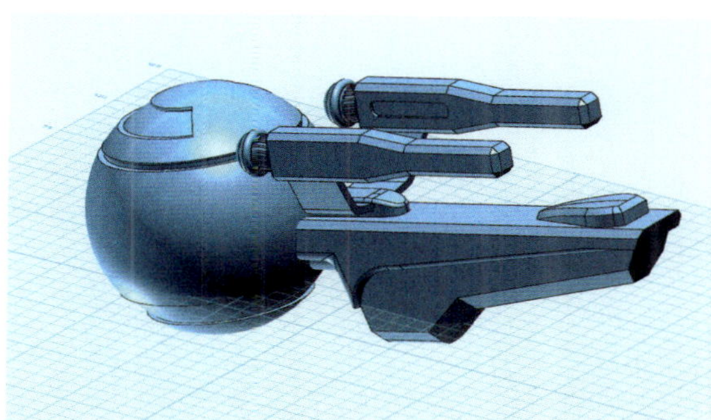

绘制草图，拉伸草图，拉伸尺寸为 20mm，拉伸类型为对称，如下图所示。

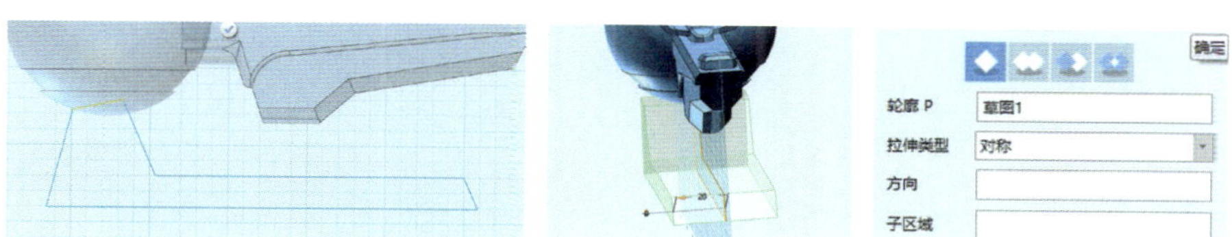

使用【特殊造型】中的【拔模】命令，拔模面选择底平面，角度为 15°，如下图所示。

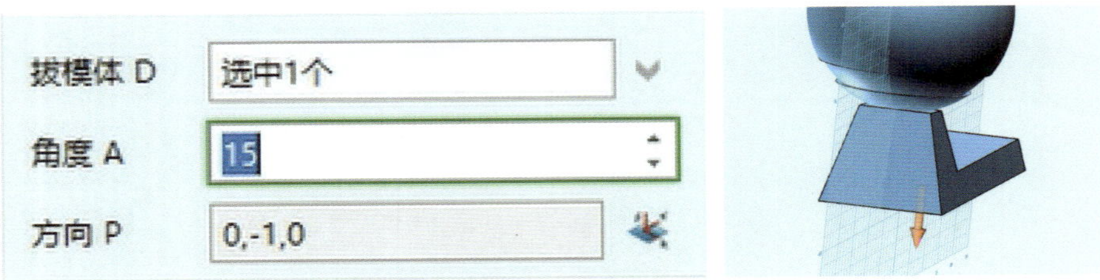

使用【圆角】命令，圆角分别为 25mm，5mm，2mm，如下图所示。

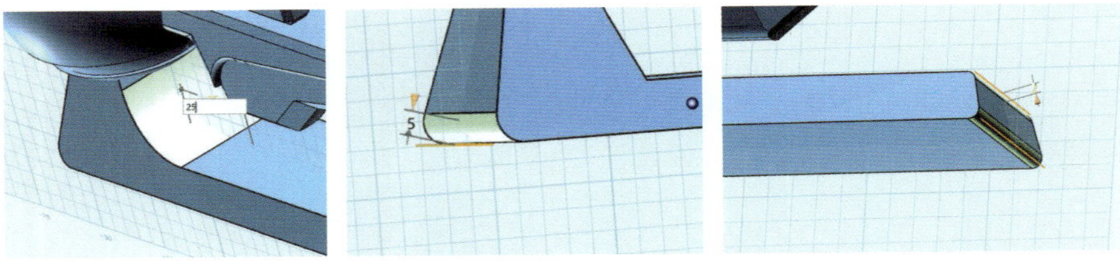

绘制草图，并且拉伸，选择【减运算】，如下图所示。

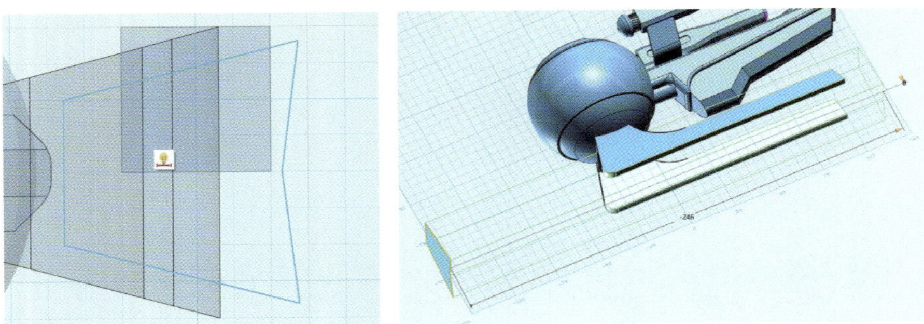

使用【圆角】命令，圆角为 5mm，如右图所示。

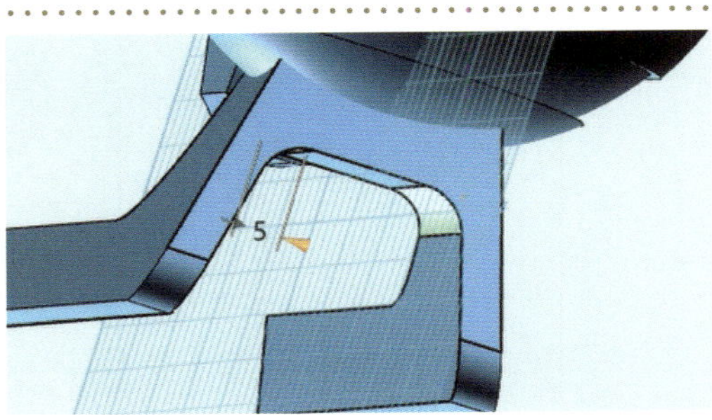

使用【倒角】命令，倒角尺寸为 2mm，如下图所示。

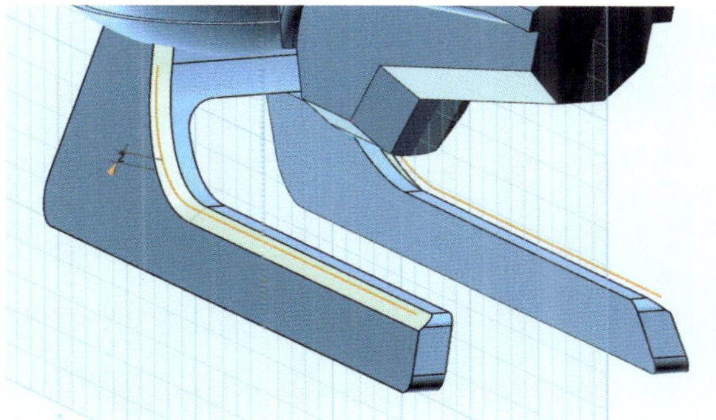

绘制草图六边形，拉伸草图，选择【减运算】，如下图所示。

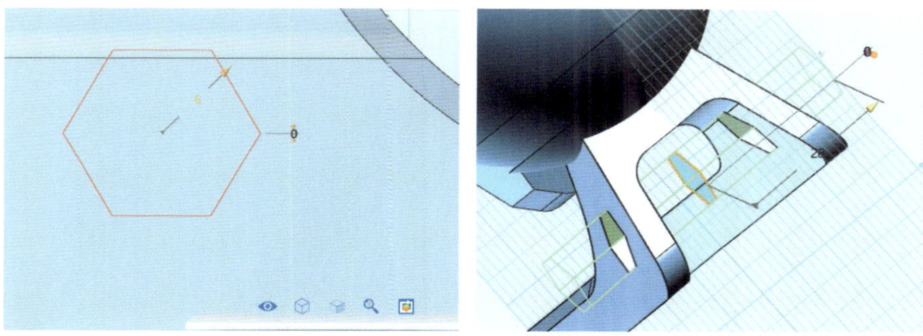

使用【倒角】命令，倒角为 2mm，如下图所示。

放置六面体，尺寸根据模型而定，绘制草图六边形，拉伸草图，拉伸高度与角度根据模型而定，如下图所示。

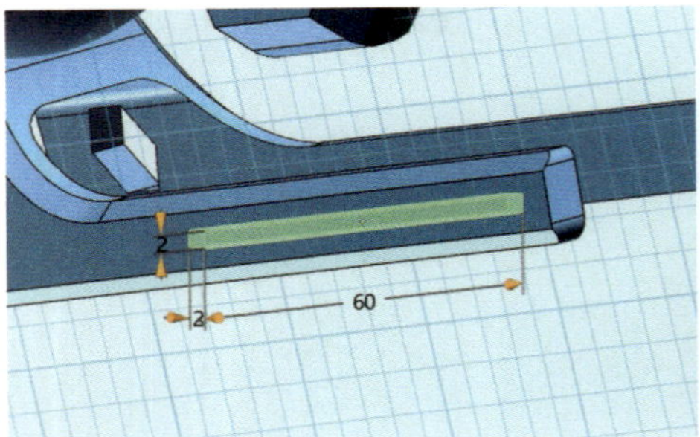

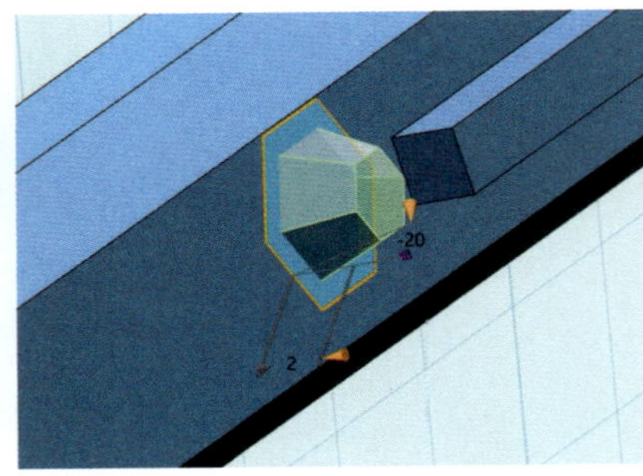

使用【基本编辑】中的【镜像】命令，方式选择【线】，选择模型中心线，完成镜像，如下图所示。

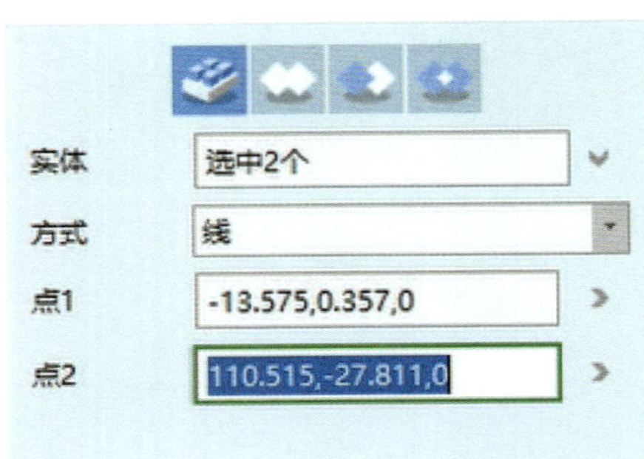

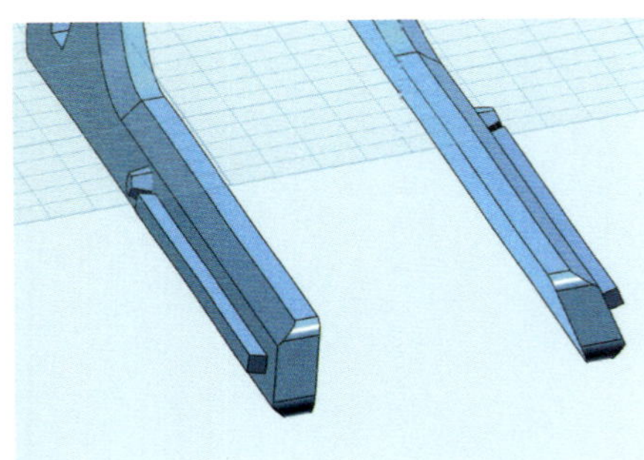

放置圆柱体，以及添加倒角命令，尺寸根据模型大小定，如下图所示。

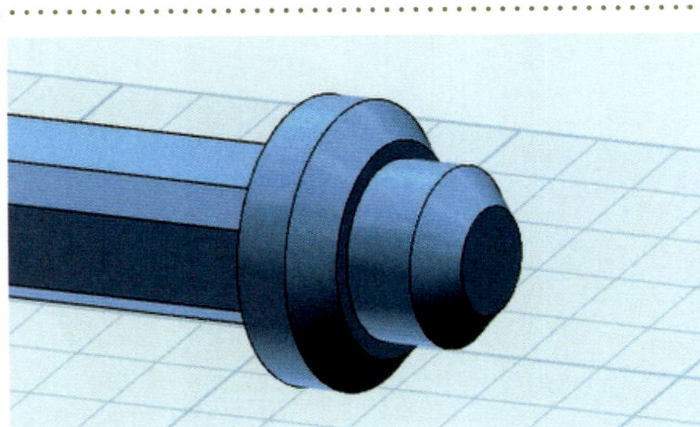

绘制完成后，检查模型底座与上部炮身是否连接无误，导入 UP Studio 切片软件后如下图所示。

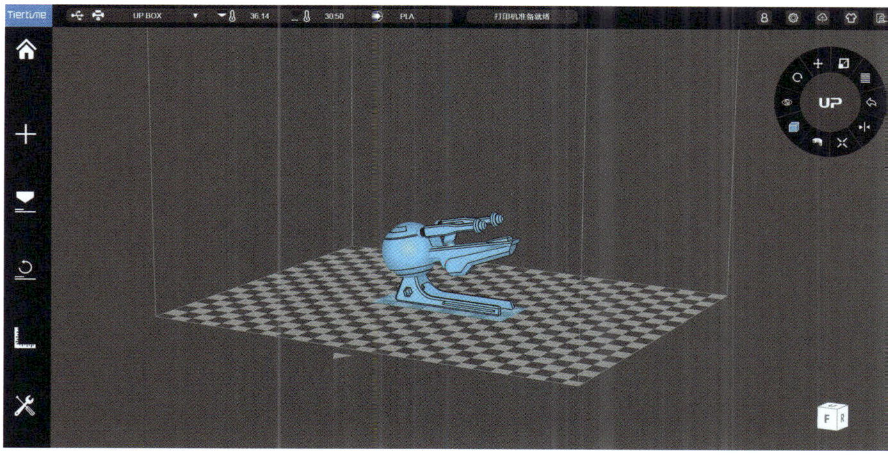

PART 2 第二节 3D 打印制作

将模型导入后 UP Studio 后 ，有时模型的位置和角度并不是最适合打印的，这时，需要使用软件右上方的圆盘工具对模型进行调整。

圆盘工具中有移动、旋转、缩放、自动摆放等命令，由于所需模型都是按特定尺寸设计的，下面着重介绍一下旋转、自动摆放和移动命令。

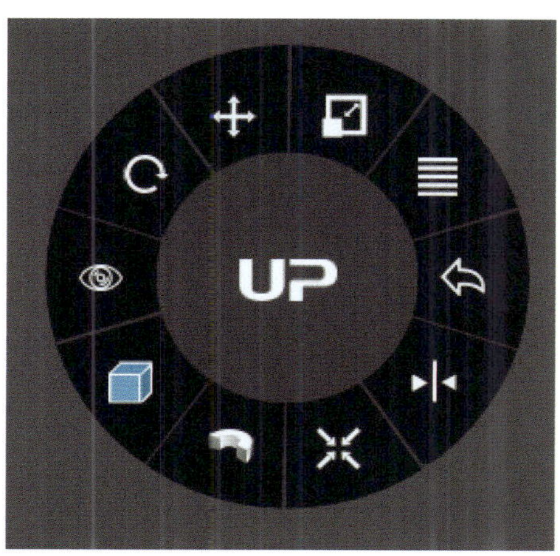

一、旋转

导入敌方战车模型，选中该模型，选择【旋转】命令，观察模型旋转轴和方向，选择需要旋转的轴和方向，如下图所示。

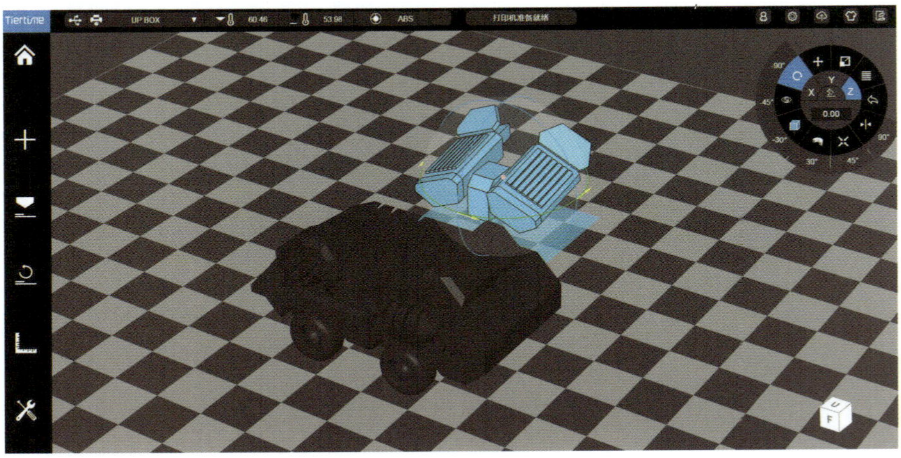

二、自动摆放

在模型不大，打印平台空余位置较充足的情况下，可以再寻入其他模型一起打印。选择圆盘中的【自动摆放】命令，软件会选择最佳的摆放位置进行摆放。

小贴士

小贴士：每次打印开始前，建议使用自动摆放功能，确保模型处于合适的打印位置。

三、移动

自动布局之后，通过观察发现，模型间距离较远，在打印时，喷头的移动距离增加，时间增加，模型各自的基底独立打印，导致材料使用增多。当距离缩短，喷头移动距离减小，时间减少，并且拥有共同的基底，材料使用减少。

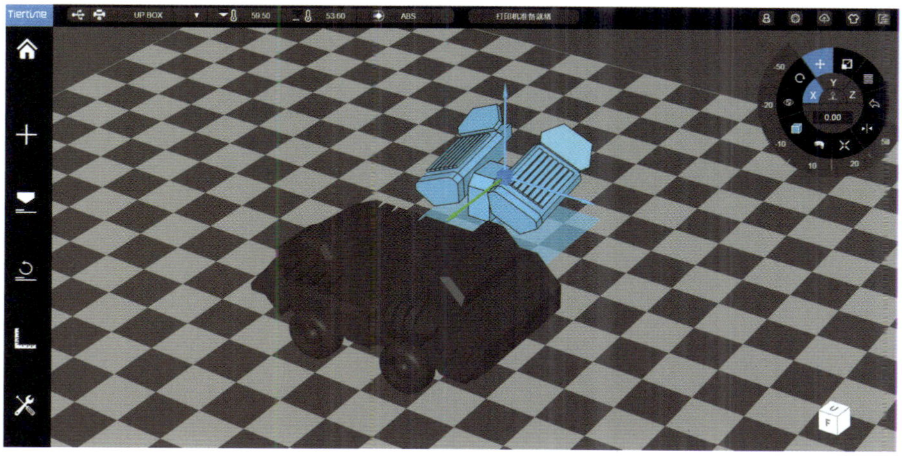

移动模型

小贴士

运用工具中的【移动】缩小距离，之后可以按住键盘的 Ctrl 键将 3 个模型依次选中，选择【类别】中的【合并】将它们合并成一整体，开始打印，如果下次还需要使用该合并模式，可以另存为 UP3 格式。

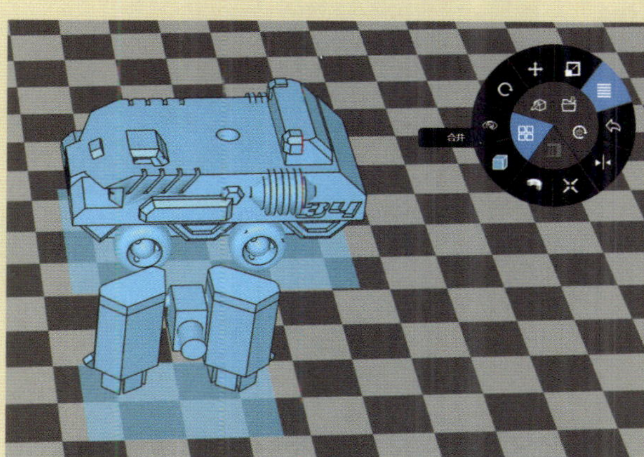

类别合并模型

打印完成后各零件如下图所示。

PART 3 第三节 场景设计制作

准备物品：场景木质底板、泡沫板、白胶、造景布、树叶、打印完成的所有模型、丙烯颜料（钛白、银色、淡群青蓝、镉红、镉橙，佩恩灰，颜色选择仅做参考）。

一、场景底板

（1）准备尺寸为 60cm × 60cm 的木板作为场景底板，如下图所示。

（2）准备一些蓝色泡沫板，作为两方阵地，中间空出位置作为岩浆，使整个沙盘更有层次感，使用白胶，将蓝色泡沫板与底板粘贴在一起，如下图所示。

（3）中间岩浆位置可以切削一些类似岩石形状的小块，使用白胶固定，之后将造景布用水沾湿覆盖，呈现出岩浆流动的场景。

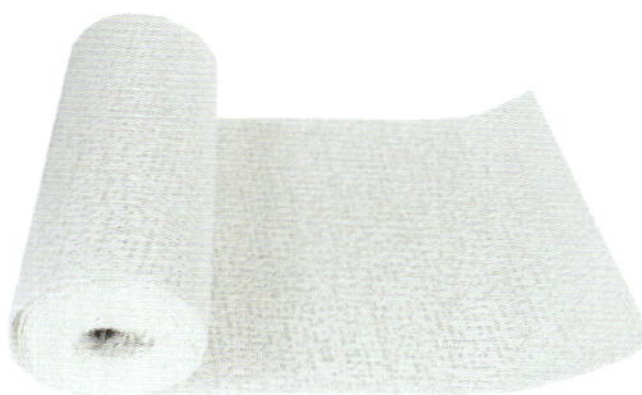

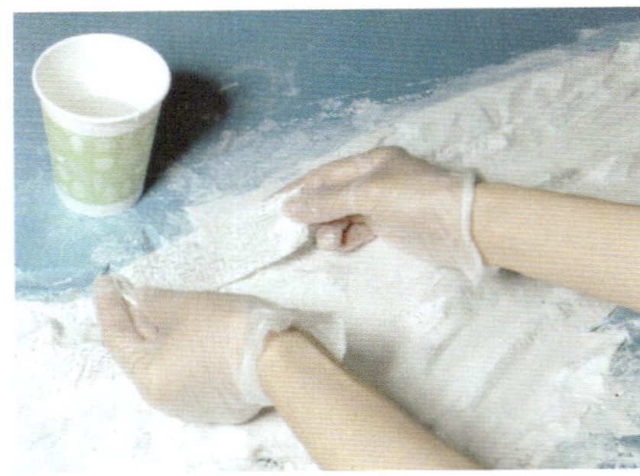

（4）使用丙烯颜料绘制底板。由于场景定位为战场，所以选择稍重的颜色，这里使用暖灰，在岸边放置一些干枯的树叶，碾碎，铺于两方阵地，并用白胶固定。

（5）待白胶干之后，使用熟赭为岩浆底色，在岩石块上使用镉红、镉橙、佩恩灰描绘出火焰的颜色，可用枯树杈做场景点缀。

沙盘场景编制作完成，如下图所示。

二、我方机械模型

1. 基地

基地以银色作为基底色，上面使用淡群青蓝勾勒细节，在基地墙面上可以绘制出具有震裂感的细纹，如右图所示。

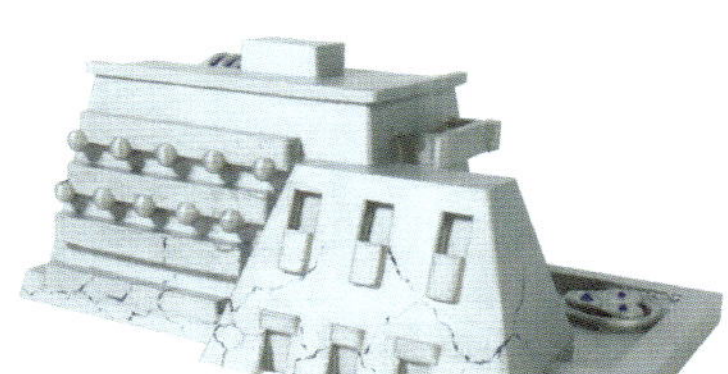

2. 炮塔

以银色为基底色，使用镉红、佩恩灰做细节勾勒，如右图所示。

3. 雷达

以银色为基底色，使用淡群青蓝、镉红、佩恩灰做细节勾勒，如右图所示。

4. 战车

以军绿色为基底色，使用淡群青蓝、镉红、佩恩灰做细节勾勒，如右图所示。

三、敌方机械模型

1. 飞船

以钛白为基底色，使用佩恩灰、镉红、淡群青蓝配白色勾勒细节，如右图所示。

2. 机甲战士

以佩恩灰为基底色，使用淡群青蓝配白色、镉红、镉橙勾勒细节，如右图所示。

3. 重型炮

以钛白为基底色，使用佩恩灰、镉红、淡群青蓝配白色勾勒细节，如右图所示。

4. 战车

以佩恩灰为基底色，使用淡群青蓝勾勒细节，如右图所示。

5. 士兵

以佩恩灰为基底色，使用钛白、镉红勾勒细节，如右图所示。

成品展示

思考与练习

1. 3D 打印机在打印相同模型时，不需要重复传输数据，根据前面的基础操作，利用 UP Studio 切片软件，尝试使用重复打印功能打印同类模型。

2. 运用所学技能，设计其他类型的战争模型。